"十二五"职业教育国家规划教材

经全国职业教育教材审定委员会审定

（第2版）

胶合板生产技术

Plywood Production Technology

张晓坤　主　编

巫国富　胡显宁　王淑敏　郑万友　副主编

中国林业出版社

内 容 简 介

　　本教材采用了全新的编写体例，以适应项目化教学的需要。主要内容包括：单板旋切加工、天然薄木制造、胶合板的胶合与加工、特种胶合板生产。本书以项目为引领，以能力培养为目标，在介绍应用性知识的基础上，重点充实、加强实践技能和实践经验。各项目都源自胶合板生产企业的基本类型，既互为联系和补充，又各自独立。

　　本书为高等职业院校木材加工技术专业的国家规划教材，也可作为社会培训教材和从事木材加工的科研人员、技术人员、操作人员的参考资料。

图书在版编目（CIP）数据

胶合板生产技术 / 张晓坤主编 . —2 版 . —北京：中国林业出版社，2014.11
"十二五"职业教育国家规划教材（经全国职业教育教材审定委员会审定）
ISBN 978-7-5038-7732-2

Ⅰ . ①胶…　 Ⅱ . ①张…　 Ⅲ . ①胶合板－生产工艺　 Ⅳ . ①TS653.3

中国版本图书馆 CIP 数据核字（2014）第 265534 号

中国林业出版社·教育出版分社

责任编辑：杜　娟
电话、传真：83221489
E-mail：jiaocaipublic@163.com

出版发行：中国林业出版社（100009　北京西城区德内大街刘海胡同 7 号）
　　　　　电话：(010) 83224477
　　　　　http：//lycb.forestry.gov.cn
经　　销：新华书店
印　　刷：中国农业出版社印刷厂
版　　次：2006 年 12 月第 1 版（共印 1 次）
　　　　　2014 年 11 月第 2 版
印　　次：2014 年 11 月第 1 次印刷
开　　本：787mm×1092mm　1/16
印　　张：16.5
字　　数：448 千字
定　　价：36.00 元

《胶合板生产技术》（第2版）编写人员名单

主　编

张晓坤

副主编

巫国富　胡显宁　王淑敏　郑万友

编写人员（按姓氏拼音排序）

胡显宁　辽宁林业职业技术学院

黄启真　湖北生态工程职业技术学院

王淑敏　黑龙江林业职业技术学院

卫佩行　江苏农林职业技术学院

巫国富　广西生态工程职业技术学院

尹满新　辽宁林业职业技术学院

翟龙江　黑龙江林业职业技术学院

张晓坤　黑龙江林业职业技术学院

郑万友　黑龙江林业职业技术学院

序

为了推动林业高等职业教育的持续健康发展，进一步深化高职林业工程类专业教育教学改革，提高人才培养质量，全国林业职业教育教学指导委员会（以下简称"林业教指委"）按照教育部的部署，对高职林业类专业目录进行了修订，制定了专业教学标准。在此基础上，林业教指委和中国林业出版社联合向教育部申报"高职'十二五'国家规划教材"项目，经教育部批准高职林业工程类专业7种教材立项。为了圆满完成该项任务，林业教指委于2013年11月24~25日在黑龙江省牡丹江市召开"高职林业工程类专业'十二五'国家规划教材和部分林业教指委规划教材"（以下简称规划教材）编写提纲审定会议，启动了高职林业工程类专业新一轮教材建设。

2007年版的高职林业工程类专业教材是我国第一套高职行业规划教材。7年来，随着国家经济发展战略的调整，林业工程产业结构发生了较大的变化，林业工程技术有了长足进步，新产品、新工艺、新设备不断涌现，原教材的内容与企业生产实际差距较大；另一方面，基于现代职教理论的高职教育教学改革迅速发展，原教材的结构形式也已很难适应改革的要求。为了充分发挥规划教材在促进教学改革和提高人才培养质量中的重要作用，根据教育部的有关要求，林业教指委组织相关院校教师和企业技术人员对第一版高职林业工程类专业规划教材进行了修订，并补充编写了部分近几年新开发课程的教材。

新版教材的编写全部以项目为载体。项目设计既注重必要专业知识的传授和新技术的拓展，又突出职业技能的提高和职业素质的养成；既考虑就业能力，又兼顾中高职衔接与职业发展能力。力求做到项目设计贴近生产实际，教学内容对接职业标准，教学过程契合工作过程，充分体现职业教育特色。

项目化教学的应用目前还处于探索阶段，新版教材的编写难免有不尽完善之处。但是，以项目化教学为核心的行动导向教学是职业教育教学改革发展的方向和趋势，新版教材的问世无疑是林业工程类专业教材编写模式改革的有益尝试，此举将对课程的项目化教学改革起到积极推动作用。诚恳希望广大师生和企业工程技术人员在体验和感受新版教材的新颖与助益的同时，提出宝贵意见和建议，以便今后进一步修订完善。

　　此次规划教材的修订与补充，得到了国家林业局职业教育研究中心和中国林业出版社的高度重视与热情指导，在此致以衷心的感谢！此外，在教材编写过程中，还得到了黑龙江林业职业技术学院、辽宁林业职业技术学院、湖北生态工程职业技术学院、广西生态工程职业技术学院、云南林业职业技术学院、陕西杨凌职业技术学院、江苏农林职业技术学院、江西环境工程职业学院、中南林业科技大学、大兴安岭职业学院、博洛尼家居用品（北京）股份有限公司、圣象集团牡丹江公司、广东华润涂料有限公司、广西志光办公家具有限公司、广东梦居装饰工程有限公司、柳州家具商会等院校、企业及行业协会的大力支持，在此一并表示谢忱！

全国林业职业教育教学指导委员会

2014 年 6 月

第 2 版前言

本书为由教育部"十二五"职业教育国家规划立项教材。

在教材编写之初，正值职业教育教学改革不断引向深入的阶段，由理论探讨走向更注重教学实践，职业教育改革已步入深水区；同时职业教育新的体系架构已初露端倪，各项教学工作包括教材建设，要着眼于中、高职和职业本科的贯通和衔接。为适应职业教育的发展，《高等职业学校专业教学标准》也即将进行修订，对教材的编写提出了前瞻性要求。

在此背景下，编写实用、适用的高职教材，实现从传统教材到当代职业教育教材的华丽转身，可谓极具诱惑性，充满挑战性。

为满足教材编写要求，经反复推敲和吸纳相关专家意见，本书形成了如下编写脉络：参考现行《高等职业学校专业教学标准（试行）》，并着眼于标准的修订和以学生为主体、工学结合、教学做一体的高职教学改革的需要；根据课程适合项目教学的特点，以具体的项目及附属的工作任务为核心，整合的应用性知识从属于具体的项目（任务）；项目、任务的实施环节纳入大量翔实的来自实践的数据、图表、规程、经验，保证项目的可操作性和教材的实用性，以达成能力培养的目标。由此，本教材突破了传统的编写模式，形成了适合职业教育教学的下列编写体例：

1. 根据行业发展特点，由于原材料紧缺和专业化分工协作的需要，单板、薄木生产逐渐从传统胶合板生产中分离出来，成为企业的终端产品。据此确定教材围绕单板旋切加工、天然薄木制造、胶合板的胶合与加工、特种胶合板生产四个项目展开编写。

2. 每一项目由项目概述、教学目标、重点难点提示和若干任务组成。

3. 项目的核心内容是任务，由工作任务（含任务书、任务要求、任务分析、材料、工具和设备）、引导问题、相关知识（拓展知识）、任务实施、拓展训练等组成。

上述编写体例体现了学生的主体性，教材作为辅助，围绕学生完成项目的活动所需来编写，教材不再只是完成考试和获取知识的媒介，而代之以完成项目为目标，较好地体现了行动导向的职业教育理念。

在教材内容的甄选上，注意引入针对当前木材资源紧缺和行业现状采取的工艺和技术措施，体现胶合板生产的新技术、新设备、新工艺、新标准；编写素材取自工厂实践中的第一手资料；为拓宽学生视野，对相关的其他板种及资料在拓展知识中进行了阐述。

本书项目 3 中任务 3.8、任务 3.9 由郑万友编写；项目 1 中任务 1.4 至任务 1.7 由张晓坤编写；"认识胶合板"和项目 4 中任务 4.3 由尹满新编写；项目 2、项目 3 中任务 3.1、任务 3.2 由胡显宁编写；项目 1 中任务 1.1 至任务 1.3 和项目 4 中任务 4.5 由翟龙江编写；项目 3 中任务 3.7，项目 4 中任务 4.1、任务 4.2 由巫国富编写；项目 4 任务 4.4 由黄启真编写；项目 3 中任务 3.3 至任务 3.5 由王淑敏编写；项目 3 中任务 3.6 由卫佩行编写。

本书由郝华涛主审，在审校过程中提出了很好的修改意见，特此表示深深地感谢。

本书在编写过程中，得到了全国林业职业教育教学指导委员会和黑龙江林业职业技术学院领导的大力支持，中国林业出版社杜娟副编审从提纲的拟定到本书的出版都付出了辛勤的劳动，在此表示衷心的感谢。特别要感谢辽宁林业职业技术学院许柏川老师，为本书的编撰无私提供了第一手的实践资料和经验。本教材在编写过程中参考了一些相关文献资料及生产经验，谨此对资料作者表示诚挚的谢意。

由于时间紧迫，加之编者水平所限，书中难免有疏漏之处，恳请读者批评指正，以便再版时修改。

张晓坤

2014 年 1 月于牡丹江

第1版前言

《胶合板生产技术》主要研究普通胶合板、细木工板、竹材胶合板、特种胶合板生产工艺及技术。本教材内容涉及面广、实践性强、技术要求高，注重理论联系实际，加强操作性、通用性、实用性，能综合运用有关学科基本理论知识，解决胶合板生产中的实际问题，做到学以致用。

本书是根据本课程的教学基本要求编写的。在编写中力求做到内容简练、体系完整，以实用性理论为基础、实际操作为主导，将理论知识与实践技能紧密结合，并能充分反映胶合板生产建设中的新概念，以及国内外新技术、新设备、新工艺、新方法、新法规等。做到全面系统、规范易懂，可操作性强，且具有一定的前瞻性。在广泛参考国内外较成熟的胶合板生产工艺和技术的前提下，适当引进一些有发展前途的新工艺和新技术。同时，为突出职业教育特色，本书附有技能实训指导、案例教学，以强化技能培养和岗位实训。

本书不仅可以作为木材加工专业教材，也可供木材工业及相关行业的技术人员、操作人员的参考书。

本书由郑万友（黑龙江林业职业技术学院）主编，张晓坤（黑龙江林业职业技术学院）为副主编。其中第1、2、4章由郑万友编写；第7章及技能实训指导由张晓坤编写；第5、8章由张志文（黑龙江生态工程职业学院）编写；第3、6章由杨淑珍（黑龙江林业职业技术学院）编写。

本书由西南林学院博士生导师张宏健教授主审，为本书提出了很好的修改意见。特此表示深深地谢意。

在本书的编写过程中，得到了林业职业教育教学指导委员会领导和黑龙江林业职业技术学院等单位领导的热心指导和大力支持，责任编辑为本书的出版付出了辛勤的劳动，在此表示衷心的感谢。此外，本书在编写过程中参考了相关文献资料及生产经验，谨此对文献资料的作者和相关的创造者表示诚挚的谢意由于时间紧迫，书中难免有不当之处，恳请读者批评指正，以便再版时修改。

郑万友

2006 年 8 月

目　录

认识胶合板

人造板是以木材或其他植物纤维作为原料，加工成单板、纤维或刨花，施加或不加胶黏剂，经过成型（或组坯）、热（冷）压后所制成的一类板材。胶合板生产是人造板生产工业的一个重要分支。所谓胶合板，是由木段旋切成单板或由木方刨切成薄木，再用胶黏剂胶合而成的三层或多层板状材料。随着科学技术的发展，胶合板的新产品也不断涌现，因此，胶合板的概念将会不断拓展。

旋切单板是胶合板生产工业的基本环节；锯切单板仅用于乐器制造与实木复合的制造；刨切的单板主要用于人造板贴面。胶合板相邻层单板纹理通常互呈 90° 角，特殊用途时也可以小于 90°，如木材层积塑料；相邻层单板纹理也可互为平行，如做圆筒型产品用的胶合板。一般结构多为奇数层，通常为 3～13 层，常见的有三合板、五合板、九合板和十三合板，特殊情况下也有制成偶数层的，如异型胶合板。组成胶合板的最外层单板称表板，正面的表板称为面板，反面的表板称为背板，内层的单板称为芯板或中板。由于胶合板有变形小、幅面大、施工方便、不易翘曲、横纹抗拉强度大等特点，在家具、家居装修、车厢、造船、军工、包装及其他工业部门中都获得了广泛应用。

1. 胶合板生产技术发展概况

胶合板生产的发展史可以追溯到公元前 3000 年，那时，古埃及人便能够制造单板。后来，人们用贵重木材的小薄片制造王室用的高级家具。公元前，罗马的技师们便已熟悉单板制造技术和一些胶合板的制造原理。尽管人造板的历史悠久，但在漫长的历史进程中，却长时期保持技术的停顿或发展缓慢。

第一次工业革命以后，伴随着机械业的发展，胶合板生产机械也相继发明和运用。1812 年，第一台单板锯机的发明专利在法国获得批准；1818 年发明了单板旋切机；1834 年单板刨切机的发明专利获得批准。胶合板生产机械的运用是在 19 世纪中叶，当时，在德国建立了第一个单板制造工厂。首次大批量生产胶合板是在 1860 年，德国及其他欧洲国家和美国，用其制造大钢琴的层压板边，以后又用于缝纫机体、椅座、椅背和家具面板等的制作。但由于当时设备和工艺落后，产品质量很差。直到 19 世纪的最后 10 年中，胶合板质量才有所提高，且在市场上逐渐有了销路。胶合板制造从一开始就是工业性的，20 世纪 70 年代以前，在人造板生产中胶合板占主导地位，全世界胶合板年产量在 1955 年达到 1072 万 m³；1996 年达到 5581 万 m³，单板产量 611 万 m³；2010 年达到 1 亿 m³，刨花板、胶合板、中密度纤维板三大板产量比例为 35：38：27。

目前从全球来看，生产胶合板有三大区域：北美，以针叶材生产厚单板压制结构用厚胶合板；北欧，以小径木生产接长单板压制结构用横纹胶合板；东南亚，以大径木热带雨林阔叶材生产三层胶合板。亚洲始终占据着世界人造板生产的主导地位，尤其是胶合板，一直是亚洲人造板的强项，2009 年，亚洲胶合板产量超过全球产量的 70%。世界胶合板主要生产国有美国、印度尼西亚、中国、日本、马来西亚、巴西、加拿大、韩国、俄罗斯、芬兰等，中国和美国是世界最大的胶合板生产国，俄罗斯胶合板生产量也高速增长。

胶合板一直是中国人造板工业的主导产品，也是发展历史最长的传统产品。一般地说，$2.3 \sim 2.5 m^3$ 原木可制成 $1 m^3$ 胶合板，而 $1 m^3$ 胶合板能代替 $5 \sim 7 m^3$ 原木所制成的板材使用。可见，发展胶合板生产，有着良好的经济效益和社会效益，对缓解木材供需矛盾、推动天然林资源保护工程的实施有着十分重要的意义。我国胶合板工业发源于 20 世纪 20 年代的东北，经历了五个发展阶段：从 20 世纪 20 年代开始生产到 1953 年的 3.5 万 m^3，用了 30 年时间，为开拓阶段；从 1953 年发展到 1980 年的 32.9 万 m^3，年均增长 1.1 万 m^3，为缓慢增长阶段；从 1980 年发展到 1990 年的 75.9 万 m^3，年均增长 4.3 万 m^3，为波动增长阶段；从 1990 年发展到 1998 年的 446.5 万 m^3，年均增长 46.3 万 m^3，为快速增长阶段；从 1998 年发展到 2003 年的 2102.3 万 m^3，年均增长 330.4 万 m^3，仅低于美国而居世界第二位，为超高速发展阶段。2004 年我国胶合板产量为 2098.6 万 m^3，出现稳定态势；2011 年产量为 1.18 亿 m^3，比上年同比增长 31.66%；2012 年产量为 1.42 亿 m^3，同比增长 18.3%。产品以三层和五层结构脲醛胶胶合板为主。在大径级胶合板用材日趋减少的条件下，我国胶合板企业通过表板改薄技术，将热带进口材（主要为柳桉、龙脑香、奥古榄和山樟等）加工成薄至 0.55mm 厚的表板，大大提高了热带进口木材表板得率；同时大力开发利用人工林木材，将人工林杨木、松木、橡胶木和桉树旋切加工成芯板，与热带进口材表板搭配使用，制造混合树种胶合板，极大地补充丰富了胶合板用材资源，增加了国际国内市场热带胶合板供给。制造工艺普遍采用单板旋切封边、表板薄型化、芯板拼接、无卡轴旋切、自行制胶和二次组坯胶合等工艺技术，单板成为市场流通商品。

目前，我国具有一定规模的生产胶合板的企业约 5000 家，年产量 1 万 m^3 以下的企业占 90%，只有少数企业年产 2 万 m^3 以上。主要产地从天然林产区转到了经济发达而天然林资源并不丰富的省份。在胶合板生产企业中，以进口原木或单板为主要原料的大、中型胶合板生产企业绝大部分是近十几年建成的"三资"或"股份"制企业，技术装备先进，产品质量稳定，代表着我国胶合板生产中的主导力量和发展方向。经过建国 60 年来的发展，我国胶合板行业已形成了五大产业集群，即以邢台、文安、廊坊为中心的河北省产业集群，以临沂为中心的山东省产业集群，以嘉兴为中心的浙江省产业集群，以江苏省邳州为中心的苏北产业集群，和以宿州为中心的安徽省产业集群，这些产业集群已成为我国胶合板生产的中坚力量。

随着产量的大幅增长，我国被誉为胶合板出口大国、世界第一大胶合板生产国。这与我国建筑装修、家具业等消费市场的需求快速增长以及充足的人力资源密不可分。由于华北、华东以及长江中下游一带速生丰产林木材大量涌进市场，以及国外优质阔叶木材的不断补充，为我国胶合板工业不断发展提供了原料保证。另外，我国是人力资源大国，这就决定了我国发展胶合板工业的人力成本与其他胶合板生产国相比占有较大优势，同样也成为我国胶合板市场发展迅速的重要因素。我国人造板不仅产量提高快，而且品种、质量多已达到和超过东南亚传统生产国的水平，主要人造板产品的标准已逐步与国际接轨。

我国胶合板工业存在的问题如下：一是木材资源短缺。中国森林资源贫乏，国家实施"天保"工程后，不得不大量进口木材，但随着国际环保意识增强和热带木材生产国经济社会的发展，一些国家开始限制和禁止原木出口，越来越多的发达国家开始对胶合板产品要求"森林认证"，要求制造胶合板的木材资源必须来自可持续经营的森林。因此中国胶合板工业依赖进口木材为原料将面临资源短缺和原料成本不断增加的危险。二是企业生产规模小。目前我国胶合板企业以小型为主，大、中型企业并存，具有知名品牌的龙头企业不多。多数小企业经营粗放、管理落后、效益低下，工艺和设备水平落后，缺乏技术开发和创新能力，在产品质量、能耗、劳动生产率、自动化程度及对粉尘、噪声、污水的控制等方面落后于发达国家。三是产品品种少，技术含量低，深加工和高新技术产品和特殊用途产品比例小，应用范围窄。四是产品质量参差不齐（主要为甲醛释放量和尺寸公差较大）。除较先进的大、中型企业外，大部分企业产品质量差异较大，特别是自制脲醛胶，生产成本低廉，难以控制游离甲醛，在胶合板游离甲醛普遍受到关注的条件下，对中国胶合板生产构成严峻的考验。

今后，我国胶合板工业应实施科教兴国战略和可持续发展战略，以科技为第一生产力，走出一条科技含量高、经济效益好、资源消耗低、环境污染少、人力资源优势得到充分发挥的新型工业化路子。尤其要注意以下方面：

第一，我国胶合板企业应朝着信息化、重组集团化、人员知识化方向发展，不断开发和创新，以更低的成本向客户提供更好的产品和服务，在全球经济一体化中提高国际竞争能力；要充分利用国际、国内两个市场、两种资源，进一步吸引外商直接投资，提高利用外资和对海外投资的质量和水平，形成一批有实力的跨国企业，在更大范围、更广领域和更高层次上参与国际经济技术合作和竞争，坚持以质取胜。

第二，建立企业、研究所、高等院校科技合作网络，培养高素质人才，支持创新技术发展。企业、研究所、大学和政府主管部门应考虑合作制定人造板长期研究发展计划，确定优先领域，避免重复研究。设备制造和胶黏剂厂商在技术开发方面可能会发挥越来越大的作用，但研究所和高等院校在从事基础研究、技术创新、提供开发技术所需要的基础数据和知识以及在培养高素质人才等方面的作用至关重要。

第三，重视资源培育、增值加工、节能环保和可持续发展，解决胶合板生产加工、使用和回收利用整个寿命周期中的环境问题，包括产品的游离甲醛释放、木材加工和胶合板制造过程中产生的有机挥发物（VOC）、化学处理木材和人造板的回收利用等。

第四，加快我国森林认证工作进程和 ISO 14000 环境管理体系认证工作进程。

发展到今天，胶合板已成为许多国家国民经济的重要支柱。胶合板的产量和消费量逐年递增，应用领域不断扩展，产品种类不断开发，技术含量越来越高。目前，胶合板生产已高度自动化，计算机、过程逻辑控制器和许多现代测量装置已得到普遍应用，成为了现代化工业的重要组成部分。

2. 胶合板分类

按照不同的材料、加工方法和用途，可将胶合板分成不同的类型。

（1）按胶合板的结构分类

胶合板可按结构分为：普通胶合板、夹心胶合板、塑化胶合板、木材层积塑料、异形胶合板。

① 普通胶合板　一组单板通常按相邻层纤维方向互相垂直组坯胶合而成的板材。组成胶合板的单板通常为奇数层，因此有三合、五合、七合、胶合厚板（厚度大于 15mm）等奇数层胶合板，图 1 为五层胶合板结构示意图。

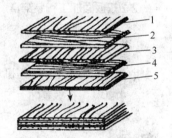

图 1　五层胶合板结构示意图
1. 面板　2. 芯板　3. 长芯板
4. 芯板　5. 背板

普通胶合板有针叶材胶合板和阔叶材胶合板之分，按国家标准规定，无论哪种胶合板，按胶种的耐水性均可分为以下四类：

Ⅰ类胶合板（NQF）　即耐气候、耐沸水胶合板。这类胶合板具有耐久、耐煮沸或蒸汽处理等性能，能在室外使用。它是用酚醛树脂胶或其他相同性能的胶黏剂胶合成的。

Ⅱ类胶合板（NS）　即耐水胶合板。这类胶合板能在冷水中浸渍或经受短时间热水浸渍，但不耐煮沸。它是用脲醛树脂胶或其他相同性能的胶黏剂胶合成的。

Ⅲ类胶合板（NC）　即耐潮胶合板。这类胶合板能耐短期冷水浸渍，适于室内使用。它是用血胶或其他相同性能的胶黏剂制成的。

Ⅳ类胶合板（BNC）　即不耐潮胶合板。这类胶合板在室内常态下使用，具有一定的胶合强度。

它是用豆胶或其他相同性能的胶黏剂制成的。

② 夹心胶合板　夹心胶合板的芯板为非单板材料，芯板两侧各胶合一层单板、木纹互为垂直排列的两层单板或一张三层胶合板。根据芯板材料的不同，可将夹心胶合板分为复合板、实心细木工板、空心夹心板等不同类型。复合板是用薄型刨花板等代替胶合板芯板而制成的板材；实心细木工板是利用窄木条按顺纹方向互相拼合成实心芯板而制成的一种胶合板；空心夹心板（亦称空心细木工板）是用空心格状木框或纸质蜂窝状框架作芯板制成的一种胶合板；还可以用发泡合成树脂等作芯板来制成夹心胶合板。图 2 为实心结构细木工板，图 3 为空心结构夹心板。

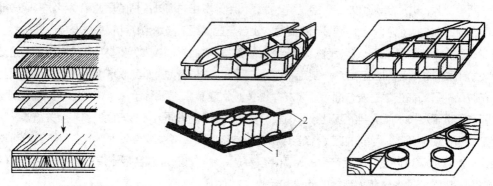

图 2　实心结构细木工板

图 3　空心结构夹心板
1. 芯板　2. 单板或胶合板

③ 塑化胶合板　每一层单板都涂酚醛树脂胶，在较高压力（2.0～3.5MPa）下热压制成的胶合板。这种板具有较高的强度和很强的防水性能，通常用于船舶制造方面，又称船舶板。

④ 木材层积塑料　经酚醛树脂胶浸渍过的单板，在高温高压下压制成的层压板。具有很高的电气绝缘性能、耐水性能和力学强度。

⑤ 异型胶合板　异型胶合板有两类：一类是用模具直接将板坯压制成曲面形状的胶合板，称之为成型胶合板，如椅子靠背、坐板等；另一类是用二合板卷成的胶合板管子。

（2）按板面加工和装饰情况分类

胶合板可按板面加工和装饰情况分为：砂光板、打孔板、贴面装饰人造板、涂饰装饰人造板、印刷装饰人造板。

① 砂光板　是指用砂光机对板表面进行板面砂光处理后的板材。

② 打孔板　在板表面上按照一定排列规则钻孔，使之具有立体感，且增强吸声效果。

③ 贴面装饰板　在胶合板的板面上胶粘各种装饰材料，如单板、薄木、浸渍纸、纸质装饰板、PVC装饰板等。

④ 涂饰装饰板　在板面上涂饰各种涂料，有透明涂饰与不透明涂饰之分。

⑤ 印刷装饰板　在板面上印刷木纹或图案。

（3）按原材料分类

胶合板可按原材料分为：木质胶合板、竹材胶合板。

① 木质胶合板　以木材为原料，以蛋白质胶或合成树脂为胶黏剂制成的胶合板。常见的胶合板即属此类。

② 竹材胶合板　以竹材为原料，以蛋白质胶或合成树脂胶为胶黏剂制成的胶合板。

3. 胶合板的主要用途

胶合板保持了木材原有的优点：声学、保温性能好，强重比高，易于加工和染色等；克服了木材的各向异性、幅面小和天然缺陷如节、疤等部分缺点；可广泛应用于各行各业。

（1）家具制造　胶合板可用于制造各种桌、柜、橱、床等家具，国内外生产的胶合板多用于家具制造。目前我国用于家具制造业的各种人造板，占其总量的比例分别为：胶合板41.3%，纤维板78.2%，刨花板85.6%，细木工板65.9%。

（2）建筑、装饰材料　在建筑方面，胶合板可作地板、墙板、吊顶板、楼梯板及室内其他装修材料，还可以作水泥模板等。建筑业是胶合板的第二大市场，有的国家中其用量可达近一半。

（3）车辆、船舶的内部装饰　作为汽车、火车、轮船的内部装修材料，胶合板应用也很广泛。

（4）其他方面　在其他方面，胶合板用途也很广。如工业上制作各种操纵台、控制柜等，电子和轻工业上制作电视机壳、喇叭箱、仪表盒等，运输业上制作各种包装箱等。

4. 胶合板生产工艺概述

（1）胶合板生产方法　胶合板的生产方法有湿热法、干冷法和干热法三种。干和湿是指在胶合时用的单板是干单板还是湿单板；冷和热是指采用热压胶合工艺还是冷压胶合工艺。

① 湿热法　旋切单板不经干燥便涂胶、组坯并热压制成胶合板的方法。湿热法是早期的一种生产方法，工艺简单，使用的设备也较少。湿热法使用的胶种通常是血胶，树种为软阔叶材。这种方法生产的胶合板含水率较高，内应力较大，容易翘曲变形。现在生产上已很少应用。

② 干冷法　旋切单板经干燥后再涂胶，在冷压机中冷压成胶合板的方法。豆胶胶合板常用此法，其他胶种如冷压用脲醛树脂和酚醛树脂等也可以采用干冷法生产工艺。这种方法生产周期长、效率低、耗胶量也较大，比较适合于小型工厂生产。

③ 干热法　旋切单板经干燥后涂胶组坯，在热压机中热压成胶合板的生产方法。此法各种胶黏剂都适用，胶合时间短，产品质量高，是最普遍采用的一种胶合方法。

（2）胶合板生产工艺流程　胶合板生产工艺流程，是指从原料进车间到产品入库的整个加工工艺过程。由于各地情况、原料种类、生产方式、生产设备及产品品种的不同，胶合板生产的工艺流程也千差别别。但万变不离其宗，不管生产工艺如何变化，每一种板各自所含的主要工艺过程还是基本相同的。

胶合板的主要生产工序有：原木截断、木段水热处理、剥皮、定木段中心、单板旋切、单板干燥、单板剪切与拼接、单板整理加工、单板涂胶、组坯、预压和热压、裁边、刮光或砂光、检验、分等及包装等。这些工序通过一定的设施和方法相互连接，形成连续的生产工艺流程。以下为不同生产方法下的胶合板生产工艺流程。

湿热法胶合板生产工艺流程见图4，干热法和干冷法胶合板生产工艺流程见图5。

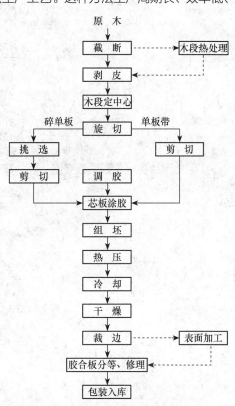

图4　湿热法胶合板生产工艺流程

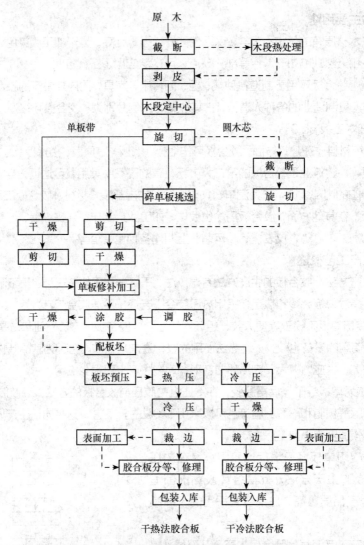

图 5　干热法和干冷法胶合板生产工艺流程

　　实际生产中由于芯板质量变差，面、背板变薄，也有采用二次胶合过程的，即首先胶合基材而后贴面的胶合过程。

项目 1
单板旋切加工

 项目概述

以原木为材料，通过旋切、刨切、锯切等加工方法，制成的厚度在 4mm 以下的板材，称之为单板。在胶合板生产中主要应用旋切法制造单板，板面装饰用的薄木大多采用刨切方法制得，锯切法较少使用。

由于各地原木资源的减少和专业化生产的需要，使单板生产逐步从传统胶合板生产中分离出来，成为独立的产业，有众多企业专门生产单板。单板既是市场流通的商品，同时又是胶合板生产的原料。全世界每年进入流通领域的单板就达 600 多万 m^3，我国也有大量单板内销和出口。单板作为胶合板生产的原料，施加胶黏剂后，经过组坯、加压，可制成符合要求的胶合板成品。

单板旋切加工的工艺流程是：

原木→锯断→热处理→剥皮→定中心→旋切→剪切（干燥）→干燥（剪切）→分选→整修→入库

本项目包括七个任务：原木锯断、木段热处理、木段剥皮、芯板旋切加工、表板旋切加工、单板干燥、修补与整修。通过项目的实施，学生应能够独立完成各主要生产环节的操作，熟悉生产中的工艺问题、质量检验问题，具备较强的解决实际问题的能力。

 学习目标

1. 知识目标

（1）了解胶合板生产用材的主要树种，熟悉原木锯断设备，掌握提高原木锯断质量的方法。

（2）了解木材热处理的目的、方法，掌握热处理工艺、热处理缺陷的原因和相应措施。

（3）了解木段剥皮的工艺要求，掌握常见剥皮设备的工作原理。

（4）了解木段定中心的目的和方法，掌握旋切的主要角度参数及对旋切的影响。

（5）了解封边的意义，了解勒刀的使用、旋切与其他工序的配合方法；掌握提高旋切质量和出材率的途径，旋切工序缺陷的种类和改进措施，质量检验的方法。

（6）了解单板干燥的目的、单板干燥过程，理解主要干燥设备干燥原理、影响干燥速度的因素，掌握干燥缺陷的原因和处理办法。

（7）了解分选的意义，熟悉胶合板分等标准，理解修补、拼接设备的工作原理，掌握单板修补和拼接的主要方法。

2. 技能目标

（1）能运用原木锯断设备对原木合理下锯，并能进行木段质量检验。

（2）能运用和控制木段热处理工艺减少缺陷，并完成热处理质量检验工作。

（3）能正确操纵木段剥皮设备进行剥皮操作并控制剥皮质量。

（4）能较好完成木段定中心，能根据工艺要求正确安装和调整旋刀及压尺，并完成芯板的旋切加工。

（5）能完成旋切表板的封边，合理使用勒刀，能正确处理旋切中的质量缺陷并进行质量检验。

（6）能根据旋切单板质量和工艺要求，正确操纵和调整干燥设备，采取适当措施避免干燥缺陷；能完成单板含水率检测工作。

（7）能运用国家标准对单板进行合理分选，运用相关设备合理完成单板的剪切、修补、拼接工作，并对单板质量进行检验。

重点、难点提示

1. 教学重点

（1）原木锯断的工艺要求及设备。

（2）不同树种热处理工艺规程。

（3）旋切原理、旋刀和压尺的安装调试。

（4）旋切的主要角度参数和旋切工艺规程。

（5）影响单板加工质量的因素。

（6）单板干燥质量控制。

（7）单板分选。

2. 教学难点

（1）旋切原理。

（2）旋刀和压尺的安装调试。

（3）旋切质量控制与旋切参数调整。

（4）单板干燥质量控制。

（5）单板修补和拼接。

任务 1.1　原木锯断

工作任务
---

1. 任务书

生产合板的尺寸规格为 1220mm×2440mm，试确定旋切芯板用木段长度，并利用锯断设备对给定原木造段。

2. 任务要求

（1）造段公差为 $^{+20}_{-10}$ mm。

（2）完成造段后，对所造木段进行质量检验并分析存在的问题。

（3）每小组各造一段。

3. 任务分析

原木锯断就是把长的原木锯截成短木段，以旋切指定要求的单板。木段的长度由加工单板长度和必要的加工余量确定。原木的造段是单板加工的第一道工序，同时也是胶合板生产的重要工序。

原木的造段工序的质量好坏，直接影响原木的出板率，合理下锯是保证单板质量和获得最大木材利用率的重要保证。造段时首先要正确选材，然后合理下锯。要做到合理下锯，操作者必须正确地判断木材的各种缺陷，熟记原木和单板的质量标准（参考 GB/T 155—2006《原木缺陷》、GB/T 15779—2006《旋切单板用原木》），选择既能保证单板质量又能获得木材最大利用率的锯断位置。

4. 材料、工具、设备

（1）原料：直径大于 15cm、长度为 2.6m 的桦木。

（2）设备：移动式链锯机、平衡式圆锯。

（3）工具：卷尺、钢板尺、划线笔。

引导问题

1. 胶合板用材动向如何？如何选择胶合板用材？
2. 原木材质缺陷对胶合板生产有何影响？
3. 说明原木锯断的原则。
4. 原木锯断时如何合理下锯？
5. 原木锯断设备有哪几种？各种锯断设备的主要优缺点是什么？
6. 原木锯断工序对单板生产、胶合板生产有什么重要意义？
7. 原木锯断易出现哪些问题？应采取什么措施？
8. 原木贮存的方法有哪些？

相关知识

1 胶合板用材

理论上讲，几乎所有树种的木材，经过一定加工后，都能制出相应的单板，但并不是所有的树种都能生产合格的胶合板。在我国能制造胶合板用的树种有近百余种，各地区常用的木材品种如下：

东北地区：水曲柳、椴木、桦木、色木、柞木、黄波罗、桤木、杨木。

中南、华东地区：马尾松、枫杨、枫香、楠木。

西南地区：马尾松、桦木、木荷、丝栗、桤木。

西北地区：桦木、椴木、槭木、杨木等。

为此我国胶合板生产常用进口材有：水曲柳、柳桉、阿必东、坎度来、桃花心木、柚木、克伦、令贡、麻可尔、色皮等。

有的树种木材之所以不适合胶合板生产，主要考虑以下因素：首先是木材的切削性能和干缩变形，如密度特大、硬度特别高而不易切削的树种或干燥后翘曲变形严重的都应避免使用，否则影响机床寿命或板材质量。其次是木材的胶合性能，如有些树种有某些内含物，影响胶合强度，不适于制造胶合板；有些树种的木材碱性较大，对脲醛胶固化有影响，不适于制造脲醛胶胶合板。最后是经济效益，如因原木不够通直、结构不均匀、木材缺陷特多等，致使出板率很低，或其他用途上具有优良特点，但制成胶合板后却丧失其优点的，都不能认为是适用树种。如红松是有名的优良建筑用材，但制成胶合板后，往往由于多节、多树脂、板面不够光滑美观、质量较次而成本却很高，在经济上不合理。

生产胶合板的树种有限，而且常用树种的蓄积量日益减少，可采资源不断下降，致使生产胶合板的原木径级和材质逐渐降低，严重影响胶合板生产。应根据未利用树种的蓄积量和采运条件，研究各种生产新工艺，扩大可用树种，营造胶合板用材林，为胶合板生产扩大原料来源，以满足胶合板生产的需要。过去认为杨木木质松软，旋切时容易起毛，很少用来制造胶合板，而近年来由于技术进步，对胶合进行重点研究，旋切时对角度进行调整，采用杨木生产胶合板也获得了很大成功，杨木现已成为制造胶合板的主要树种之一，为原料供应开辟了新途径。东北有大量的落叶松，也有相当蓄积量的杨木（山杨、大青杨），两者作为胶合板原料大有发展前途。近年来我国从意大利引进的几种意大利杨木，生长 10～12 年的胸径可达 40～50cm，每株材积可达约 1m³，经试验适于制造胶合板。这将为我国大面积人工营造胶合板用材林、发展胶合板生产创造有利的条件。

2 木材材性对胶合板生产的影响

2.1 木材构造对胶合板生产的影响

木材结构对胶合板制造的影响，主要有以下方面：

（1）年轮 年轮非常明显的针叶材（如马尾松）和阔叶环孔材（如水曲柳），其早材部分材质松软，细胞腔大；晚材部分材质细密，细胞腔小。因而旋切时旋刀遇到的阻力是不同的，所以单板表面一般不易切光，单板干燥后，表面显得较粗糙，但单板表面纹理清晰，富有变化，这种木材不宜旋切成薄单板。散孔材木材组织均匀密实，旋出单板的强度较高，但纹理不清晰（如椴木、桦木等）。

（2）木射线 木射线在树木中是由一种横卧的细胞组成，木射线比较发达的树种，可以使单板表面美观，但由于木射线旋切时被切断，所以影响单板的强度，并容易发生"透胶"。

（3）树脂道 树脂道发达的木材（如马尾松、落叶松），旋切时树脂会沾污旋刀，妨碍旋切；在高温作用下，树脂熔化，从单板中流出，会沾污干燥机网带、辊筒和热压机的压板，也沾污单板本身；热压时还容易产生鼓泡现象，胶合性能会受到影响。

（4）心材和边材 心、边材区分明显的树种，其含水率、硬度、收缩和膨胀率都有差异，会给单板旋切和干燥造成一定困难，也影响单板的质量。

（5）削度 有削度的木材旋出的单板纹理美观，板面富有变化。因为旋切时纤维被切断的较多，所以单板强度差。

2.2 材质缺陷对胶合板生产的影响

木材缺陷系指其组织结构的变态和不规则性，或者木材受到机械损伤与病虫害，致使它的强度、加工性能、外观等受到不良影响而降低了利用价值。

（1）节子 有活节和死节之分。活节是由树木的活枝条所形成的，节子与周围木材紧密连生或与周围木材连生部分大于其断面周边长度的 3/4，质地坚硬，构造正常，在木段旋切成单板后尚不会脱落，对单板的强度有影响但影响不大；在普通胶合板中对合格品单板上的活节数量未加限制，对优等品、一等品的面板上活节数量则加以限制。死节是由树木的枯死枝条所形成的，节子四周不与周围木材连生，或连生部分仅为其横断面周边长度的 1/4 或不到 1/4，质地坚硬或松软，在木段旋切时发生脱落，或单板干燥后脱落，或稍加外力就脱落，死节脱落后，单板必须进行修补才能使用，使单板修补工作量提高，同时降低了单板的强度；在普通胶合板中，对面板上的死节数量加以限制，背板不限制，优等品则不允许有死节。

（2）涡纹　又叫乱纹，是由于木材在生长过程中其组织结构的变态引起的。涡纹一方面降低了单板强度，另一方面由于这种纹理违反常规，将这样的单板用作面板时，与其他同种单板纹理不一致。但也有的乱纹在旋出单板后纹理很美观，往往又可用来作装饰材料。对于斜纹理，则同样影响单板强度与外观质量。

（3）变色　分为真菌性变色和非真菌性变色。非真菌性变色是由于木材中的元素在存放时发生氧化或化学反应，这种变色，影响单板的外观质量而不影响单板的强度。真菌性变色，是由于真菌（微生物）的危害，真菌寄生在木材中以木材为营养；真菌性变色不仅影响单板的外观质量，同时降低了单板的各种强度。国家标准中优等品面板不允许有变色，一等品面板加以限制，背板不限制。

（4）腐朽　是由于木材在存放过程中受木腐菌（微生物）侵入，使细胞壁物质分离，导致木材松软，强度和密度下降，木材组织和颜色也常常发生变化。腐朽木材变得发脆，呈海绵状、棉絮状、多孔状和环裂状，这样的单板强度极低，有时根本无法使用。优等品和一等品面板不允许有腐朽，合格品面板和背板则严格控制。

2.3 木材物理性质及力学性质对胶合板生产的影响

太硬的力学强度大的木材对旋刀磨损大，在旋切、干燥和热压时容易开裂，若木材水热处理不当，则旋切就更加困难，单板背面裂隙深度大。太软的力学强度小的木材旋切时单板容易起毛，板面不光滑。

2.4 木材化学性质对胶合板生产的影响

木材的酸碱性质，包括抽提液的酸碱性质是木材的重要化学性质之一。木材的酸碱性因树木的生长条件、树种、树龄和树高、边心材部位及含水率等因素的不同而异。

由于木材中含有微量碱金属和碱土金属，可与木材中的有机酸形成相应盐类，因此木材的水浸提液具有一定的缓冲性能，其大小用缓冲容量来表示。木材的 pH 值和缓冲容量对木材应用范围和制定胶合板加工工艺具有重要意义，与单板胶合、木材变色等有密切关系。

通过上述知识可见，木材构造因素不同，其加工性能和产品质量也不同。而各种树种都有其特有的结构特性和材质缺陷，我们应根据胶合板的不同用途，扬长避短，合理取材。同时对于因木材结构而产生的弱点和材质缺陷，应从工艺上采取相应的措施加以克服。

3 胶合板用材的选择

胶合板用材要根据生产胶合板的规格、质量来选择原木。具体来说，要从原木长度、径级和质量等方面来考虑。

（1）原木长度　我国原木长度规格有 2m、4m、5m、6m、7m、8m。国家标准规定供胶合板用的原木长度为 4m、5m、6m，长度公差为 $^{+6cm}_{-2cm}$。由胶合板的规格决定所需木段的长度，按木段长度合理搭配选择原木的长度，以期使木材得到有效利用，避免浪费。

（2）原木径级　原木的直径直接影响单板的出材率和旋切机的生产率。木段直径增大，旋切时产生的废材相对减少。如长度为 1.6m、直径为 18cm 的通直木段，旋圆时产生的废材可达木段材积的 18.9%；木段直径为 35cm 时，废材仅为 12.2%。

随着大径级的原始森林资源减少和增加使用速生材的原因，胶合板材径级越来越小是世界胶合板生产的一种趋势，也是胶合板研究部门的一个新课题。我国规定胶合板用材直径为 20cm 以上，按 2cm 进级。随着科学技术的发展，径级越来越小的原木将会用于胶合板的生产。近年大量种植的黑杨，其直径在 18cm 以上的都被用来制造胶合板。为了提高胶合板的出材率，有越来越多的工厂开始重视增加小旋机的比例，有的工厂大小旋机已各占一半，小旋机用来旋制小径级木段和芯板，同时利于减少木段的弯曲度。采用双卡轴和带压辊的新型旋切机或无卡轴旋切机，不但克服了旋切木段产生的挠度，而且减少了木芯的直径，提高了旋切质量和出材率。

现阶段我国加工面、背板多使用东南亚的大径级木材，而中板加工多采用我国的小径级杨木、桦木等。我国各家芯板加工企业，采用的都是二级旋切，即先旋圆之后，再用无卡轴旋切，使旋切剩余的木芯直径达到 30mm 左右，这样大大提高了出材率。

（3）原木质量　原木等级的高低，是根据原木上的缺陷而确定。原木上的缺陷大致可分为三类：一类为树木在生长过程中形成的缺陷，如树干弯曲、节子、环裂、扭转纹和较大的削度；二是树木生长时形成的树病，如伪心材、红斑、腐心等；三是采伐后在运输保管过程中发生的缺陷，如各种损伤、青变、端裂、腐朽等。

原木缺陷有的对单板出板率有一定影响，如原木弯曲、机械损伤、较大的削度、环裂、端裂、伤疤、腐心、空心等，这类缺陷只允许到一定程度。腐心和空心的木段，旋切时产生的木芯直径增大，单板出板率降低；木段弯曲、伤疤及机械损伤增加了旋圆的废材；环裂和端裂过大的木段，根本不能旋切，必须在下料时截掉。有的缺陷对单板质量有影响，如原木有节子、斜纹理、红斑、涡纹、青变等，这类缺陷使单板表面质量和强度降低。

4　原木锯断的原则

木段的规格质量将对木材利用率、旋切单板的质量和单板整理加工量等都有直接的影响。因此，在原木锯断前，首先要明确原木来源（进口材或国产材）、合板的结构和规格、加工余量、表板与芯板（中板）的规格、表板与芯板（中板）的配比、表板与芯板是否分开旋切等因素，根据原木的外部特征，正确地识别与判断原木的各种缺陷，合理地选择锯口位置。这是一项技术性和经济性很强的工作。

原木锯断的原则是在保证木段规格质量和生产合理配套（面板、背板、芯板"三板"平衡）的前提下，最大限度地提高原木利用率。因此在锯断时要"按料取材，缺点集中，优材优用，劣材选用，合理下锯，材尽其用"。要以面板木段为主，保证长短木段的比例，减少原木截头，要根据原木的质量和生产需要尽量做到材尽其用。

根据锯断原则，在锯断时要做到以下几点：

（1）原木应先划线后进锯，按线下锯，保证木段规格质量。划线时应考虑到加工余量。

（2）本着量材取值的原则，按木段标准要求，截掉严重的腐朽、纵裂和超过半圆的大环裂以及大蛀孔等不允许的缺陷。

（3）弯曲原木锯断时，应选择合理的锯口位置，尽量获得通直或符合要求的小弧度木段，提高原木利用率。

（4）对端面偏斜、错牙伐痕、大劈裂以及斧伤和水渍变色等缺陷的木材，锯断时应先截去端头，方可使旋切时木段既容易卡住，又能保证单板质量。

（5）尽量将缺陷集中在一根木段上。若原木的长度不等于所需木段长度的倍数时，应尽量将缺陷集中在短木段上，以保证长木段的质量。

（6）弯曲木段进锯时，应避免凹面向下，以防锯切时产生夹锯现象。

（7）越接近根端的木段其所含的节子及其他缺陷越少。因此，若原木两端材质相近，锯断时应先从大头开始下锯，然后依次往小头方向进行，这样可以利用大径级木段，以获得最大的出材率，同时单板的质量也比较好。

（8）锯断时，锯口应垂直于原木的轴线方向，以防止木段端面出现偏斜。

5 原木锯断的设备

原木锯断设备有链锯、往复式截锯和圆锯等。

（1）链锯　链锯有移动式和固定式两种。链锯锯断速度快，生产效率高，操作方便，可锯断大径级原木，是一种比较理想的原木锯断设备，见图1-1。

（2）往复式截锯（狐尾锯）　往复式截锯是由电动机带动曲柄连杆机构，使锯往复运动。其优点是锯路小，锯口准确，但因锯断时锯机有空行程，生产效率低，目前已很少采用。

（3）平衡式圆锯　圆锯机结构简单，操作方便，生产率较高，应用比较普遍。但锯片直径有限，因此靠进口材（大径级原木）生产胶合板的工厂不能采用，北方各厂使用的较多。圆锯有单片圆锯与双片圆锯两种，见图1-2、图1-3（图中未注单位为mm，以下各图同）。

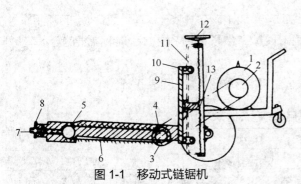

图 1-1　移动式链锯机

1. 电动机　2. 主动皮带轮　3. 从动皮带轮　4. 主动链轮
5. 从动链轮　6. 链锯条　7. 张紧丝杆　8、13. 螺母
9. 移动框架　10. 滚动轴承　11. 导轨　12. 丝杆手轮

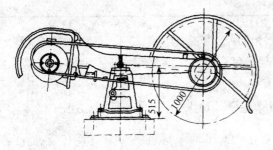

图 1-2　平衡式圆锯

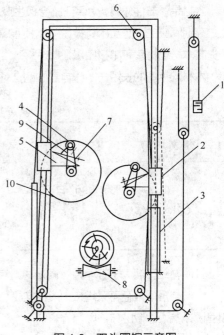

图 1-3　双头圆锯示意图

1. 重锤　2. 框架　3. 滑道　4. 圆锯片电动机
5. 圆锯片框架　6. 滑轮　7. 圆锯片　8. 滑道滚轮
9. 传动带　10. 带轮

6 原木锯断易出现的问题

原木锯断时容易出现的问题较多，主要有以下方面：

（1）木段过长、过短或偏斜木段过长 一是浪费木材，二是超过旋切机长度规定不能用；木段过短、偏斜又会使单板尺寸不够长，而只能改成小规格材，造成浪费。因此，下锯时一定要注意摆正原木，卡紧原木。

（2）夹锯 夹锯是由于锯路较窄，原木断面与锯身接触压力大而产生摩擦所致。夹锯容易使锯身发热而发生烧焦的现象，影响锯的使用寿命。若锯的运动动力很大，则易发生断锯危险。使用狐尾锯、圆锯时，在锯路下面装上顶木器，在锯割到一定程度时，把锯路处向上顶起，从而掰开锯路避免夹锯。使用链锯时，要注意施加压力不要过急、过大。锯割直径较大的原木时，可以在锯路的上部塞上一个楔形木块，把锯路掰开。

（3）原木锯割时振动 原木在锯割时发生振动是由于原木固定得不好所致。锯割时摆动，影响锯割速度，甚至会掰断锯片，因此，在操作时一定要把原木固定好。

（4）取材不当 造成取材不当的原因主要是经验不足，有时看不出木材内部的缺陷，使锯出的木段缺点很多，影响单板质量和出材率。

7 拓展知识

7.1 胶合板用材的贮存保管

木材是季节性原料，为保证胶合板生产的连续性，需要对木材原料进行贮存。胶合板生产所用原木，在贮存期间应主要防止木材被微生物损害、虫害和开裂，并最好能保持木材旋切时所需要的含水率，便于提高木材出材率和单板质量。

木材贮存期的长短与木材自身的耐久性有关。常用木材的耐久性能见表 1-1。

表 1-1　常用木材耐久性等级

耐久性等级	耐久性		
	对于虫害	对于菌性感染	对于开裂
I	冷杉、桦木、水青冈、千金榆、椴木、赤杨、山杨、白杨、白榆	冷杉、橡木、兴山榆、白榆、水曲柳	云杉、松木、冷杉、雪松、赤杨、山杨、椴木、白杨、桦木
II	云杉、松木、落叶松、雪松、橡木、兴山榆、水曲柳	云杉、松木、落叶松、雪松、桦木、水青冈、千金榆、赤杨、椴木、山杨、白杨	落叶松、水青冈、千金榆、兴山榆、白榆、橡木、雪松、水曲柳

针叶材贮存期大于 3 个月、阔叶材贮存期大于 1 个月，通常算作长期贮存，其他为短期贮存。

针叶材短期贮存可采用带树皮的实楞和搭栅遮阴贮存；阔叶材短期贮存，可采用带树皮的实楞、搭栅遮阴或端面涂敷的方法贮存。

木材长期贮存费用大，可采用如下措施：带树皮的实楞和遮阴；人工降雨或沉入水中。

7.2 木段的贮备

7.2.1 木段贮备的目的

为了均衡生产，原木锯成木段之后，应按树种、材长和径级分档次，分别进行归楞，并应有一定的贮备。其贮备量可根据生产任务、木段材种、保管设施、作业场地和季节等因素决定，一般应不少于一个班次的生产量。

7.2.2　木段贮备的作用

木段贮备可给按材下锯、合理选材创造条件。可以根据单板仓库"三板"平衡的情况，保证供给蒸煮和旋切工序相应规格、质量和数量的木段。

可以按需要均衡地组织木段投池，有利于生产环节的衔接和平衡。也可根据木段径级的大小分别投池，这样有利于节约能源，提高蒸煮质量，保证生产需要。

可以防止因出现特殊情况而导致的木段供应脱节问题。如原木供应不及时和锯断设备检修或临时停电等造成锯木停产的情况下，仍可保证木段正常供应，使生产不受影响。

任务实施

1　任务实施前的准备

（1）分组：每4人为一小组，带好手套，穿好工作服。

（2）按要求穿戴好劳保用品，并准备好卷尺、记号笔等工具。

（3）检查链锯或平衡圆锯等设备是否正常，链锯条或圆锯齿是否锋利。

（4）检查汽油链锯机的油箱是否有油或电动链锯机电器接触是否良好。

2　原木锯断工艺

2.1　各种不同缺陷原木的下锯法

（1）弯曲原木　应在原木弯曲的转折处下锯，尽量获得通直或小弧度的木段（图1-4）。

（2）两端有节子、开裂和腐朽的原木　先按木段的规格套材下料确定下锯位置，然后再将原木两端影响使用的节子、开裂和腐朽部分截掉（图1-5）。

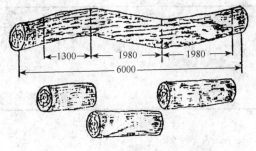

图1-4　弯曲原木的截断

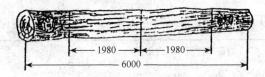

图1-5　截掉两头缺陷

（3）节子和其他缺陷分布均匀的原木　下锯时，应截取有用的木段，截掉有缺陷的部分（图1-6）。

（4）各种缺陷分布集中的原木　下锯时，应将缺陷集中在一根木段上，通常是集中在短木段上，尽量多取表板木段（图1-7）。

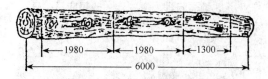

图 1-6 缺陷平均分布下锯部位

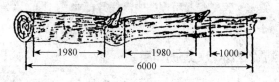

图 1-7 缺陷集中锯掉

2.2 木段的长度和加工余量的确定

木段的长度应根据胶合板的尺寸和必要的加工余量来确定。即木段长度＝胶合板尺寸＋加工余量。

胶合板的尺寸决定于国家标准和用户需要，而加工余量则与合板裁边时的余量以及长木段旋切时表板和芯板是否分旋等因素有关。一般锯口宽度为 10mm，木段的加工余量在 70～100mm 之间。各生产厂根据各自的生产水平，规定木段的长度和允许的误差，表1-2 给出了合板尺寸与木段长度之间的对应关系数据供参考。

表 1-2 合板尺寸与木段长度　　　　　　　　　　　mm

合板尺寸	木段长度	
	表板木段	芯板木段
915×915	1000	980
915×1830	1900～1920	980
1220×1830	1900～1920	1290
915×2135	2220	980
1220×2135	2220	1290
1220×2440	2540	1290

注：（1）需要说明的是，表板和芯板不分开旋切时，表板木段的长度应适当增加 20～40mm，以能保证切出两张芯板的足够长度；（2）木段的长度允差为 $^{+20}_{-10}$ mm；（3）锯口偏斜度应不超过表 1-3 规定。

表 1-3 木段锯口允许偏斜度

原木检尺直径（cm）	偏斜度（mm）	原木检尺直径（cm）	偏斜度（mm）
30 以下	+15 −10	>50～80	+30 −10
>30～50	+25 −10	80 以上	+40 −10

注：弯曲木材应不在此限度内。

偏斜度是木段端头断面偏斜方向的直径两端在木段轴线方向的距离。测量偏斜度时，可用钢卷尺或细线绳，由直径靠近木段内的一端起，与木段轴线方向垂直，紧贴在木段的表面上，测定直径远离木段的另一端与钢卷尺或细线绳之间的轴向距离，即为木段端面（或锯口）的偏斜度（图 1-8）。

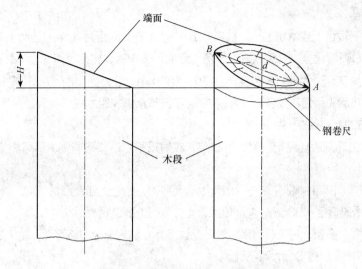

图 1-8　锯口偏斜度测定方法

2.3 原木长度利用率

原木锯断时，应在保证木段质量的前提下充分利用原木的长度，如果原木的材质均匀，缺陷不影响使用，其长度利用率与原木的材长、木段的规格有关。当材长是木段长度的倍数时，原木的长度利用率最高。其次，在使用长原木和生产多规格木段时，也可以提高原木的长度利用率。因此，在生产中使用长原木和生产配套规格木段（面板段为主），对提高原木利用率是有好处的（表 1-4）。

表 1-4　原木长度利用率

原木长度（m）	木段长度（mm）					利用长度（m）	长度利用率（%）
	2540	2220	1920	1290	980		
4			1		2	3.88	97.0
			2			3.84	96.0
		1		1		3.51	87.8
	1			1		3.83	95.8
5			2			4.44	88.8
			2		1	4.82	96.4
	1	1				4.76	95.2
			1	1	1	4.19	83.8
	1			1	1	4.81	96.2
		1		2		4.80	96.0
6	1	1			1	5.74	95.7
			3			5.76	96.0
			2	2		5.80	96.7
		2		1		5.73	95.5

3 锯断工艺规程

（1）将原木置于辊台上或木枋上（木枋应有 6~8cm 高，间距为 1.0~1.5m）固定，检查原木情况，如材质、树种、新鲜程度、开裂状况、节疤、弯曲、树脂囊、树瘤等情况，然后再因材画线。

（2）造段尺寸按下列公式计算：成品尺寸 70~100mm，公差为 $^{+20}_{-10}$ mm。

（3）先初分排尺后无余量不盘头（截掉端头）；初分有余量，原木端头有裂口要盘头，两端有裂口，要盘两端头，无裂口的盘头在小头。

（4）原木中间出现开裂、腐朽、树节等缺陷，应根据集中造材的原则，尽可能集中到个别短中板木段上。

（5）弯曲木段有以下两种情况：其一，根部大，呈喇叭状，原则上要造短材；其二，木段直径≥50cm，弯曲度为 4%，或木段直径＜50cm，弯曲度为 3%，原则上要造短材。

（6）环裂或对裂、多裂，对于裂缝最宽处不超过 5mm 的内裂可忽略不计；端头裂缝呈辐射状，但距木芯 90mm 处缝宽不超过 5mm 可不计。

（7）端头通裂且最宽处不超过 5mm，允许两条，对环裂或多裂且缝隙大于 10mm、深度超过 100mm 的端头应盘头。

（8）对腐朽、死节等缺陷，应集中到一个木段或盘掉。

（9）直径小于 30cm 的木段应尽可能的造成短材。

（10）造材时要做到锯口准不离线，锯口直不歪斜。

（11）原木斜度大时要尽量垫平，防止出现过早开裂或夹锯等情况，直径大于 50cm 的木段在锯至 2/3 处时使用三角木块插入，防止夹锯。

（12）锯条钝时要及时更换锯条，防止锯歪或锯断锯条。

（13）造材木段计算材积时应测量小端头，并认真填写好记录。

4 安全操作规程

（1）防止木段滚动伤脚。开启链锯后，人应立于侧位，手置于手柄处。

（2）将锯扳升起来后方能搬动辊台上的木段，防止意外。

（3）在教师指导下才能启动设备。

（4）按划线的尺寸对原木进行截断。

5 截断后木段质量检验

锯断后的胶合板用木材应能满足生产规格胶合板的规定长度，径级一般应自 20cm 以上，木段的材质应符合 GB/T 15779—2006《旋切单板用原木》的材质要求。

5.1 木段规格的检验

（1）木段径级的检验　检验木段的径级，使用具有 1mm 读数精度的钢卷尺测量木段的小头直径（除去树皮部分）；如检尺断面形状不是正圆形，应检量木段断面的平均直径；如小头直径为椭圆形，其检尺径应为长径和短径的平均值。

（2）木段的长度检验　按生产规格胶合板规定的木段长度和允许的公差限度，对木段的长度进行检验。检验木段的长度需用具有 1mm 读数精度、量程为 3m 的钢卷尺，两人将钢卷尺拉平放于被测处，测得的数值即为木段的实际长度。在检量木段长度时，有时会出现锯口偏斜的情况，使木段断面呈马蹄形，这时需量木段最短处的尺寸作为木段的长度。

5.2 木段质量的检验

生产胶合板用的木段质量，应符合国家对旋切单板用原木的质量要求或工厂技术部门制定的木段质量标准，其中包括外观形状和材质要求。

（1）木段的外观形状检验　木段的弯曲、外伤和偏枯缺陷严重影响木段的出材率，必须对此进行检验。有经验的检验员可以用观察的方法确定各种缺陷的程度。如果经验不足，可用读数精度为 1mm 的钢卷尺对缺陷进行检量，并计算其弯曲度、外伤（偏枯）的百分比。

（2）木段的材质检验　木段的材质检验主要是对木段的端裂、死节、病节、腐朽、虫眼和纵裂（外夹皮）进行检验。检验员一般对影响木段等级的最严重的材质缺陷进行检量，计算出衡量缺陷程度的数值，然后将其与相关标准进行比较。表 1-5 是旋切单板用原木材质指标。

表 1-5　旋切单板用原木材质指标

缺陷名称	允许限度	
	针叶树	阔叶树
活节、死节	节子直径不得超过检尺径的 30%	
	节子断面不允许有腐朽	
	任意材长 1m 范围内的节子个数不得超过	
	8 个	4 个
漏节	全材长范围内不允许	
边材腐朽	全材长范围内不允许	
心材腐朽、抽心	心材腐朽直径、抽心直径不得超过检尺径的 20%	
虫眼	虫眼最多 1m 材长范围内的个数不得超过	
	10 个	5 个
纵裂、外夹皮	纵裂、外夹皮长度不得超过检尺长的 30%	
弯曲	最大弯曲拱高不得超过内曲水平长的 2%	
偏枯、外伤	深度不得超过检尺径的 20%	
双丫材、炸裂	全材长范围内不允许	
环裂、弧裂	在同一断面上的 25cm^2 正方形中，环裂、弧裂不得超过 3 条	
	环裂半径、弧裂拱高不得超过检尺径的 10%	

■ 拓展训练

按照桦木的造段方法，每小组选用杨木树种进行锯断操作。检验木段两端的端面是否与原木中心垂直，是否为梯形。

任务 1.2　木段热处理

工作任务

1．任务书

用水煮法对给定桦木木段进行热处理，对热处理过程进行控制并对热处理质量作检测评价。

2．任务要求

（1）绘制木段热处理工艺曲线图。

（2）测试热处理过程中蒸煮池和木芯表面的温度。

（3）热处理后，对木段进行质量检验并分析存在的问题，提出改进意见。

3．任务分析

要达到旋切加工时所要求的塑性，应综合考虑影响热处理质量的因素，并根据树种、规格、设备条件和季节的不同，采取相应的蒸煮工艺，如果方法不当，会导致木段端头开裂、塑性不足或塑性过度，因此必须按照工艺规程操作，才能达到理想的热处理效果。

4．材料、工具、设备

（1）原料：直径大于 15cm、长度为 1.3m 的桦木木段。

（2）设备：原木蒸煮池、锅炉、木段出池吊车。

（3）工具：卷尺、钢板尺、温度计（量程为 0～150℃）、橡皮泥。

引导问题

---

1. 木段热处理有何目的？什么材种在什么条件下可以不经过热处理？

2. 木段热处理有哪几种方法？常用哪种方法？水煮法有哪些优点？

3. 木段热处理分几个阶段？对各阶段的主要要求是什么？

4. 热处理温度和时间根据什么确定？

5. 木段热处理工艺规程在不同树种、不同季节、不同的径级有什么不同？

相关知识

1　木段热处理的目的

所谓木段热处理，即将木段放入热水中进行浸泡，以增加木材的含水率和温度，故又称木段的水热处理。

木段热处理的目的是：增加含水率，使木段软化，提高木材塑性，以便旋切出质量好、强度高的单板。

在旋切过程中，由于旋刀前面对离开刀刃的单板的瞬间作用力，使单板发生反向弯曲，使单板的表面产生压应力，背面产生拉应力；当拉应力大于木材横纹抗拉强度时，单板背面便被拉裂而产生裂隙，叫做单板背面裂隙。单板背面裂隙会降低单板的强度，增加单板表面的粗糙度，增大耗胶量。木材越硬、单板厚度越大、木段直径越小，应力就越大，裂隙也就越深。为了尽可能减少背面裂隙或其深度，可以利用木材硬度随其本身温度和含水率增大而减小的原理，通过木材热处理，提高木材的温度和含水率，来达到减小应力、减少单板背面裂隙的目的。

同时，经过水热处理的木段，节子的硬度显著下降，旋切时不易崩刀。热处理后的木材塑性增加，能减轻旋切机负荷、降低动力消耗，单板也不易被压尺压溃。热处理能浸提一部分木材内部抽提物，有利于单板干燥、胶合、砂光和产品的油漆及饰面加工。一般木段的表面含水率小于中心含水率（尤其是两端处），如不经热处理，会导致干燥后单板含水率不均，甚至端部变形开裂，热处理有利于含水率的平衡，且容易剥皮，可杀死虫卵，有利于单板贮存。

2 木段热处理的方法

常用的木段热处理方法有喷蒸法和水煮法两种。

（1）喷蒸法　喷蒸法是将木段堆积在密闭的水池中，用 0.15～0.2MPa 的饱和蒸汽对木段进行喷射。由于此法蒸汽温度较高，为了防止木段端裂，可以采用间歇通汽的办法，缓慢提高木材内外温度。一般每 1.5～2h 停汽一次，每次停 0.5h。

饱和蒸汽喷蒸法的蒸汽消耗量大，温度控制困难，容易引起木段端部开裂；木段温度提高显著而含水率变化很小，旋出的单板较脆。主要用于水煮容易发生变色的树种，如刨切单板的热处理，其他应用很少。

（2）水煮法　水煮法是将木段放在钢筋混凝土结构的水池中，放水淹没木段，再通入 0.15～0.2MPa 蒸汽，逐渐提高水温，对木段进行水热处理。

水煮法既可提高木段温度，又可提高木段含水率，蒸汽消耗量小，木材软化效果好，工艺简单，容易操作。可以利用干燥机或热压机等高压蒸汽的余汽处理木段。目前，该法在国内外应用比较普遍。

水热处理时，木段应分树种、材长和径级投池，煮木池的水位一般应保证使木段露出水面部分小于木段直径的 1/3，这样可以提高处理效果和节约能耗。

南方地区煮木池大多设在室外。北方地区大部分将煮木池设在室内，为了减少蒸汽进入主车间影响旋切机正常工作，煮木池要设有棚盖，且应设隔墙与主车间隔开。

3 水热处理工艺

木材在水热处理时，首先通过加热介质把热量传导给木材表面，再由木材表面以导热方式向木材内部传导，使其内部达到所要求的温度。由于木材是多孔性物质，导热性不良，且具有各向异性的热传导性能和热胀冷缩性，故在木材水热处理的"不稳定导热"过程中，容易出现沿直径方向的温度不同，甚至出现开裂现象。因此，要掌握好木材热处理工艺，以确保木段热处理的质量。

（1）加热温度及加热介质温度　木段水热处理温度对单板质量影响很大。温度过高，木材塑性太强，木纤维韧性太大不易切断，单板表面容易起毛，影响光洁程度；温度过低，木材塑性不足，单板表面裂隙加深，降低单板强度和表面光洁程度。

木段水热处理时的温度应根据具体情况而定，一般硬材要求的温度比软材高，旋制厚单板比旋制薄单板高，陆贮木材比水贮木材高。含水率高则加热温度可低些。

木段热处理时以木芯表面温度达到要求为准。实践经验认为胶合板生产中一些常用树种的木芯表面温度在下列范围较为合适：椴木 25~35℃，水曲柳、榆木 45~55℃，桦木、柳桉 30~40℃，落叶松 45~50℃，阿必东 55~60℃，马尾松 55~60℃，杨木 10~20℃。旋切薄单板时温度可取下限，旋制厚单板时可取上限。

加热介质的温度一般比木段所要求加热的温度高 10~20℃左右，介质温度范围如下：椴木 50~60℃，落叶松 65~85℃，水曲柳、榆木 60~80℃，红阿必东 80~85℃，桦木、柳桉 50~60℃，马尾松 75~85℃，杨木 20~30℃。

（2）木段热处理过程　　热处理非冰冻材时，加热介质的温度变化分为介质升温、保温、自然冷却均温三个阶段；热处理冰冻材时，加热介质的温度变化，基本上与非冰冻材相似，仅增加了一个融冰段（图 1-9）。

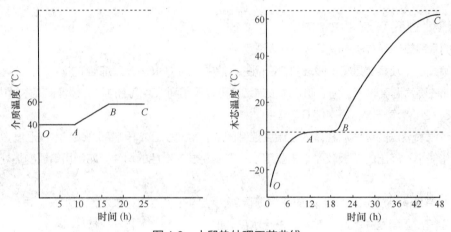

图 1-9　木段热处理工艺曲线

O—A. 融冰阶段　　*A—B.* 介质升温阶段　　*B—C.* 保温阶段　　*C.* 冷却阶段

① 冰冻材的融冰阶段　　木段在融冰阶段不宜采用过高的水温，一般为 30~40℃，浸泡时间一般达 8h 以上，应视木段初温而定。硬阔叶材如水曲柳，即使不冰冻也要先放在温水中浸泡 8h 以上，以免加热过程中产生端部开裂。

② 介质升温阶段　　一般阔叶材（陆贮材）从水温 40℃升到规定的介质温度，约需 6~10h（升温速度约为 2~3℃/h）；水贮材升温速度可稍快一些，约 5h 左右。密度大的木材升温时间要长一些。针叶材的升温速度快一些，一般为 5~6℃/h（约为 7~8h），而阔叶材的升温速度慢一些。

③ 保温阶段　　在此阶段内，木段内部的温度较前阶段上升迅速，直至达到所要求的温度。所需加热时间与木段的直径、密度、含水率、介质的温度和要求木芯表面所加热的温度等因素有关，一般用实验方法来确定。表 1-6 列出了常用树种冬天保温时间。

表 1-6　常用树种冬天保温时间

树　种	椴木（软阔叶材）	桦木（中硬阔叶材）	水曲柳（硬阔叶材）	针叶材
直径（cm）	40	36	40	40
保温时间（h）	10	20	40	30

当同一树种直径不同时，其保温时间可用下式近似求得：

$$T_2 = T_1 \cdot \left(\frac{D_2}{D_1} \right)^2$$

式中：D_1——已知热处理时间的木段直径（cm）；

D_2——要求的热处理时间的木段直径（cm）；

T_1——在直径为 D_1 时的保温时间（h）；

T_2——在直径为 D_2 时的保温时间（h）。

④ 自然冷却均温段　当木芯表面达到要求的加热温度后，木芯以外部分已超过合适的旋切温度，如立即从蒸煮池内取出，突然冷却易产生内应力，从而导致开裂。因此，在热处理结束之后，还需要在煮木池中存放一段时间，使木段内外温度趋于一致后再取出。

（3）木段蒸煮池　木段蒸煮池是用钢筋混凝土做的长方形池子。其长度可根据场地和生产情况确定，宽度一般根据木段的长度确定，深度不超过 3m。蒸煮池的底部两侧装有蒸汽管，通入蒸汽加热。池顶用盖盖紧，池盖周围及漏汽处用毛毡填塞，防止蒸汽外泄。木段蒸煮池的上方装有吊车，用其装卸木段。

4　木段热处理常见缺陷

（1）木段端头开裂　木段受热膨胀，遇冷收缩，而且还具有各向异性的特点。在木段水热处理中，热量是由表面向中心逐渐传的，温度也由表面向中心降低，形成温度梯度。如果加热速度过快，就会出现木材表面温度过高，已受热膨胀，而木材内部温度过低，未膨胀或膨胀过小的现象。其结果是内部温度降低的木材阻碍和限制了表面部分木材的自由膨胀，产生了一定的应力，当木材内部的应力超过了木材横纹抗拉强度时，就引起木段端头的纵向开裂和环状开裂（图 1-10），严重影响单板的质量和出材率。木段从煮木池中取出，如果冷却速度过快，也会产生同样的缺陷。

　　　径裂　　　　　环裂
图 1-10　原木端头开裂

为减少木段端头开裂，有的企业采用先对木段热处理而后进行锯断的工艺，有效减少了开裂现象的发生。

（2）木段塑性不足　如果介质温度不够或水热处理时间短，则木段温度过低，木段的塑性不足，旋出的单板背面裂隙较深，容易断裂或透胶。

（3）木段塑性过大　若水热处理介质温度过高或时间过长，则木段温度过高，木材的塑性过大，木材纤维过于柔软不易割断，因而旋切时部分纤维不是被割断而是被拉断，结果在单板表面形成起毛现象，影响光洁程度。

（4）木段变色　木段在池中浸泡时间过长或池水长期不更换，容易使木段污染变色。

任务实施

1　任务实施前的准备

（1）分组：每 4 人为一小组，带好手套，穿好工作服。

（2）检查蒸汽管路是否正常，检查吊车电气系统是否正常。

2 木段热处理工艺规程

（1）木段必须按树种、材长、径级分别入池。径级 40cm 以上的木段软化时间要相应延长 2~6h。四尺短木段可相应缩短 2h。

（2）木段入池水温均不得高于 40℃，冬季浸泡 8h 以后方可通入蒸汽。木段露出水面部分不超过木段直径的 1/3。

（3）入池木段必须方向一致，使用蒸汽压力为 0.15~0.2MPa。

（4）椴木、杨木：冬季以 3℃/h 的速度升至 40~55℃，保温 16h 以上通凉水冷却至 35℃，视生产需要即可出池。陈材春秋季节（气温 10℃左右时）升温 25~35℃，保温 8~10h 冷却；夏季浸泡 2~4h，不进行热处理。新伐材可以直接旋切。

（5）水曲柳：冬季浸泡 8h 后，以 2℃/h 的速度升温至 50~60℃，保温 10h，再以 2.5~3℃/h 速度升温至 70~80℃，保温 6~8h，出池前 2h 停汽。

（6）桦木：冬季浸泡 6h 后，以 2℃/h 的速度升温至 40~55℃，保温 6~8h，再以 3℃/h 升温至 60~70℃，保温 8h，出池前 2h 停汽。其他季节浸泡 2~4h 后，以 2~3℃/h 升温至 45℃左右，保温 6h，再以 3℃/h 升温至 50~60℃，保温 8h 停汽。

（7）认真做好蒸煮记录，升温阶段 1h 测定一次温度，保温阶段每 2h 测定一次温度。

（8）出池木段停放时间不得超过 1.5h。

（9）出池要彻底，避免混池和蒸煮过热。

（10）池水每周更换一次，并将蒸煮池清洗干净。

3 热处理后木段质量检验

热处理后木段质量检验主要包括木芯表面温度检测和裂纹检测。

3.1 蒸煮池及木芯表面温度测量

（1）蒸煮池温度测量　用长尾温度计或酒精温度计分别测试蒸煮池的前端、中端和后端的水温，上、下午各测一次，并进行记录。

（2）木芯表面温度测量　木芯表面温度是制订热处理工艺的重要指标。测试方法是：在木段表面径向钻孔，孔深至木芯表面，孔径大于测试用的温度计直径。煮木前将温度计插入木段上的圆孔内，并在木段的表面处用橡皮泥封闭，防止池水由圆孔处渗入。煮木时，观察温度计的读数即可反映出木芯表面的温度（图 1-11）。这种方法主要用于制订新的蒸煮工艺时考察水热处理工艺的准确程度，即根据

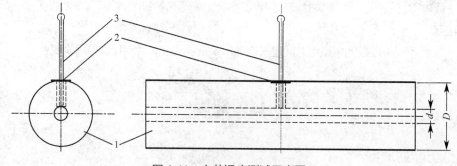

图 1-11　木芯温度测试示意图

1. 木段　2. 橡皮泥　3. 温度计

D. 木段直径　*d*. 木芯直径

木芯要求的温度确定水温和加热时间。日常检测时，在木段旋切到木芯时，马上测试木芯表面温度即可。

热处理达不到要求时，要对木段再次进行热处理。

3.2 裂纹检测

木段热处理中，由于加热介质对木段加热的不均匀性、加热速度不当或池中木段径级差别大，都容易使木段产生裂纹，从而影响木段的出材率，因此，热处理中对木段裂纹的控制非常重要。

通常把裂纹的条数、裂纹的长度和宽度作为衡量木段热处理质量的检验指标。

裂纹长度和宽度一般用具有 1mm 读数精度的钢卷尺检量。

表 1-7 是某胶合板厂的木段热处理标准。

表 1-7　木段的热处理标准

检验项目	径　裂	纵　裂	裂纹宽度	裂纹条数	木芯表面温度		
					椴　木	桦　木	水曲柳
要求指标	裂长≤检径40%	裂长≤材长15%	≤5mm	≤2	10～25℃	>30℃	>45℃

■ 拓展训练

选择同样长度的杨木木段，由学生按照软化规程独立操作，并检查热处理质量，然后进行评比，找出不足。

任务 1.3　木段剥皮

工作任务

---

1. 任务书

用剥皮机完成指定木段的剥皮操作。

2. 任务要求

（1）熟悉剥皮设备的原理，能正确操作；

（2）熟悉剥皮工艺要求，遵守安全操作规程，有较强的安全意识和质量意识。

3. 任务分析

剥皮时，一是要把木段上的树皮剥干净，二是要尽量减少对木质部的损伤。不管是手工剥皮还是机械剥皮都一定要按照操作规程进行，必须消除安全隐患。

4. 材料、工具、设备

（1）原料：杨木木段。

（2）设备：剥皮机。

（3）工具：手工剥皮扁铲、钢卷尺。

1. 木段在旋切之前为什么要剥皮？对木段剥皮的要求是什么？
2. 剥皮有几种方法？
3. 说明刀具切削型剥皮机的工作原理。

相关知识

----

1 木段剥皮的目的和要求

树皮结构疏松，在胶合板生产中没有使用价值。树皮的韧皮部旋切时易堵塞刀门，并使旋刀迅速变钝，旋切无法正常进行；树皮内常夹有金属物和泥沙等杂物，如直接旋切会损伤旋刀，影响正常旋切和单板质量。因此，旋切前木段必须进行剥皮。

对木段剥皮及剥皮设备的要求：要把树皮全部剥掉，剥皮操作时，尽量不要损伤木质部，否则影响出材率。使用的设备应该效率高、动力消耗小，结构简单，不受木段的树种、直径、长度、外形等影响，同时还要节省人力。

树皮的结构多种多样，有平滑状、沟状、鳞片状和纤絮状等，树皮厚度又依树种、树龄等有变化，树皮含水率的大小又影响它与木质部结合力的大小，加之木材径级大小不同、断面形状不规则等原因，木段剥皮是一个复杂问题。目前，剥皮机种类虽然很多，但尚无一种最佳的全能剥皮机。

2 木段剥皮方法和设备

木段剥皮分人工剥皮和机械剥皮。人工剥皮一般用扁铲铲除树皮，操作简单，但劳动强度大、效率低。机械剥皮效率高，剥皮干净，但有一定的木材损失。机械剥皮机按其工作原理可分为刀具切削型、摩擦型和冲击型三种。

2.1 刀具切削型剥皮机

刀具切削型剥皮机是利用刀具的切削作用，配合木段定轴转动或直线前进运动（或两者兼而有之），从木段上切下或刮下树皮。这种剥皮机基本上不受树皮结构、厚薄、木段状态等限制，速度快，生产效率高。缺点是在剥皮过程中，木材损耗率高。

刀具切削型剥皮机是目前胶合板生产中较为普遍使用的剥皮设备，有顺剥和横剥二种形式。

（1）顺剥刀辊式剥皮机　木段支承在可间歇传动的载运小车上，剥皮时压下刀辊，小车送进木段，使木段在刀辊下通过，将树皮切掉；然后抬起刀辊，使木段退回，旋转一定角度后，再重复以上过程；当木段旋转一周后，树皮被全部切去（图1-12）。这种剥皮机切刀在木段上的运动轨迹是直线，木段剥皮后断面形状是多边形（使用直线型刀辊）或近似圆形（使用圆弧型刀辊）。

（2）横剥刀辊式剥皮机　木段与刀辊轴线相互平行，刀辊由电动机带动旋转，并对木段施加一定压力。木段支承在旋转的辊筒上作回转运动，同时木段又与刀辊作轴向相对运动，使旋转的刀头能从木段上切下树皮（图 1-13）。切刀在木段表面上的运动轨迹是螺旋线，木段剥皮后的断面形状基本上是圆形。

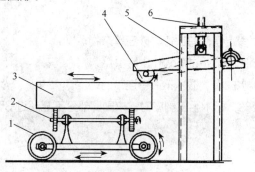

图 1-12　顺剥刀辊式剥皮机

1. 载运小车　2. 翻木装置　3. 木段
4. 刀头　5. 龙门架　6. 升降丝杆

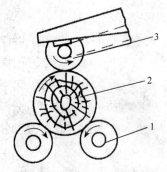

图 1-13　横剥刀辊式剥皮机

1. 支承辊　2. 木段　3. 刀头

2.2 摩擦型剥皮机

摩擦型剥皮机是利用木材与木材相互摩擦产生的力或木材与机械间相对运动的摩擦力，将树皮剥去（图 1-14）。这种方法适用于小径级和弯曲度较大的木材，胶合板生产中很少采用，适应于刨花板、纤维板及造纸用材的剥皮。

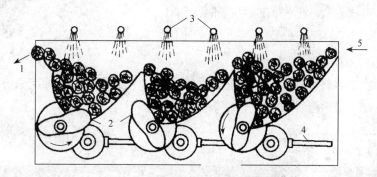

图 1-14　摩擦式剥皮机原理示意图

1. 出料　2. 凸轮　3. 喷嘴　4. 传动轴　5. 进料

2.3 冲击型剥皮机

冲击型剥皮机是利用高压水流冲击木段表面，使树皮与木质部分开。水力剥皮可以处理任何长度和形状的木段，剥皮干净，木材损失小。但高压水流的压力为 8～12MPa，因此动力消耗大、用水量大，同时还产生了大量污水，所以应用受到了限制。

任务实施

1 任务实施前的准备

（1）分组：每 4 人为一小组，带好手套，穿好工作服。

（2）排除衣着和设备的安全隐患，熟知安全注意事项。

2 木段剥皮工艺规程

（1）木段出池后应立即剥皮，并仔细检查木段上是否有铁钉、砂石等杂物。

（2）剥皮刀要保持锋利，剥皮时损伤木质深度不得超过 5mm。

（3）桦木一律使用机械剥皮，可带有韧皮；水曲柳、椴木不许有连带的韧皮。

（4）机械剥皮时，未剥掉的部分不能超过 5%；杨木手工剥皮时，未剥掉部分不能超过 3%。

（5）机械剥皮时不能损伤木质部分。

3 安全操作规程

（1）穿好工作服，防止木段滚动伤脚。

（2）开机前检查设备与电气状况，发现问题要及时处理。手置于手柄处，防止木段滚动。

（3）在教师指导下启动设备，人应立于侧位。剥皮机开动后，如发现问题要及时停机。

4 木段剥皮质量检验

木段经过热处理出池后要立即进行剥皮。为了使木段被顺利地旋切成连续、光滑的单板带，防止因木段不清洁而损坏旋刀或阻塞刀门，必须彻底清除木段上的钉子、砂石和泥土，并把树皮剥尽。剥皮后的木段应放在干净的楞台上，使木段在旋切前不受污染。

■ 拓展训练

以小组为单位，对经蒸煮的桦木木段进行独立剥皮操作，检查剥皮质量，然后分析杨木树皮与桦木树皮的不同之处，在剥皮时有何不同。

 ## 任务 1.4　芯板旋切加工

工作任务
----

1. 任务书

按要求将给定木段旋切成胶合板生产用芯板。

2. 任务要求

（1）单板规格：单板长度（木段两端勒刀距离）1270mm±5mm；厚度 1.5mm±0.05mm。

（2）根据木段原料情况上木定中心。

（3）根据任务要求选择旋刀和压尺并完成安装和调整。

（4）在学生操作前由教师示范，然后在教师的指导和监督下由学生分组操作，发现问题及时纠正、解决。

3. 任务分析

芯板的旋切加工是本项目中的关键环节，本项目中前三个任务都是为芯板加工做准备。芯板的旋切加工，重点是要掌握旋切原理、旋刀的角度参数及旋刀安装，使加工出的单板达到质量要求，出现问题应能通过调整设备加以解决。

4. 材料、工具、设备

（1）原料：杨木木段。

（2）设备：四尺旋切机、四尺无卡轴旋切机。

（3）工具：千分尺、卷尺、万能测角仪、高度计、塞规。

引导问题

---

1. 木段定中心有何意义？

2. 木段定中心的方法有哪些？各有什么特点？

3. 人工定中心的操作要点有哪些？

4. 机械定中心的基本原理是什么？

5. 旋切机主要参数包含哪些内容？这些参数有什么意义和特点？

6. 旋刀研磨角对旋刀本身和单板旋切有什么影响？

7. 旋刀后角的大小对单板旋切有什么影响？

8. 单板旋切过程中旋刀后角如何变化？旋刀后角的变化与旋刀安装高度有什么关系？

9. 如何正确安装旋刀和压尺？

10. 压尺有何作用？有几种类型？各有什么特点？

11. 什么叫刀门缝隙宽度？什么叫压榨率？

12. 如何度量刀门缝隙宽度？如何度量刀高和后角？

13. 旋切单板厚度和刀架进刀量有何关系？

相关知识

---

1 木段定中心

1.1 木段定中心的意义

完成木段回转中心线与最大内接圆柱体中心线相重合的操作，称为木段定中心。

木段定中心就是要准确定出木段在旋切机上回转中心的位置，使获得的圆柱体直径最大，以获取整张单板的最大出板率，少出碎单板和窄长单板。

旋切过程中，木段旋切成圆柱体以前，得到的都是碎单板和窄长单板，之后才能获得连续不断的单板带。产生碎单板和窄长单板的原因是木段形状不规则和定中心偏差所致。前者是不可避免的，而后者是必须克服的。定中心的偏差越大，碎单板和窄长单板越多，损失的材质较好的边材单板也越多，

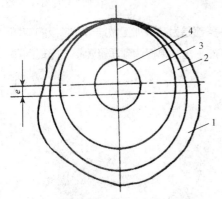

图 1-15 旋切时木段横断面的分区示意图

1. 由于木段形状不规则产生的碎单板区
2. 由于定中心、上木不准而产生的窄长单板区
3. 单板带 4. 木芯
e. 偏心距

而且加大了干单板修理和胶拼的工作量，不利于生产的连续化。因此正确定中心对节约木材、提高质量、降低成本都具有重要意义。木段的回转中心与轴心出现偏差时，旋切单板的分布规律如图 1-15 所示。

1.2 木段定中心的方法

木段定中心可由人工或机械来完成。

1.2.1 人工目测定中心

依据人工目测的情况来确定木段的中心，称为人工定中心。此法简便，不需要任务设备，但精确度较差，目前国内中小型工厂普遍采用。要求操作人员有丰富的经验和高度的责任心。按以下要领操作：

（1）木段基本上通直，断面形状规则时，可用直尺在两端面上量出长轴和短轴，两轴的垂直交点即为中心，见图 1-16（a）。

（2）木段基本上通直，但断面形状不规则时，应根据两端面的情况将不规则部分去掉（可用粉笔做个记号），再量取长轴和短轴，得其中心，见图 1-16（b）。

（3）木段有弯曲度，但断面形状基本规则时，应估计出或量出弯曲高度，在量取长短轴时，将木段弯曲方向的一根轴减去弯曲高度，再求得中心，见图 1-16（c）。

（4）木段既有弯曲度，断面形状又不规则时，应根据（2）、（3）两项原则综合加以考虑来确定中心。

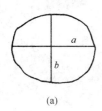
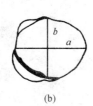

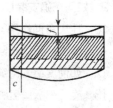

(a)　　　　　　(b)　　　　　　　　　　(c)

图 1-16 木段手工定中心确定回转中心的方法

（a）木段基本通直，断面形状规则　（b）木段基本通直，断面形状不规则　（c）木段弯曲，断面形状规则
a. 长轴直径 b. 短轴直径 c. 由于木段端面形状不规则而减去的长度 f. 木段的最大弯曲高度

采用人工目测定中心往往容易产生偏差，降低出材率。有的工厂采用圆盘定中心，就是借助金属薄板或薄胶合板制成的圆盘（其直径与木段径级相近，一般为 30~40cm，中间有 2~3cm 的圆孔），与目测法相配合在木段的两端面找出木段的轴心。这种方法既简单实用，定心精度也比较高。

1.2.2 机械定中心

（1）三点定中心法　利用三个互相交叉成 120° 角并且与回转中心始终保持等距离的点来确定该断面的中心（图 1-17）。此法适用于桦木、松木及人工林场木等圆直木材的定心。

（2）直角钢叉定中心法　这种定心机在木段长度上有前后两组钢叉，钢叉的两个爪成直角，每组中上钢叉为铰接，可以左右转动，下钢叉为刚性连接。定心时前后两组钢叉等距离同时合拢，每对卡爪交点连线 1/2 处便是断面中心（图 1-18）。

钢叉定心适用于木段外形比较规整，基本上是圆形或椭圆形的情况，而且要求木段放置的前后位置比较合适，才能保证定心的准确度。其定心精度较差，但可以直接安装在旋切机上使用，结构简单、紧凑，使用方便，因此，虽然其定中心误差稍大，仍被生产中采用。使用该种定心机定中心，所得连续单板带数量可比人工定中心多 3%～4%。

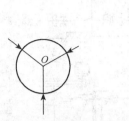

图 1-17　三点定中心　　图 1-18　直角钢叉定中心法

（3）四点定中心法　利用两对相对称点，并且使相对称的点与未来的回转中心始终保持相等的距离来确定出断面的中心（图 1-19）。这种方法对于对称的断面是合适的，对于不对称的断面则会有些误差，但优于前两种方法。

（4）光环投影定中心法　利用光环发生器产生明暗相间的一组同心圆环，分别投射到木段的两个端面上来确定中心的方法，称为光环投影定中心法。两个光环发生器所产生的两组同心圆，其圆心必须在同一光轴上，光轴与旋切机卡轴中心线必须平行而且等高（图 1-20）。使用时，先根据目测调整木段位置，使光环中心与木段端面中心相重合，然后用上木机构将木段夹紧送入旋切机卡轴间夹紧并旋切。光环定中心法仍需人工操作，国内和日本此类设备适用的最小木段径级为 32cm，因此，此法适用于大径级、弯曲度和尖削度比较小的木段定心。

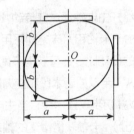
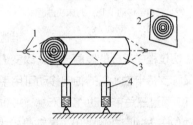

图 1-19　四点定中心法　　　　图 1-20　光环投影定心机示意图

1. 光环发生器　2. 反射镜　3. 木段　4. 升降台

（5）激光扫描定中心法　国外也称 X-Y 定心上木装置。利用激光等技术扫描要旋切的木段，通过扫描识别木段的最佳圆柱体，经计算机数据处理使木段按最佳圆柱体的中心定位在旋切机卡轴上。

激光扫描定心不用人工操作，速度快，定心准确，每分钟可处理 9 根以上木段，可提高木材出材率 5%～7%，提高整幅板率 10%～15%，是目前针对形状不规则的木段较为理想的定心方法。

2　旋切的基本原理

木段做定轴回转运动，旋刀做直线运动时，刀刃平行于木材纤维而作垂直木材纤维长度方向上的切削，称为旋切。旋切是胶合板生产中的关键工序之一，旋切机用于将一定长度和直径的木段加工成连续的单板带，经剪切后成为一定规格的单板。旋切机的性能和操作，与胶合板的产量和质量都有着十分密切的关系。

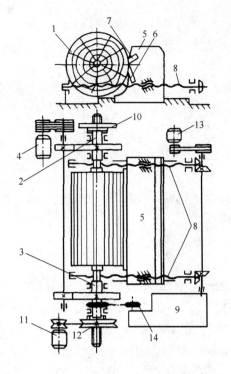

图 1-21　旋切机的工作原理

1. 木段　2. 左卡轴　3. 右卡轴　4. 主电动机　5. 刀床　6. 旋刀　7. 压尺　8. 丝杠　9. 进给箱　10. 手轮　11. 电动机　12. 三角带传动　13. 刀床快进退电动机　14. 链传动

2.1 旋切机的工作原理

旋切机是胶合板生产的主要设备之一，生产的产品是单板，单板的产量与质量直接关系胶合板的产量与质量。因此，旋切机的性能和操作对胶合板的生产有重要影响。

旋切机根据旋切木段规格可分为：重型旋切机，旋切长度为 2250～2700mm，直径至 1500mm 的木段；中型旋切机，旋切长度为 1350～1950mm，直径为 200～800mm 的木段；轻型旋切机，旋切长度为 1000mm 以下，直径为 400mm 的木段。

旋切机的基本工作原理如图 1-21 所示。木段 1 由左、右卡轴 2 和 3 夹紧，并随卡轴旋转，其运动由主电动机 4 驱动。装有旋刀 6 和压尺 7 的刀床 5，相对于旋转的木段做进给运动，旋出连续的单板带，单板的厚度等于木段回转一周时刀床的进给量。因为旋切是沿着木段的年轮方向进行，所以获得的单板基本上是弦向的。此外，由于旋切时旋刀的进给运动是连续的，旋切属于无屑切削，因此，旋切有较高的生产率和出材率，是胶合板生产中获得单板的主要制造方法。

刀床的进给丝杆由卡轴通过链传动 14、进给箱 9 和锥齿轮副驱动。由于卡轴和刀床之间采用刚性传动链，故可保证在整个旋切过程中单板的厚度一致。改变进给箱中齿轮的传动比，即可获得不同厚度的单板。

左卡轴（又称支持卡轴）2 的轴向移动可用手轮 10 来操纵，用以控制木段和旋刀的相对位置。右卡轴由电动机 11 通过三角带传动 12 驱动，快速向木段靠拢，并初步夹紧木段；当主电动机 4 驱动卡轴旋转时，制动位于卡轴尾部的螺母（装在带轮内，图中未示出），卡轴获得慢速的轴向移动，实现对木段的最终夹紧。

刀床向木段快速靠近或木段快速退出，是由电动机 13 实现的，此时刀床的运动与卡轴的旋转之间的传动链脱开。

2.2 单板旋切时的主要角度参数

为了获得平整的、厚度均匀的带状单板，在旋切时，应保持最适宜的切削条件，即应保证主要的角度参量、切削速度、旋刀和压尺的安装位置等。

（1）旋刀的研磨角　旋刀的研磨角（β）就是旋刀前面（旋切时单板流经旋刀的一面）与后面（旋刀研磨面）之间的夹角（图 1-22）。

β 值的大小，应根据旋刀本身材料、旋切单板的厚度、木材的树种、温度和含水率等来确定。β 值小，刀刃薄而锋锐，旋切出的单板表面光滑、平整，但其刚性差，旋切时易产生颤动，单板成波纹状，刀刃易磨损，刃磨周期短；β 值大，其刚性大，在同样旋切条件下单板离开木段瞬间的反向弯曲变形大，易使单板出现背面裂隙，且刀刃不够锋利，切削时动力消耗大。从旋切工艺的角度看，旋刀研磨角小一些有利，但从旋刀本身的强度考虑，则希望研磨角大一些。为兼顾两方面，一般是在保证旋刀强度的条件下，应尽可能减小研磨角。β 值一般为 $18°\sim23°$，旋硬木或厚单板时应取较大的 β 值，反之取较小值。我国常用树种的 β 值为：松木 $20°\sim23°$，椴木 $18°\sim20°$，桦木 $19°\sim20°$，水曲柳 $20°\sim21°$，黑杨 $18°\sim19°$。

（2）旋刀的后角和切削角　旋刀后角（α）是与旋刀刃口相接触处的木段表面的切线 CP 与旋刀后面之间的夹角。旋刀切削角（δ）是切线 CP 与旋刀前面之间的夹角（图 1-22）。可见有 $\delta=\beta+\alpha$。由于研磨角是固定不变的，因此后角的变化就引起切削角相应的变化。后角和切削角在旋切时具有重要意义，后角大，切削角就大，旋切

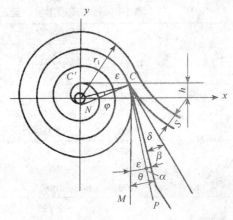

图 1-22　未加压尺的木段旋切示意图

中单板反向弯曲严重，单板背面裂隙加深，横纹抗拉强度和表面光洁程度降低。另一方面，后角大时旋刀的切削阻力大，容易引起木段或刀架的振动，使木段产生啃丝现象，也影响单板的质量。后角小，切削角小，单板背面裂隙浅，旋刀的切削阻力也小。但后角太小，则使旋刀后面与木段接触面增大，旋刀对木段的压力、摩擦力也随之增大，当木段直径小时，会导致木段弯曲，旋出的单板厚薄不均，有时还会出现木段劈裂现象。因此，旋切过程中旋刀后角应适当。

后角的大小应与木段直径相适应。在旋切过程中由于木段的直径是逐渐减小的，为了减小旋刀对木段的压力和单板反向弯曲，保证正常的旋切条件，要求后角必须随着木段直径的减小而减小。在实际操作中，在旋切机精度符合要求的情况下，一般木段直径在 30cm 以下时，后角变化在 $2°\sim1°$ 范围较好；木段直径在 30cm 以上时，应在 $4°\sim2°$ 范围内。

无辅助滑道的旋切机［图 1-23（a）］刀高在 $0\sim0.5$mm 时，随木段径级的减小后角增大，影响单板质量，旋切中后角由大到小变化较均匀，可满足一般小径木或木芯再旋的工艺要求；有辅助滑道的旋切机［图 1-23（b）］刀高在 $0\sim1$mm 时，随木段径级的减小后角也相应地减小，以满足旋切工艺要求，有利于提高单板质量。近年来，国外正在研究把倾斜辅助滑道表面设计成末端弯曲度圈套的曲线形状，使旋刀后角的变化更适合于木段直径变化的要求。

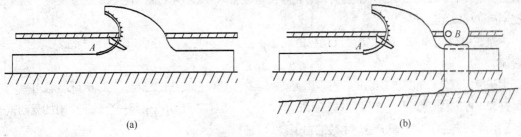

图 1-23　两种类型刀床示意图

（a）第一类刀床　（b）第二类刀床

（3）补允角　补允角（ε）是与刃口相接触的木段表面的切线 CP 和铅垂线 CM 之间的夹角（图 1-22）。要测定后角时，必须知道补允角的大小。补允角与单板厚度、旋刀安装高度和木段直径有关（表 1-8）。

表 1-8　各种单板厚度、旋刀安装高度和木段直径所对应的补充角（ε）值

单板厚度（mm）	木段直径（mm）	补充角 ε					
		刀刃高度 h（mm）					
		−1.0	−0.5	0	+0.5	+1.0	+2.0
1.00～1.50	80	−0°36′	−0°14′	0°6′	0°28′	0°51′	1°32′
	150	−0°19′	−0°9′	0°3′	0°15′	0°27′	0°49′
	300	−0°15′	−0°4′	0°2′	0°7′	0°13′	0°24′
1.60～1.88	80	−0°33′	−0°11′	0°10′	0°32′	0°53′	1°36′
	150	−0°17′	−0°6′	0°5′	0°17′	0°29′	0°55′
	300	−0°6′	−0°3′	0°3′	0°11′	0°15′	0°26′
2.00～2.50	80	−0°29′	−0°8′	0°13′	0°35′	0°57′	1°39′
	150	−0°16′	−0°4′	0°8′	0°19′	0°33′	0°53′
	300	−0°8′	−0°2′	0°6′	0°9′	0°14′	0°27′
2.60～3.00	80	−0°26′	−0°5′	0°17′	0°38′	1°0′	1°43′
	150	−0°14′	−0°2′	0°9′	0°20′	0°32′	0°35′
	300	−0°7′	−0°1′	0°5′	0°11′	0°16′	0°27′

注：此表系根据公式运算整理而成，适用于各种类型旋切机；补充角（ε）为正值时，表示其在铅垂线右面，为负值时则在铅垂线左面。

3 拓展知识

3.1 旋切机的发展趋势

提高旋切机生产效率，改进旋切质量和提高木材的出材率，是现代旋切机发展的总趋势。提高旋切机生产效率的最有效办法，是提高旋切速度和实现旋切生产过程的自动化。

新型旋切机的卡轴最高转速现已提高到 300r/min，比老式旋切机卡轴的转速约高 10 倍，并且实现了恒线速旋切。

随着旋切机卡轴转速的提高，旋切工序中的定心、上木、换刀、后角调整、压榨力调整和单板厚度调节等操作所需辅助时间的比例，相对地就增加了。为了充分发挥旋切机的生产效率，新型旋切机大都配有各种型式的自动定心、上木装置，木芯和零片单板运输装置，单板自动卷板及贮存装置，或者整机实现半自动化以至自动化。

为了改进旋切质量，除了提高旋切机的制造精度外，一些新型旋切机还在结构上采取了一些工艺措施。

用于旋切厚单板的某些旋切机，已采用旋转的辊柱压尺代替传统的压尺，可以降低旋切功率，防止单板开裂，提高旋切质量。由于厚单板旋切时阻力矩大，也有的旋切机采用一个或三个附加驱动辊子，既可防止木段弯曲，又可增加驱动木段的力矩。

用于旋切微薄单板的精密旋切机，已采用滚珠丝杆替代普通旋切机上使用的进给丝杆，以保证刀床的进给精度，提高单板的质量。

装有两把旋刀的旋切机，在旋切过程中首先由底部的旋刀将木段旋圆，然后由主旋刀旋出连续的单板带。采用两把旋刀，可以减少主旋刀的油刀次数，还可避免由于主旋刀刃口的细小崩刃缺陷而影响板面的质量。

提高木材出材率的有效方法，是减小旋切后木芯的直径，随着胶合板用材木段直径普遍日渐减小，近来各国均注意这一问题。新型旋切机普遍采用液压双卡轴和防木芯弯曲的压辊装置，木芯直径可旋至 55~60mm。

无卡轴旋切机在结构上相对于传统结构的旋切机有较大的变化，木段的旋转运动靠摩擦辊或齿辊在外圆上驱动。由于不存在卡轴，旋切后木芯的直径可减少至 40~50mm。此种旋切机国内不少工厂已经使用。

任务实施

---

1 任务实施前的准备

（1）每 6~8 人为一组，每组一根木段；

（2）按要求穿戴好劳保用品。

2 旋刀和压尺的安装与调整

为了旋出质量好的单板，必须保证良好的旋切条件。因此旋刀和压尺的安装是一项重要的操作。

2.1 旋刀的安装

旋刀要有符合要求的研磨角并要一致，刀刃要锐利且成一直线。安装时，依据旋刀安装高度 h（刀刃距卡轴中心平面的距离）和后角 α 的大小安装旋刀。

（1）旋刀安装过程　先将旋刀放入刀槽内，拧上两端夹紧螺母各一个；用高度计或相当于卡轴中心线高度的等高器作标准，通过调节支承螺钉，使两端刀高等于旋切工艺中规定的 h 值，并紧固所有螺母。无防弯压辊的旋切机，要使刀刃中部比两端高 0.1~0.2mm，有防弯压辊时不必抬高刀刃中部。由中间向两边逐个拧紧紧固螺母，支承螺栓应逐个抵实。

刀尖安装高度和副滑道都是使后角变化的因素。故对于只有主滑道的机床，最好使刀高度 $h>-S/(2\pi)$ 以上（S 为单板厚度），以满足后角 α 随木段直径减小而减小的要求，以免加深旋切后期的单板裂隙度；如有倾斜的辅助滑道，可以利用刀尖的安装高度、最初后角的调整和辅助滑道的倾角这三者之间的配合，互相协调好，满足工艺要求，即能得到优质的单板。

旋刀相对于卡轴的垂直距离见表 1-9。

表 1-9　旋刀相对于卡轴的垂直距离 h 值

刀架的种类	垂直距离 h（mm）	
	木段直径	
	300mm 以下	300mm 以上
无辅助滑道或辅助滑道的倾斜角 $\mu=0$	0~+0.5	0~+0.1
有辅助滑道时 $\mu=1°30'$	0~−0.5	0~−1.0
有辅助滑道时 $\mu=3°$	−0.5~−1.0	−0.5~−1.5

后角调整过程：首先将刀床退至相当于旋切木段的最大直径处（或规定的某一位置），用测后角仪测定其初后角。若初后角与旋切工艺中规定的初后角不相符合，则通过调节装置调节偏心盘，使初后角等于旋切工艺中规定的数值；然后将刀床往前开至相当于木芯直径位置（或规定的某一位置）处，再测

定终后角，看其后角变化范围与木段直径是否相适应。如果初后角符合要求而终后角不符合旋切工艺要求，可调节辅助滑道的倾斜角使之满足。

换好刀后，在没有测后角仪的条件下，可凭经验调后角，然后进行试旋，要注意整个旋切过程中进刀是否平稳。观察刀刃与木段表面摩擦部分的明亮宽度，即可判定后角调得是否适当。一般明亮部分的宽度约为 3~4mm 时，说明后角的大小和后角变化范围与木段直径范围基本上是适应的。

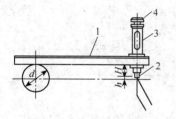

图 1-24　高度计示意图

1. 水准泡　2. 螺旋测微器的伸缩杆
3. 测微器　4. 螺旋旋钮

（2）旋刀高度测定方法　首先把刀床开至离卡轴 100~150mm 处，然后将旋切机卡轴伸出 200~250mm，用干净棉纱擦净，并将压尺抬起将刀刃清理干净。将高度计一端置于卡轴离顶针 100mm 左右的部位，带有螺旋测微器的另一端置于刀刃上，如图 1-24 所示。调整螺旋测微器，使高度计的水准泡停于刻度中间，读出高度计上的读数 H_1，然后用同一方法测定另一侧的读数 H_2。用下式计算：

$$h = \frac{d}{2} - H$$

式中：h——旋刀高度（mm）;

　　　H——高度计读数（mm）;

　　　d——卡轴直径（mm）。

根据 H_1 和 H_2 分别计算刀高，取平均值。

在没有高度计时也可采用另一种方法，如图 1-25 所示。

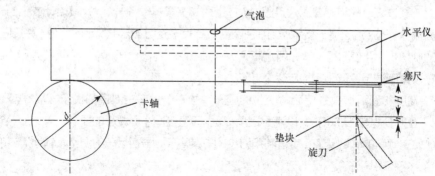

图 1-25　刀高的测定方法

（3）后角 α 的测定方法　后角的测定见图 1-26，用加上水平尺的万能测角仪来测。把测角仪的分度板靠在旋刀的后面上，调整游标尺使水平尺水平，游标尺上指示线所对分度板上的读数，即为旋刀后面与通过切削点的铅垂线 CM 之间的夹角（用 θ 表示）。后角可用 $\alpha = \theta - \varepsilon$（$\varepsilon$ 值见表 1-8）来求得。

2.2　压尺的安装

通常压尺安装的位置有四种情况（图 1-27）。

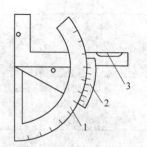

图 1-26　改装的万能测角仪

1. 分度板　2. 游标尺　3. 水泡

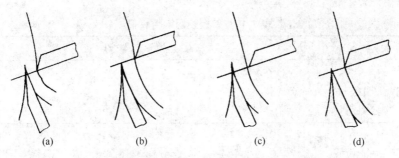

(a)   (b)   (c)   (d)

图 1-27   压尺安装位置的四种情况

图 1-27（a）由于压尺压榨线低于刀尖，压力不作用于刀尖上，因而不能防止旋切中产生的超前裂缝，单板通过狭小刀门时易挤碎（刀门是指压尺的压棱与旋刀前面之间的垂直距离）。图 1-27（b）压榨线高于刀尖，压力作用于木段上，因而不能防止旋切中产生超前裂缝。图 1-27（c）压榨线通过刀尖，位置正确，但刀门大于单板厚度，因此单板可以自由通过刀门缝隙，压尺实际上未起作用，背板背面裂隙度大、松软、易裂、表面粗糙，单板厚度大于规定厚度。图 1-27（d）压榨线通过刀尖，刀门大小适当，由于压尺安装正确，压榨作用适当，单板紧密、光滑，背面裂隙深度小，这是压尺安装最理想的位置。

理论上的分析和实践证明，当压榨率符合要求，压尺的压榨线通过刀尖时，压尺才能起到应有的作用。但是压榨线在旋切机上无法作出，因此在实际操作中，可以按照数学运算的结果，用调整压尺的压棱与旋刀之间的缝隙宽度 S_0、压棱至通过刀刃水平面之间的垂直距离 h_0（压尺安装高度）来确定压尺的位置。刀门缝隙宽度 S_0 的确定见图 1-28，并按下式计算：

$$S_0 = S(1 - \Delta/100)$$

式中：S_0 —— 刀门缝隙宽度（mm）；

       S —— 单板厚度（mm）；

       Δ —— 压榨率（%）。

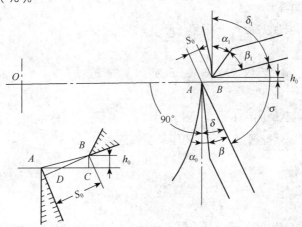

图 1-28   压尺相对于旋刀和木段的位置

A. 刀刃 B. 压尺压棱 h_0. 压尺压棱距卡轴中心线水平面之间垂直距离

S_0. 压尺压棱距旋刀前面之间垂直距离 α_1. 压尺后角 O. 卡轴中心线

压尺对单板的压榨率（压榨程度）是指单板通过刀门时压尺对单板施加压榨的程度。压榨率用单位厚度方向上被压缩的百分比来表示。压榨率是压尺安装的主要依据，它的大小取决于树种、单板厚度等因素，对软材、薄单板要小些，对硬材、厚单板要大些。我国常用树种其压榨率见表 1-10。

表 1-10　单板旋切常用 Δ 值

树　种	单板厚度（mm）	Δ（%）
椴木、红松	1.0	5
	1.2	10
	1.5	15
桦木、水曲柳	1.12	10
	1.20	15
	1.50	18

h_0 可按下式计算：

$$h_0 = S（1-\Delta/100）\cdot（\sin\delta-\cos\delta/\tan\sigma）$$
$$= S_0（\sin\delta-\cos\delta/\tan\sigma）$$

式中：σ——压尺与旋刀之间的夹角，一般为 70°～90°；

　　　δ——旋刀的切削角，一般为 20°～25°。

h_0 的计算较繁琐，可通过下列数值先查出 h_0/S 的比值，再求出 h_0 值：

σ 值	70°	75°	80°	85°	90°
h_0/S	0	0.10	0.18	0.25	0.30

综上所述，压尺安装方法如下：

（1）根据单板厚度（S）及树种，确定压榨率（Δ）值，求出刀门缝隙宽度（S_0）。

（2）根据单板厚度和压尺与旋刀之间的夹角（σ）求出 h_0（或用表查出 h_0/S 之比值，再算出 h_0 值）。

（3）根据计算的压尺安装高度 h_0，调整压尺的安装高度使之符合要求。

（4）根据计算的刀门缝隙宽度 S_0，调整压尺使刀门的缝隙宽度符合要求。

（5）S_0、h_0 值都用塞规测定（图 1-29），当 S_0、h_0 两项都满足要求时，压榨线就能通过刀刃，使压尺发挥应有的作用。

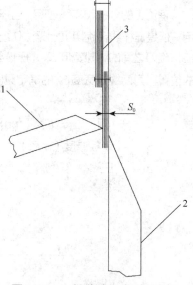

图 1-29　刀门缝隙宽度测量方法
1. 压尺　2. 旋刀　3. 塞尺

2.3 旋刀与压尺的更换

（1）旋刀的更换　每台旋机应备有不同研磨角的旋刀，以供旋切不同树种时更换之用；在正常情况下，旋切椴木、桦木每班换 2～3 次刀（即相当于旋切 10m³ 木材换一次刀），旋切水曲柳每班换 2 次。崩刀超过 0.3mm 时应立即更换；不更换压尺时，可根据压尺位置安装与调整旋刀。

（2）压尺的更换　每台旋机应备有三把压棱宽度不同的压尺，以便旋切不同厚度单板时更换之用；在旋切 1000m³ 木段后必须更换压尺并研磨；压尺与旋刀同时更换时，要先上旋刀，然后再根据旋刀的位置安装压尺。

3 芯板旋切工艺规程（含剪切）

（1）检查设备包括机械、电气、液压、气动系统等有无异常，并按规定润滑设备，然后开动旋切机，低速运行 1min，检查是否有异常。

（2）根据木段的软硬程度不同选择合适角度的旋刀，旋刀角度规定软材 19°～20°，硬材 20°30′～21°30′。

（3）装旋刀时应刀口归零，用塞尺调整检查刀门间隙，压榨率要达到要求；然后均匀夹紧。

（4）两端勒刀要保持锋利，安装位置要准确，确认割出的单板符合下列规定：合板宽度＋50mm。

（5）夹木时使木段在两端勒刀内，木段旋切中不准移动或进退卡轴。

（6）木段旋切至接近木芯时要低速，木芯直径要大于卡轴直径 1.5～2.0cm，然后准备无卡再旋。

（7）单板带必须单张剪切，相邻边要相互垂直，偏斜不许超过标准要求。

（8）剪切机刀具研磨角：23°～25°，刀口必须锋利，板边要齐直。剪切后的单板质量要符合标准，要合理剪切，尽量减少拼缝量。

（9）根据材质情况，剪切时尽量剪切双拼板、三拼板、四拼板。旋切时下来的三级料和剪切不够四拼板的单板条要单独存放。

■ 拓展训练

在教师的指导下学生分组各旋切一根白桦或枫桦木段，旋切单板的要求如下：

规格：①1280mm×1320mm（二拼）；②1280mm×850mm（三拼）。

质量要求：厚度公差 $^{+0.10}_{-0.05}$mm；长度公差 $^{+5}_{-5}$mm；对角线差小于 10mm。

任务 1.5　表板旋切加工

工作任务

1．任务书

按要求完成胶合板表板旋切操作。

2．任务要求

（1）表板规格：单板长度（木段两端勒刀距离）2515mm±5mm，厚度 1.00mm±0.05mm。

（2）对旋切表板进行封边。

（3）根据木段材质情况，适时使用勒刀，以提高出板率。

（4）根据实训条件，完成单板打卷、排板工作。

（5）对旋切单板质量进行检验。

（6）分析旋切中的质量缺陷产生的原因，提出改进措施。

（7）计算湿单板出材率。

（8）选做旋刀刃磨操作。

3. 任务分析

胶合板的质量在很大程度上取决于单板的制造质量，尤其是表板的质量。表板旋切是此项目中最重要的部分，也是核心部分。完成本次任务时，在掌握旋切机操作要领的基础上，以提高出材率和单板质量为主线，重点抓住如下关键：八尺旋机调试；单板质量检验方法；影响旋切单板质量的因素及解决问题的办法；封边、勒刀的使用在旋切中的作用；旋切与前后工序的配合；旋刀的刃磨及出现问题的解决办法。

4. 材料、工具、设备

（1）原料：桃花心木段。

（2）设备：八尺旋切机及附属设备、测量显微镜。

（3）工具：千分尺、钢卷尺、万能测角仪、高度计、塞规、印台油、墨水。

引导问题

---

1. 单板为什么要用胶纸带封边？胶纸带上涂的是什么胶种？

2. 影响单板质量的因素有哪些？怎样提高单板质量？

3. 如何提高单板出材率？

4. 旋切单板的板面出现毛刺沟痕是什么原因？如何解决？

5. 单板出现"鼓包"（两头厚，中间薄）和单板厚度不一（厚度不均）时，找出原因和解决办法。

6. 单板出现松紧边、扇形单板，如何调整压尺和旋刀？

7. 实现单板生产过程连续化的目的是什么？要解决哪些问题？

8. 鉴定单板质量的技术指标有哪几项？单板质量对成品质量有何影响？

9. 说明单张整幅单板厚度偏差的检测方法。

10. 单板旋切过程中怎样合理使用勒刀？

11. 木段直径变小时，新型旋切机如何防止木段发生弯曲？

12. 腐芯材如何进行旋切？

13. 木芯复旋的意义何在？常用木芯复旋方式有哪几种？

相关知识

---

1 封边

封边是在木段经过锯断、热处理、剥皮、定中心、粗旋切后，在木段的两个端头粘贴上胶纸带。精旋时木段边转动边粘上胶带，单板旋出后两端已被胶带封上，以防止单板端头出现裂口和人为撕裂。单板封边质量的好坏影响单板的质量。

在封边前，必须检查胶带质量是否合格，胶带是否潮湿或霉变，然后调整好压力，调整好封边的位置。封边后查看单板胶合是否牢靠，是否有脱胶现象。

1.1 胶纸带所用胶黏剂

胶纸带常采用蛋白质胶黏剂。蛋白质胶黏剂是以含有蛋白质物质作为主要原料的一类天然胶黏剂，动物蛋白和植物蛋白均可制做此类胶黏剂。蛋白质胶黏剂不耐水，若胶黏剂遇水溶解，水分挥发后仍然可以粘结使用。

1.2 胶纸带封边过程

将蛋白质胶黏剂溶解后，涂于纸带上，经干燥即可制成封边用胶纸带。封边时，先将胶纸带用水浸湿，然后贴于木段的两端，经干燥后水分挥发，纸带和被封单板黏合在一起。图 1-30 为单板封边示意图。

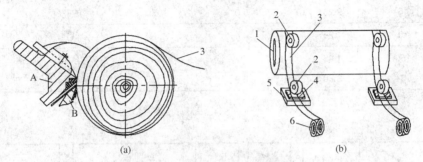

图 1-30　精旋单板封边示意图

（a）侧面示意图　（b）正面示意图

A. 压尺　B. 旋刀架

1. 木段　2. 胶带压力辊　3. 胶纸带　4. 湿海绵　5. 水盒　6. 胶纸带盘

2　单板旋切质量

2.1 单板质量指标、测定方法及影响因素

单板旋切过程中容易出现各种缺陷，因此存在着单板质量问题。衡量单板质量的好坏，主要是依据下列几个指标：单板厚度偏差（即加工精度）、单板背面裂隙度、单板背面粗糙度和单板横纹抗拉强度。这些指标中前两个是最主要的单板质量指标，因为如果单板背面裂隙条数多、深度大，则单板表面光洁程度就差，横纹抗拉强度就比较小。

（1）单板厚度偏差　旋出来的单板应该是厚度均一的，但实际上总是有差异。鉴定单板厚度均匀性的指标是：旋切单板实际平均厚度和单板名义厚度的差值。

单板厚度偏差有如下一些特点：

① 目前生产中，单板的实际厚度一般总是比名义厚度大些，且随树种不同而异；

② 保养差的旋切机所旋出的单板比保养好的偏差要大；

③ 旋切条件对单板的实际厚度等均有影响。

（2）单板背面裂隙度　木段在旋切过程中，由于反向弯曲力的作用，而在单板背面产生了大量的裂隙。单板背面裂隙大，则单板的横纹抗拉强度和表面光洁程度差。这样的单板作芯板使用时，耗胶量、胶层收缩率、板坯内部应力都增大；另外由于胶合表面粗糙，胶合强度下降；作为面背板使用时，裂隙深度大容易引起透胶，胶合以后单板裂隙延伸，容易产生表面龟裂，影响胶合板的表面质量。因此，单板裂隙度是反映单板质量的一个重要因素。裂隙的形状和特征在一定程度上反映了旋切工艺的合理性。

不同树种单板背面裂隙的特点见表1-11。单板背面裂隙的形状见图1-31。

表1-11　不同树种单板的裂隙特点

树　种	试样数	单板名义厚度 （mm）	裂隙平均数量 （条/cm）	平均裂隙度 （%）	裂隙形状	裂隙夹角	备　注
水曲柳	174	1.25	7.5	90	斜曲形	45°	未煮
	5	2.20	5.0	90	斜折形		未煮
椴木	48	1.25	8.0	40	斜线形	30°	未煮
	15	2.20	5.0	80	斜曲形		未煮
柳桉	70	1.25	6.4	50	斜线形	40°	未煮
白阿必东	150	1.25	7.7	40	斜线形	40°	未煮
	2	3.50	5.0	80	斜曲形	60°	蒸煮

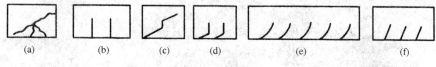

图1-31　裂隙形状

（a）分枝型　（b）直角型　（c）曲折型　（d）斜折型　（e）斜曲型　（f）斜线型

树种不同，单板厚度不同，裂隙形状也不同。由材质较均匀的木材旋切单板时，厚度小则裂隙形状以斜线形为主，厚度大则以斜曲型为主，例如椴木；由材质粗而结构均匀的木材旋切单板时，其裂隙形状以斜曲型为主，例如阿必东；由材质不均匀的木材旋切单板时，其裂隙形状在厚度小时以斜曲型为主，厚度大时以斜折型为主，例如水曲柳。

旋切工艺参数对裂隙深度有很大影响，后角大时裂隙就深，刀刃过高裂隙也深；裂隙深度和相互间距随单板厚度增大而增大；材质硬、结构粗的木材，其裂隙深度大于材质软、结构密实的木材；裂隙越深，强度越小。

特别值得注意，压尺使用不当，会产生超前裂隙，这样单板背面裂隙就深，单板背面越显粗糙。压尺的使用和木材水热处理得当，可使其不产生超前裂隙，仅在刀刃之后产生小裂隙，甚至可避免明显的裂隙。

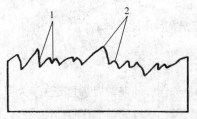

图1-32　单板背面的放大图

1. 轮廓谷　2. 轮廓峰

（3）单板背面粗糙度　表面粗糙度是指单板加工表面上具有的较小间距和峰谷所组成的微观几何形状特性（图1-32），一般由所采用的加工方法和其他因素决定。轮廓峰和轮廓谷越大，轮廓微观不平程度就越大；相反，轮廓峰和轮廓谷越小，则轮廓微观不平程度就越小。背面粗糙度也是衡量单板旋切质量好坏的一个重要标志。单板板面粗糙会直接影响胶合质量和合板的板面刮光或砂光质量。粗糙度小，则涂胶分布均匀，胶合质量好。

旋切工艺条件对表面粗糙度有很大影响。木段热处理温度过高，会引起板面起毛，过低则背面裂隙深，表面微观不平程度变大；旋切时，压榨程度过小易产生裂隙，过大则单板易出现压溃现象；旋切后角过大，刀床易产生振动，过小则摩擦阻力大，木段产生弯曲变形，这些均会影响单板表面粗糙度。单板旋切厚度也有影响，厚单板较薄单板产生的裂隙深，更影响表面粗糙度。

测定表面粗糙度的方法大致可分为三类：

① 比较法　按照不同树种做成几种粗糙度样块，通过视觉、触觉或用放大镜与加工单板进行比较而确定其级别。此法不精确，但方法简便。

② 光切法　是利用光切（双筒）显微镜测量表面粗糙度，其原理见图 1-33。光线从光源通过缝隙和照明管照射到单板上，显微镜相对于单板表面和照明管成 45°，从显微镜中可以看到单板表面轮廓放大光像，然后用目镜千分尺来测量单板表面轮廓峰谷的高度。

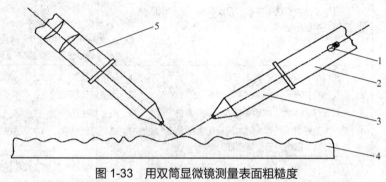

图 1-33　用双筒显微镜测量表面粗糙度

1. 光源　2. 缝隙　3. 照明管　4. 单板　5. 显微镜

③ 触针法　是用轮廓仪测量单板表面粗糙度，利用装在传感器上的金刚石测针在单板表面上移动，随着单板表面上的峰谷发生振动，使传感器内的感应线圈产生电动势，经过放大器进入电流计，从电流计上可以读出单板表面上峰谷的数值。也可用自动记录仪绘出表面轮廓线。

2.2 单板旋切过程中的质量缺陷及改进方法

单板质量缺陷的产生原因及改进方法见表 1-12。

表 1-12　单板旋切过程常见缺陷的产生原因及改进方法

缺陷名称	产生原因	改进方法
单板厚度不一（单板厚度不均）	1. 旋切机精度差 （1）卡轴径向松动，并且振动； （2）卡头与卡轴及刀架的半圆环与滑块间有间隙； （3）滑道不平，或磨损显马鞍形； （4）刀架螺杆与螺母间有余隙和轴向松弛； （5）带动刀架作工作走刀的传动机构有毛病 2. 压尺的压榨程度不均（沿长度方向） 3. 旋刀刀刃不直 4. 木段发生弯曲	1. 检查机床，制订并执行修理和检修制度，从根本上消除这一缺陷 2. 在压尺全长上检查压榨程度并进行调整 3. 换刀 4. 用较小的轴向压力卡住木段或用压辊压住木段

缺陷名称	产生原因	改进方法
单板出现松紧边（单板松紧边就是单板旋切过程中，由于刀门间隙不一致，中间小两端大，旋出单板"松边"；反之，刀门间隙中间大两端小，旋出单板"紧边"）	1. 压尺的压棱不直，或刀刃不平直，致使单板不易平整 2. 压尺中部压榨程度过大，木段受推力而略弯曲，产生紧边 3. 刀钝，木段因磨擦受力产生紧边 4. 对于软材，卡轴卡得太紧，产生外圈单板有松边里圈单板有紧边现象 5. 单板开始平整，但后来出来松边 6. 油刀后产生紧边 7. 刀刃与卡轴中心线不平行，刀架偏斜，进刀螺杆磨损，单板出现扇形	1. 重新更换压尺或旋刀，研磨要平直，刀和压尺安装平直，无防弯压辊旋机刀刃中间调高0.1mm 2. 稍稍减小压尺中部压榨程度 3. 换刀或稍放大后角 4. 稍稍减小卡力 5. 压尺两端压榨率太小 6. 开始旋切时将后角调大 7. 检修机床磨损部分 注：在实际生产中，对于椴木旋切要微有紧边，以减少单板干燥后的松边；水曲柳则要微有松边，以减小干燥中出现板端裂口
单板"鼓包"（两头厚、中间薄）	1. 后角过小，旋到木芯时木芯呈鼓形 2. 压尺压榨率不一致，两端小，中间大 3. 压尺压榨力太大，木段受推力出现略弯曲 4. 手摸木段感觉太烫手，则木段旋切温度太高（超过55℃），影响刀刃中间膨胀	1. 后角稍调大 2. 调整压尺压榨程度 3. 适当减小压榨率 4. 控制蒸煮条件，待木段温度降到50℃以下再旋切
发生"跳刀"（板面波浪形似搓衣板）	1. 刀刃低，后角大，刀在木段压力下循环变形与恢复，产生板面波浪形，节距8~12mm 2. 后角过小，近木芯处，刀挤压木芯产生木段挤弯，板面起波浪形，节距30~50mm 3. 硬材软化不好，近木芯处引起振动"跳刀"	1. 退刀，转动刻度盘，减小后角，使刀刃与木段摩擦明亮部分宽度在4mm； 如刻度盘已转到最低，微调已到头近木芯时仍有"跳刀"现象，则调其辅助滑道倾斜角度；适当升高刀高使在0~±5mm 2. 后角稍加大，观察木段整个旋切过程是否平稳，外圈和里圈单板厚度是否一致，刀刃与木段摩擦明亮部分宽度是否在3~4mm。 由于辅助滑道调的倾斜度大，对刀后角调节过大，影响近木芯处后角过小，则调小辅助滑道的倾斜度。机床长期使用后，检查主滑道是否损伤严重 3. 应该增加蒸煮软化时间，提高木芯温度
板面毛刺沟痕	1. 木段外圆粘附泥沙。崩伤有细小崩口或卷刀 2. 刀不锋利、油刀不够 3. 压尺安装不正确，压榨程度不够 4. 木段软化程度不够 5. 后角过大	1. 油刀，崩口严重的换刀 2. 细致油刀或及时换刀 3. 调整压尺位置 4. 增加木段蒸煮时间（或提高温度） 5. 调整旋刀的最初切削角
单板松软或被压碎	1. 压榨程度过大，压尺的斜棱太小，斜棱低于旋刀的刀刃 2. 木段蒸煮过度	1. 调整压尺的高度，使用斜棱较大的压尺，调整压榨程度 2. 调整蒸煮程度
板面起毛	1. 旋切软材树种时刀钝，刃口不锋利，油刀不够 2. 木段软化过度	1. 旋刀研磨锋利，旋刀研磨角大于20°时减少研磨角到19°30′以下，并细致油刀 2. 降低蒸煮温度，减小蒸煮时间；木段放冷，内外平衡后再旋切

缺陷名称	产生原因	改进方法
单板光洁程度差，背面裂隙度大	1. 压尺在刀刃上的垂直位置 h_0 不正确，h_0 偏高，未起压榨作用 2. 硬材、特硬材树种木段蒸煮软化不够 3. 刀门太大，超过单板厚度 4. 旋刀研磨不锋利，或油刀不够 5. 压尺棱磨损严重，不起压榨作用 6. 后角过大	1. 降低 h_0 使等于刀门的 1/4～1/3 2. 延长木段蒸煮时间，使木芯达 45℃ 以上 3. 调小刀门，使等于单板厚度规定的压榨率 4. 勤换刀、勤油刀（水曲柳每班换两把刀，椴木每班换三把刀） 5. 更换压尺，新换压尺棱要磨圆 6. 调整旋刀最初切削角
出现扇形单板	1. 刀或压尺位置不正，一头高，一头低 2. 卡轴轴套一头磨损，两卡轴中心线不一致	1. 检查刀高，正确装好刀 2. 检查压尺和刀门，正确调好垂高和刀门，检修机床，精密测量使两卡轴中心成一致
单板上有擦伤和划伤（即单板表面出现凹凸棱）	1. 旋刀或压尺上有缺口 2. 刀门被碎屑堵塞	1. 用磨石（油石）研磨旋刀的刀刃和压尺的压棱，或更换旋刀和压尺 2. 及时削除刀门堵塞物，如果常在同一位置发生堵塞，则应检查压尺、旋刀的压榨程度
板边起毛或不光洁	1. 裁边刀（割刀）钝了，或切割过深 2. 木材塑性不足	1. 研磨裁边刀或调整切割深度 2. 严格按蒸煮规程进行木段热处理
单板的长度不正确或边不齐	1. 两个裁边刀之间的距离不正确 2. 没有安装裁边刀 3. 木段没有在两个裁边刀的中央 4. 木段过短 5. 木段端头偏斜度大（成马蹄形） 6. 刀架前进速度两边不一致，使刀架歪斜	1. 调整裁边刀之间的距离 2. 不准未装裁边刀就进行旋切 3. 调整卡轴的位置 4. 不够长度的木段不得使用 5. 单板长度不够者不能进行旋切 6. 检查刀架螺杆、螺母，检查螺杆末端的圆锥伞形齿轮

2.3 单板质量对成品质量的影响

（1）单板厚度偏差　由于单板厚薄不均，压制胶合板时，必然要用较大的压力，才能使单板表面之间紧密接触，这样就增大了木材压缩损失；单板厚度偏差大，热压胶合后，合板各处压缩率不同，各处强度也不一样，胶层厚薄也不均匀，合板存在很大内应力，容易变形，降低产品质量；单板厚薄不均给合板表面加工带来困难，不易灰砂光、磨平，并增加了加工余量。对于一整批单板，如果厚度偏差过大，很可能造成一批产品报废。

（2）单板背面裂隙度　单板背面裂隙深度大，条数多，会降低单板横纹抗拉强度，甚至使单板折断；热压胶合时，单板上这些较深的背面裂隙要用胶黏剂填满，破坏了胶层的连续性和均匀性，造成缺胶或胶层厚薄不均，降低了合板的胶合强度；涂胶后，胶黏剂会沿着比较深的裂隙上升到合板表面，而产生透胶现象；单板背面裂隙深，制成的胶合板使用一段时间后，板面上容易产生细小裂缝——龟裂。

（3）单板表面粗糙度　影响成品的加工余量、胶合强度以及表面胶贴和装饰的质量。

3 提高单板出材率的措施

3.1 单板出材率

　　木段在旋切时可以得到四部分木材。第一部分是由于木段形状不规则（木段弯曲、尖削度和断面形状等）以及木段定中心不准确所形成的长度上小于木段长度的碎单板；第二部分是由于木段定中心不准确、旋切圆柱体和木段最大内接圆柱体不相符合或木段断面形状不规则，所形成的长度为木段长度、宽度小于木段周长的长条单板；第三部分是木段旋圆后获得的连续不断的带状单板；第四部分是剩余的木芯，一般木芯直径为 80~140mm。前三部分中有用单板的材积与木段材积之比为（湿）单板出材率，一般在 65%~70%。

3.2 提高单板出材率的措施

　　旋切时产生了一定比例的碎单板、窄长单板和木芯等。要想提高单板出板率，不外乎采取下列几项措施：正确定中心，合理挑选碎单板和窄长单板，减小木芯直径。

　　（1）合理挑选碎单板和窄长单板　人工抱送挑选单板容易损坏，影响旋切机生产率。目前逐渐采用机械分选运输方法，这样既挑选了碎单板又提高了旋切机产量，其基本方法为：从旋切机上旋下来的不用的碎单板，和可用碎单板、窄长单板分成两条流水线（图 1-34）；或把木段的旋圆和旋切分成两个工序。

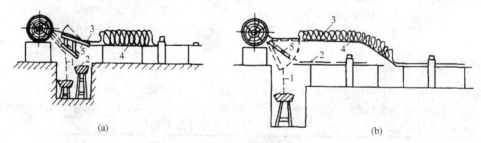

图 1-34　不用和有用单板分选流水线

1. 碎单板　2. 窄长单板　3. 折叠单板带　4. 单板折叠运输器　5. 阀门

　　把旋切下来的碎单板及窄长单板分成两条线，一为可用，一为不可用。图 1-34（a）表示全厂各旋切机旋出的不用单板和有用单板，分别由运输带运送到一个集中点，再对有用单板进行整理加工。图 1-34（b）表示在每一个旋切机的后面，安装同一的输送不用单板的运输装置。有用碎单板和窄长单板直接用输送装置送到旋切机后面，进行整理加工。加工有用碎单板，需另装剪切裁机和截头圆锯机。

　　木段旋圆和旋切分开进行。木段旋圆集中在一台旋切机上，旋切在另一台进行，可提高单板质量。但当第二次上木定心时，易产生安装基准误差，一般胶合板生产中很少应用，制造特种胶合板（如航空胶合板、木材层积塑料等）时就采用此法。

　　（2）木芯再旋　木段旋到最后必定剩下木芯，要提高单板出板率，就要减小木芯直径，进行木芯再旋。有些木芯含有髓心腐朽、开裂和其他不容许再旋的缺陷，只能部分再旋。缩小木芯直径的方法有两种：直接法和间接法（木芯截短后，再旋切）。

　　① 直接法　直接法是在大型旋切机上直接减小木芯直径，可采用双卡头（图 1-35）或三卡头带压辊的旋切机。开始旋切时，内、外卡头同时卡住木段，以保持足够的转矩保证正常旋切。当木段直

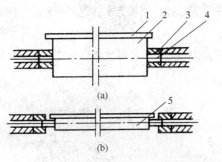

图 1-35　双卡头工作示意图

（a）旋切开始时　（b）旋切终了时

1. 旋刀　2. 木段　3. 外卡头　4. 内卡头　5. 木芯

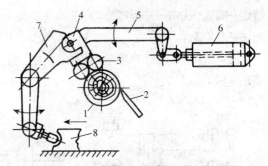

图 1-36　压辊工作示意图

1. 木段　2. 旋刀　3. 压辊　4. 压辊架
5. 回转杆　6. 气缸　7. 压杆　8. 刀架推头

径减少到一定程度时，通过液压传动，把两边的外卡头退回到左、右两侧的主滑块之外，内卡头继续卡住木段旋切。为了避免木段发生弯曲，一般当直径减少到约为 125mm（依木段树种、长度等而定）左右时，压辊可以自动地压住木段，防止木段发生弯曲。这样可以在同一台旋切机上将木芯直接旋到直径 65mm 左右。

　　压辊装置分为机械和气压两种。机械压辊的压力主要是利用与刀床连在一起的滑道，通过滑道把力传给压辊。气压式压辊的压力是借助于压缩空气而产生的，这时产生的压力有缓冲作用，力的大小能与木段弯曲形状相适应。其结构如图 1-36 所示。

　　② 间接法　主要用于将旋切剩余的（或扒圆）木芯进行二次利用，将长木芯截短后旋切，木芯直径可旋到 20mm 左右。间接法可由有卡或无卡旋机实现。

　　（3）无卡轴旋切　无卡轴旋切（图 1-37）是借助两个同步转动的摩擦辊与固定压尺辊呈三角形抱住木段，靠摩擦辊驱动木段逆着回转的同时，使木段向旋刀进给。随着木段直径和硬度的变化，需不断对摩擦辊进给油缸的压力进行调整，以实现旋切。无卡轴旋切是以摩擦辊与木段表面的摩擦力代替卡轴的扭矩，所以没有卡轴引起的轴向力，消除了木段弯曲变形的外力，适于旋切木芯、小径木和心腐的木段。

　　使用无卡轴旋切机再旋木芯时，由于不易控制旋出单板边部的松紧程度，因此要将木芯端部原来被卡爪嵌入的部分截去，以防止旋出的单板边部出现小裂口，在干燥时继续扩大而影响使用。也要重视木芯的蒸煮处理，如木芯不立即复旋，木芯表面和两端水分很快蒸发，造成各部分含水率差异较大而影响旋切质量。

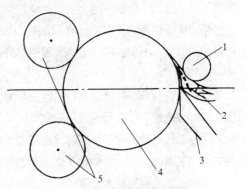

图 1-37　无卡轴旋切示意图

1. 固定压尺辊　2. 单板　3. 旋刀
4. 木段　5. 摩擦辊（摆动辊）

4　旋切机及与前后工序的配合

　　旋切前的工序为上木定心，旋切后的工序涉及把单板送到剪板机或干燥机的传送装置。由旋切到干燥有两种不同的基本工艺，一种是先剪后干；一种是先干后剪（连续单板带）。无论何种工艺流程，由于旋切机的产量同剪板或单板干燥的产量总有差异，因此它们之间总有一个缓冲的贮存，这样才能连成旋切—剪裁—分等—干燥或旋切—干燥—剪裁—分等的生产流水线。尽管流水线之间有差异，但其连接方法基本相同。

旋切工序同后续工序通过单板输送连接，连接方式可分为：把单板卷成大卷；带式传送带；单板折叠输送器（图1-38）。

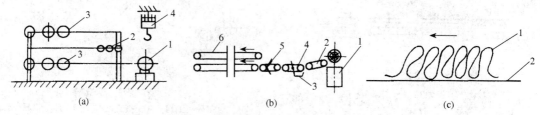

图1-38 旋切单板的各种连接方法示意图

（a）卷筒卷板：1. 卷单板机 2. 空卷筒 3. 单板卷 4. 吊车
（b）多层带式传送装置：1. 旋切机 2. 接板传送带 3. 碎单板传送带
4. 摇摆传送带 5. 分配传送带 6. 带式传送带
（c）单板在传送带上折叠：1. 单板带折叠状态 2. 传送带

（1）卷筒卷板 卷筒是放在开式轴承上，这样能取下和放上。卷筒通过可活动的键与离合器联系起来，可得到转动力或通过手工使其转动。这种方法要求卷筒的转速随着旋切过程而变化，即二者要同步，以免拉断单板带。单板卷成大卷后吊运到干燥机前的贮存架上，然后放板干燥。

这种形式能够充分发挥旋切机的生产能力，占地面积小，生产比较灵活机动。卷单板的卷筒直径可达80cm以上，旋切大径级原木时采用尤为合适，这种形式国内各胶合板厂应用较普遍。

（2）带式传送装置 旋切单板通过分配传送带被分至不同层的带式传送带上运输。这种方法由于单板带不卷成卷，不折叠，旋切后直接送到后面工序，可以减少单板损失，节省人力，提高生产率。

带式传送装置的长度和层数，取决于原木旋出的单板带长度，此外还取决于常旋切木段的平均直径和单板的厚度。小型的带式传送装置长20~30m，设2~5层；大型的带式传送装置长40~60m，设3~8层。

这种传送装置设备价格高，占地面积大。旋切大径级原木、生产厚单板时，采用这种生产线较为合适。这种型式生产线在美国应用较多。

（3）单板折叠输送带 这种输送带使单板在其上面形成波浪状，因此称为单板折叠输送器。与上述带式传送装置比，大大地缩短了传送带的长度。

该输送器的构造基本上同传送带相似，其差别为单板带旋出速度比传送带的线速度大6~7倍，在单板折叠段末尾另装一传送带，其速度略比旋切速度大些，使折叠的单板展平。当比传送带快6~7倍的单板运送到传送带时，因后者速度慢，前者速度快，产生一个速度差，结果单板折叠起来。要求折叠的顶峰倒向旋切机，若向相反方向倾斜，在折叠单板展开时，单板带容易被拉断。

单板折叠输送器长度可用下式计算：

$$L = \frac{L_d}{n}$$

式中：L —— 单板折叠输送器长度（m）；

L_d —— 要求贮存的单板带的长度，即一根木段单板带的长度（m），$L_d = \frac{\pi(D_1 - D_2)^2}{4S}$；

n —— 在长 1m 的单板折叠输送器上可贮放被折叠起来的单板长度（m/m），一般 n 值为 6~7 左右（薄单板可大些，厚单板要小些），$n=\dfrac{V_1}{V_2}$；

D_1 —— 木段直径（m）；

D_2 —— 木芯直径（m）；

S —— 单板厚度（m）；

V_1 —— 平均旋切速度（m/s）；

V_2 —— 单板折叠输送器的运行速度（m/s）。

5 拓展知识

5.1 腐芯材的旋切

中间腐朽而边材材质良好的木段，可以采用在木段中间腐朽部分加木楔或在木段两端垫上圆形厚木板的办法，使卡轴的卡头卡紧木楔或使木板带动木段回转进行旋切。这种办法对腐材的腐朽程度有一定限制，木楔或夹板的形状和尺寸应灵活掌握，不然，往往由于转矩克服不了旋切的阻力矩，发生木段打滑而影响旋切效果。但是，在资源不足、材质不好的情况下，采用这种办法，对合理使用木材以提高木材的利用率有一定作用，特别是对心腐材的边材利用，因为边材材质好，所以边材的利用价值更高。

另外，对心腐材旋切也可以采用在双卡轴旋切机上用大卡头进行旋切，或单卡旋切机换大卡头旋切，以及采用无卡轴旋切等，均有较好的作用。

日本设计的一种旋切机，专门用来旋切心腐、有环裂或木材材质松软的木段。

这种旋切机（图 1-39）卡轴基本上只起支承木段的作用，在木段不接触旋刀的时候，卡轴驱动木段回转。当木段进行旋切时，木段主要是通过一个由电动机驱动的刺辊来转动，解决了由于心材材质软、腐芯、环裂等缺陷令卡轴不易卡紧而无法旋切的问题。刺辊每隔 30~50mm 有一圈尖刺（50个），外径为 120mm，刺辊尖刺间的距离为 8mm，刺辊以 90m/min 的线速度旋转，保证了木段的恒线速旋切。这种旋切机已在世界许多工厂投入使用。

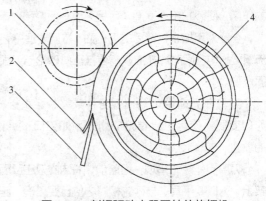

图 1-39　刺辊驱动木段回转的旋切机
1. 刺辊　2. 单板　3. 旋刀　4. 木段

5.2 旋刀的刃磨与研磨

5.2.1 旋刀的刃磨

这里介绍的研磨方法适用于单板铡刀、压尺、旋切刀等类似的刀片刃磨，只是刃磨角 β 的大小不同。

刃磨角 β 的大小，根据刀具材料、刀架的结构、旋切单板的厚度、木材的树种及其温度和含水率等来确定。

为了提高旋切单板质量，在允许条件下，尽可能减小旋刀的研磨角，并做到"按材用刀"，这样对提高刀具的使用寿命和单板的光洁程度是有利的。

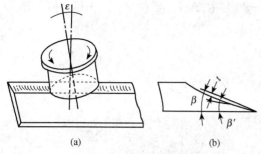

图 1-40　旋刀的研磨

刃磨时，杯形砂轮应单边磨削，才能保证刃口向外的磨削方向，以保证刃磨质量，刀刃面上砂轮磨削痕迹见图 1-40（a）。为达此目的，只要使砂轮平面与刀刃平面之间倾斜一个小的角度 ε 即可。这样做的结果，刀刃表面即稍微形成凹形，实际研磨角 β' 就比研磨角 β 小，如图 1-40（b）所示。这样在油刀时也便于研磨出锋利的刀刃。

β' 的大小可以用凹形的最大深度 t 表示。t 太深，则刀片变薄，削弱刀刃强度，易发生崩刃或卷刃现象；t 太小，又不便于研磨出锋利合乎要求的刀刃。因此 t 的深度要适当，一般取 0.17～0.20mm。

可通过调整砂轮转角 ε 大小而获得要求的深度。一般当砂轮直径为 200mm 时，$\varepsilon \approx 3°$；直径为 250mm 时，$\varepsilon \approx 4°$；直径为 300mm 时，$\varepsilon \approx 5°$。

研磨角 β 用专门的量度仪器——万能测角仪或普通量角器测量。也可以通过测量刀刃斜面宽度 A 来计算：

$$\sin \beta = \frac{\text{刀的厚度 } H}{\text{斜面宽度 } A}$$

刃磨时，有采用冷却液和不用冷却液两种方式（俗称"水磨"和"干磨"）。水磨的最大优点是：刃磨面散热快，可加大磨削量而刃面仍不易被烧伤，同时刃面光洁程度高，并且冷却液有清洁砂轮和刃面的作用，使砂轮不易塞屑，可提高磨削质量和效率，所以应尽可能采用。

一般采用加水稀释后的皂化油（浓度要适中，不能过大）作冷却液。使用时应注意：冷却液要充足，流量要均匀，同时冷却液喷嘴位置正对砂轮与刃面磨削处，在磨削过程中不能中断冷却液，否则易使刃面烧伤。

刀具在刃磨中可能出现各种缺陷，会直接影响刀具的使用效果和性能。如刃磨面烧伤会引起刃口变质，使用时易卷刃或崩刃；如刃口不平直则给刀的安装调整带来困难，甚至影响旋切单板的质量。

刃磨操作注意事项：刃磨前，清洁旋刀正反面，并检查、消除刃口卷曲、凹凸缺陷。旋刀安装在刀架上，刃口要平直，与砂轮相对的位置要正确，压紧力要均匀，一般紧固时应先由中部开始，然后顺序将全部螺钉紧固，这样可避免工作中中部凸起，以保证刃磨时平直。

刃磨中，磨削量要小，一般为 0.005～0.02mm。随时留心观察火花情况和细听砂轮正常磨削时发出的微小沙沙声，有异常现象及时调整，以保证磨削工作的正常进行。随时注意砂轮有无塞屑现象，并及时用砂轮刀修整。应注意冷却液是否均匀、流量是否适当，切忌砂轮在刃磨中突然停机或停喷冷却液。

开车前应调整好旋刀与砂轮的相对位置（一般调至砂轮工作面高于旋刀磨面少许），开车时先开磨轮，后开行程，然后逐渐调整砂轮磨削量。调整砂轮行程长度，应保证在砂轮离开刃面后才能掉头。

5.2.2　旋刀的研磨——油刀

旋刀刃磨后进行油刀（利用油石手工研磨），以保证获得锋利、光洁的旋刀。

油刀操作时应做到：手要稳，步伐要稳健，心要细，用力要均匀，反复来回的角度不变，并随时注意认真检查刃口锋利程度。

油刀时，旋刀应牢固夹紧，便于操作和安全；油石要保持干净、平滑，并用稀机油或煤油清洗润滑；油刀时，轻轻用力将油石水平地压在旋刀研磨面上，与刃面平行方向来回移动，以避免刀刃产生圆角。而油刀背面时，油石与刀背面可自然成角度 ε，ε 越小越好，在第一次粗油时，最好油石能紧贴刀背进行。用力要均匀，用力大小可随锋利程度而逐渐地减轻。

油刀用的油石，开始用粒度 320~400 的进行粗油，待铁屑（"细毛头"）下落，看不到"毛头"为止；然后用粒度为 800~1000 左右的油石细油，把粗油中的磨痕去掉；最后用粒度≥1200 的人工磨料油石或天然油石进行最后的精油，以达到锋利和光洁的要求。

精油研磨面时，油石仍应平放，但刃口处用力可稍加重，以油出更锋利的刃口。

刃口质量检查方法：手摸无"反口"，并感到有割手感觉；眼看无"白光"，即正对着刃口方向看，成一黑直线，无"白光"，表示刃口已锋利。磨刀时常见缺陷与解决办法见表 1-13。

表 1-13　旋刀刃磨与研磨时常见缺陷及消除方法

缺　陷	产生原因	消除方法
刀刃面烧伤，轻者刃面呈黄锈色；较重者刃面呈蓝色；重者刃面呈黑色；最重者刃面裂开	1. 砂轮硬度太大，粒度太细 2. 砂轮不清洁，有塞屑现象 3. 砂轮每一行程的磨削量太大 4. 冷却液不充足或中途停喷 5. 砂轮在刃磨面突然停止，容易造成砂轮在刃面上划过，砂轮起转时，又易烧伤，甚至碰坏刀具和砂轮	1. 调换合适硬度、粒度的砂轮 2. 用砂轮刀修正砂轮 3. 进刀量调整为 0.0005~0.02mm 4. 调整、检修冷却泵，消除喷头堵塞现象 5. 砂轮应退到刀具长度外才能停转
刃口波浪形	1. 旋刀工作时，刃面产生的凹凸，未经矫正即刃磨，造成凹处少磨，凸处多磨，从而刃磨后形成相反的波浪形或旋刀刀体上身不平直而影响在刀架上安装不平直，但这种情况少 2. 刃磨时，磁吸引力不足或底面不平，造成旋刀在磨刀机的刀架上安装不平 3. 磨刀机的刀架、轨迹、四个滚轮精度差，不平直	1. 刃磨前须清洗旋刀两面，并细心检查、矫正凹凸等缺陷 2. 检查电磁铁的接触是否良好，检查电磁铁吸盘是否有杂物 3. 调整四个滚轮在一个水平上，检修刀架、轨迹
刀口呈弧形	1. 磨刀机轨迹不平直 2. 磨刀机装刀架不平直 3. 磨刀时装刀不平直	1. 检修轨迹，重新刮研到符合要求 2. 检修装刀架，重新刮研到符合要求 3. 注意装刀操作
刃磨面光洁程度达不到	1. 磨削量太大 2. 沙粒的粒度太粗	1. 磨削量应该从大到小，逐渐减小至 0.005~0.01mm 2. 调换合适沙粒的砂轮
刃口不锋利	未磨到刃口上出现整齐的一排很薄的细毛头就停止	待磨出很薄的毛头才能停止，最后一次进刀后，还需反复多磨几次，直至火花很小为止
砂轮进刀量不准确，与刻度盘上指示的数值不一致	砂轮磨头升降丝杆螺母磨损，间隙加大，或砂轮电动机轴承间隙增大。造成刃磨进刀时，砂轮被抬高进刀量即减小	检修砂轮磨头升降丝杆螺母、电动机，消除过大的间隙

任务实施

1 任务实施前的准备

（1）每6~8人为一组，每组一根木段。

（2）按要求穿戴好劳保用品。

2 勒刀的使用

在单板旋切过程中，合理地使用勒刀，对保证单板的规格质量，合理使用木材和提高单板利用率，减少无用的碎单板干燥，进而在降低能耗等方面均有重要的作用。

勒刀是装在旋切机机架上的割单板用的刀具，它在刀床上可以沿旋刀的长度方向移动，根据需要可固定在刀床的两端和中间。固定在刀床两端的勒刀，主要是控制旋切单板长度，两端勒刀的距离应等于工艺规定的单板长度。两端勒刀的位置应和旋切木段的位置相适应，以保证在旋切时单板的两端切齐。如果木段两端材质不同，而木段的长度余量又较大时，应通过卡轴使木段串动，尽量切下材质次的一端，以提高单板的质量。端头勒刀也可以用来检查木段的锯截长度，如果木段长度不够，上旋切机旋切后，两端勒刀就不能同时发挥作用，单板只能一端切割平齐，另一端没有切割，有裙边或毛刺。当然，出现这种情况时，也应注意木段上旋切机后的位置，以避免单板一端切割量过大，而另一端又未经切割，影响单板的长度和质量。表1-14为勒刀设在两端时与合板尺寸对应的勒刀间距。

表1-14　合板尺寸与勒刀间距、允许公差

单板名义长度（呎）	单板的实际长度或勒刀间距（mm）	允差（mm）
3	980	±5
4	1280	±5
6	1900	±5
7	2200	±5
8	2510	±5

中间勒刀位置是根据旋切木段长度和单板规格确定的，一般固定在刀架上的中间，或与切下来的有用单板长度相适应的位置，也可根据木段材质情况随时调整位置。使用中间勒刀时，主要考虑单板的规格和质量要求，遵守"三勒""四不勒"的原则。

所谓"三勒"即：旋切木段一端材质低于标准规定，旋出单板没有使用价值，应切割下来，提高剩余部分单板质量；在表芯板不分旋的情况下，旋切时当木段材质旋不出面背板时，应下勒刀切割成芯板；按量材取值和缺陷集中的原则，对上旋机的木段根据材质情况，如能提高面板质量，可下勒刀切割规格较小的优质面板或切割芯板。

所谓"四不勒"即：旋切芯板木段时，可不下中间勒刀；符合面板材质要求的单板不下勒刀，对窄长条子可以剪切成拼板；不符合面板材质要求，但补切后可作背板的单板，可不下勒刀；既不能补节也不能作拼板的多节破裂单板，可作多层板的长中板，也可不下勒刀。

为了保证旋切单板边部平整光滑，勒刀的切割深度应等于单板厚度的1.5倍，并要求勒刀刃口锋利。

中间勒刀的切割尺寸可参考表 1-15。

表 1-15 中间勒刀的切割尺寸　　mm

单板长度	中间勒刀切割尺寸
1600	960＋640
1920	960＋960
2220	1260＋960
2540	1270＋1270

3 单板封边操作规程

（1）开机前要准备好胶纸带，胶纸带应放置于板边，保证封边外线与板边距勒刀约 15mm，两胶纸带距离 2500mm。

（2）检查胶带水盒是否有水。

（3）检查压胶纸带的压力辊的压力是否正常。

（4）旋切中观察封边胶纸带的封贴位置是否贴在紧靠单板的端边部，及粘贴的牢固程度。

4 旋切操作规程

（1）由组长对机械进行加油保养，加油部位：大小滑道（滑道油不能外漏）、顶紧放松卡轴头、丝杠和丝杠油碗（油碗加满）、叠皮机链条。以上需加机油，加油量每班两次，每班 0.5kg 机油（使用加油壶）。

（2）调整勒刀尺寸，常规全长 2.53m，中间勒刀尺寸必须以在中间为准（1.265m），单板长度为 2.515mm。组长对木段找中心，用吊车把原木吊起来。

（3）开始扒圆（粗旋），以山桂花为标准，扒圆程度：外腐严重的、外圆裂缝较严重的、弯曲的木段要多旋；对外圆木质好的、腐烂轻的、无裂纹的、木段直的，可轻旋。最后一圈中间勒刀印必须旋完（否则会造成中间断板情况），粗旋转速 800～1000r/min，每根木段必须测量单板厚度，误差±0.05mm。

（4）木段粗旋后，必须用吊车吊下。

（5）换上磨好的旋刀，调整好单板勒刀尺寸为 2.510m（常规）。将粗旋齿轮换成精旋齿轮，检查齿轮数据，以免换错齿轮。

注：在旋切中需换齿轮时，不准戴手套，必须停稳机子后才能拆装齿轮。

（6）旋切中更改厚度时，必须先打离合然后再拨换齿轮。

（7）在旋切木段时，要勤紧刀门，以保证单板的厚度正常，如遇到硬疤或阴阳面时要提高刀架，紧刀门，如果旋出的单板漏刀、掉刀或厚度不匀，首先考虑换刀，如果换新刀后，旋出的单板仍然漏刀、掉刀，要及时停机。

（8）旋切单板中，外圆转速 400～500r／min，内圆转速 700～800r／min。每旋一根木段，分别测量旋切外圆和旋切内圆的单板厚度，并且要分别测量两次以上，厚度允许误差±0.05mm。观察旋切退下的木芯是否有腰鼓形、大小头现象。

中途停机或用餐时间，必须关闭所有电源（加热器、叠皮机、吹风机、吊车、主机、照明等）。

（9）根据干燥情况，调整旋切数量，每班允许剩余木段不超过 5 段，旋出的单板不超 2 卷。保证干燥机正常运行。

（10）在旋切中发现机器异常声响及线路不正常现象，要及时通报，查明原因，排除隐患。

根据木段的优劣，旋切内圆，没有水纹的、材质好的木芯，旋到木段直径 14cm 以下；有水纹的、断纹的、裂纹大的，根据情况控制木芯大小。旋切木芯时，通常裂纹 4～5 道、有断纹的、烂虫眼比较多的，上述几种情况下可以不旋单板。旋出的木芯要轻拿轻放，不准摔断，应整齐的放入指定位置。

（11）旋切厚度要分清写明，内圆、外圆分开放，不允许混放。

5 某企业用樟子松单板加工集装箱底板的旋切操作规程

5.1 清木工作内容

（1）彻底去除木段表面的树皮、铁钉、碎石、泥土等杂物，并将木段表面上的大节、腐朽物等砍去。

（2）发现造材不合理，要及时汇报给机台长或班长。

（3）每隔一小时清理现场一次，保持现场整洁。

5.2 定心吊木工作内容

（1）检查洗木质量是否符合要求，不符合的重新清洗。

（2）根据木段的特征，如弯曲、外腐、偏心、节疤等情况定心，并做标记，作到定心合理准确。

（3）协助机手清除杂物、换刀、装刀、砍锯树节、树瘤、木芯等。

（4）及时记录木芯径级、长度等数据，木芯直径不能超过 35cm。

（5）时刻维护现场整洁，每隔一小时清理一次，下班前彻底清理，并将烂木芯、油脂木芯等叉送到指定地点。

5.3 操作规程

（1）根据木段的软硬程度不同选择合适角度的旋刀，旋刀角度规定软材为 19°~20°，硬材、中硬材 20°30′~21°30′。

（2）装旋刀时应刀口归零，刀门及水平距离的调整用塞尺检查，并确保旋刀均匀夹紧，旋切时要确保压榨率。

（3）两端及中心勒刀要保持锋利，安装位置要准确，确认割出的单板符合规定；夹木时使木段在两端割刀内，木段旋切中不准移动或进退卡轴。

（4）木段旋切至接近木芯时要低速。

（5）旋切时应做到量材而用，能旋面背板的一定要旋面背板，适宜无卡轴旋切的，木芯可适当大些，防止木芯爆裂。

（6）木段初步旋圆后开始打卷，打卷时应与卷板工密切配合，缓慢加速，但最好不超过 200m/min；卷筒直径不得超过 60cm。旋圆时长条板宽度超过 30cm 以上时不再下勒刀。

木芯直径要旋至不超过卡轴直径 10mm。旋切后的碎单板尽量经剪切后进行干燥，长度和宽度满足半成品要求的碎单板要挑出后整理。

（7）每次装用新刀正式旋切后，要做到旋切的单板板平、面光、厚度均匀，并检测单板的厚度是否符合工艺要求，如达不到要求要做适当调整或油刀，至合乎标准为止。

（8）旋切中发现木段出现大死节、硬节或树脂囊等，应停机砍去再旋切，以免崩刀，局部环裂木段旋切到有可能掉下来时要停机砍去。

（9）刀门有垃圾塞刀时，不准用开刀门边旋切边进料的办法清除垃圾，要清除后再旋切。

（10）合理选择后角，确保旋切质量并防止阻力过大，后角选择小径软木为 0.5°，大径硬木为 3°，其他情况在此范围内调整。

（11）旋刀在正常情况下每 2～4h 更换一次，特殊情况灵活处理。

6 打卷操作规程

（1）操作前要检查卷筒提升装置、卷板架等设备是否正常，如有异常及时报修，正常后方可开机。

（2）大片单板（宽度超 1m）要用手工打成卷，防止操作时破损。

（3）打卷时要与旋切机手密切配合，并注意起好头，单板带跑偏时要调整卷板架的压力，使其恢复到中间位置，跑偏超过 8cm 要通知机手停机，重新打卷。换卷时要捆好卷筒以防散落。

7 排板操作规程

（1）排板时要根据材质、规格分类码放，要将散片毛边撕出，但不能撕去好板，板垛码放整齐，旋切进退刀超薄板或超厚板要撕除。

（2）凡能排出 10cm 以上的整板应码堆，不够宽的作废料打包送锅炉房燃烧。

（3）超厚或超薄等不合格板不能混入合格品之中。

（4）每垛板堆码在 80～85cm 之内，并在短芯板长边、长中板的端部用不同颜色的油漆做好厚度、材质的标记，后附上流动卡。

（5）测量散片堆垛尺寸根据材积系数表计算材积。

8 单板质量检验

单板（旋切后、干燥前）质量检验主要是对单板进行长度、厚度和表面质量的检验。

8.1 单板长度检验

如果勒刀间的距离准确，单板带两端又是齐边，不用检量即可保证单板的长度。如果勒刀偏出估端或木段长度为负公差的短木段，旋出的单板带有一端不是齐边，多为弧形，这时必须检量最短处的单板长度。

对单板长度的检验可使用具有 1mm 读数精度、量程为 3m 的钢卷尺进行测量。测量时两人拉紧卷尺，从单板带的一侧量到另一侧，并使拉紧的卷尺垂直于单板带的两侧边，钢卷尺上的读数即为单板的长度。

各生产厂根据各自的生产工艺水平来确定各种规格单板的加工余量。

8.2 单板厚度检验

旋切单板的厚度是由生产胶合板的厚度决定的。如果单板的厚度超差，就会导致胶合板的厚度不合格。单板的厚度既要在允许的公差之内，又要均匀一致。

开始旋切和更换材种、转换厚度规格以及换刀以后，都要对单板厚度进行例行检验，发现厚度超差或不均匀要重新调整刀门间隙及其他旋切工艺参数，直到单板厚度合格才能大量旋切。

对于单张整幅单板，通常检查其边、中、边三个部位（顺木纹方向）；对于一根木段来说，通常检查开始旋切时木段外圆部分的单板厚度、木段中间部分（选检）和旋切接近木芯部分的单板厚度。

单板厚度使用精度 0.01mm 的千分尺进行检验，在距单板端和边不小于 10mm 处测量，检测时要避开材质或加工缺陷。测量时千分尺应垂直单板板面，千分尺的测量杆接触单板板面的力度要适度。检测结果与表 1-16 进行对照。

表 1-16　旋切单板厚度及公差　　　　　　　　　　mm

单板名义厚度	公　差	备　注
1.00～1.50	±0.05	
1.50 以上～2.00	±0.08	对不能保证旋切精度的旋切机，可降低一格要求
2.00 以上～3.00	±0.10	
3.00 以上	±0.12	

注：柳桉、桃花心木、山桂花等名义厚度 0.30～0.50mm，单板厚度公差为 ±0.02mm。

8.3　单板的表面质量检验

单板带两端要不松不紧，板面平整，两端边应整齐且无裂口，单板应表面光洁，背面裂隙不明显。单板毛刺、沟痕的面积和深度视单板用途而异，对于航空胶合板要求严格，而对于普通胶合板则可适当放宽。

单板背面裂隙度的检测有两种方法：

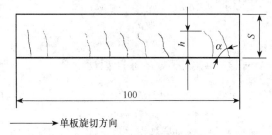

→ 单板旋切方向

图 1-41　裂隙特征

（1）目测　将旋切单板紧面向里弯曲，用肉眼即可看到背面裂隙显著与否，这种方法适合于粗略检测。

（2）单板背面裂隙度的测定　截取 100mm×100mm 单板试件，含水率接近 30% 时，在单板背面涂以适量印台油，放在阴凉处晾干，再在背面上涂以绘图墨水，干后沿试件横纤维方向切开，在测量显微镜下可以观察裂隙特征：裂隙形状、深度 h、单位长度上的裂隙条数和裂隙与单板旋出方向的夹角 α（图 1-41），并可计算单板背面裂隙度：

$$单板背面裂隙度 = \frac{\sum h}{nS} \times 100\%$$

式中：$\sum h$——单板上裂隙深度的总和；

　　　n——单板上一定长度内的裂隙条数；

　　　S——单板的厚度。

根据测定，一般工厂旋切的 1.2～3.75mm 的软阔叶材单板，其背面裂隙度平均约为 30%；硬阔叶材单板，背面裂隙度平均为 60%～70%。

9　安全操作规程

（1）电动葫芦严禁斜拉歪吊，吊钩与葫芦之间的距离不得少于 20cm。

（2）经常检查钢丝绳有无断脱、吊勾是否锋利、挂钩是否磨损。

（3）吊木时不应挂腐朽、开裂部分，不得边起吊边运行，不得从下方硬拉木段。

（4）大径级木段定心时要注意木段状态是否安全可靠，换刀要特别注意安全，速度要慢。

（5）油刀或清除卡头垃圾时要做好安全保护措施，环裂部分要砍去，不得高速甩去。

（6）封边胶带员工不准戴手套，手离卷筒至少要有 5cm 远。

（7）每班检查限位开关是否失灵，严防误操作致使卷筒或空辊掉下，且空辊只准放一个。

■ **拓展训练**

在旋切桃花心木单板的基础上，各小组利用山桂花或柳桉原木单独进行旋切。旋切后的单板由每小组自己进行分析，找出存在问题，分析原因，然后写出分析报告。

 # 任务 1.6　单板干燥

工作任务

1. 任务书

以小组为单位对给定单板的 1/2 进行网带干燥机干燥，另外 1/2 进行自然干燥。

2. 任务要求

（1）最终含水率控制在 8%~14%。

（2）对旋切单板含水率进行检验。

（3）分析单板干燥中质量缺陷产生的原因，提出改进措施。

3. 任务分析

旋切后单板含水率很高，其大小主要取决于树种、心材与边材的比例、热处理工艺等因素，一般范围在 30%~110%。为保证涂胶、热压等后续工序的顺利进行，防止虫蛀、霉变等缺陷，保证胶合板质量，必须对单板进行干燥，使其达到胶合工艺要求。干燥工序操作要点是根据树种、单板厚度、初含水率、胶种的不同，制订合理的干燥工艺，熟悉设备操作规程和设备调试，减少干燥质量缺陷，满足终含水率要求，为涂胶、热压作好准备。应通过自然干燥和机械干燥的实施，在干燥质量、干燥成本等方面加深认识。

4. 材料、工具、设备

（1）原料：杨木单板。

（2）场地：用于自然干燥。

（3）仪器设备：网带式干燥机、电阻测湿仪。

（4）工具：干分尺、钢卷尺、天平（感量 0.01g）、空气对流干燥箱（恒温灵敏度±1℃，温度范围 40~200℃）、干燥器。

引导问题

1. 旋切后的单板为什么要进行干燥？单板干燥有何意义？

2. 水分在木材中有哪些存在方式？

3. 木材含水率有几种检测方法？各自特点是什么？

4. 简述单板干燥过程及干燥原理。

5. 什么叫临界层？

6. 单板干燥的工艺要求包括哪些？

7. 影响单板干燥速度的主要因素有哪些？

8. 列出干燥时间与温度、相对湿度、单板厚度之间的关系式。

9. 单板干燥中容易产生哪些缺陷？怎样克服干燥缺陷？

10. 单板干燥设备主要类型有哪些？喷气式干燥机有什么优点？

相关知识

1 单板干燥的基本原理

单板干燥是根据工艺要求，将旋切后的湿单板干燥到一定含水率的过程。

1.1 单板干燥的意义

旋切后的单板含水率很高，如不进行干燥处理而直接对单板施胶，然后组坯热压，则单板施胶时，由于水分太多容易产生渗胶，使单板胶合面缺胶；热压时容易产生鼓泡、脱胶、板面透胶等现象；胶合板使用时，易产生脱胶、变形、表面裂隙等缺陷。另外，板坯含水率过高会延长热压时间，影响热压机的生产率。因此，旋切后单板必须进行干燥（湿热法胶合除外），使其符合胶合工艺要求。

1.2 木材中的水分

木材的组织中存在着大毛细管系统（主要是细胞腔）和微毛细管系统（细胞壁），大毛细管系统中的水分称为自由水，微毛细管系统中的的水分称为吸着水，此外，还有少量与木材分子以化合状态结合的化合水。

（1）木材中水分的运动　木材里的水分可以以细胞腔作为纵向通道，顺着纤维长度方向运动，从木材的两个端面排出（长度方向）；也可以以细胞壁上的纹孔作为贯通的横向通道，细胞壁内还有许多孔隙，可作为水分沿壁内运动的途径，使水分从木材的侧面排出（宽度或厚度方向）。单板厚度小，面积大，单板长度比厚度大数百甚至数千倍，因此，单板干燥过程中，主要依靠横跨纤维方向的横向通道传导水分。

（2）水分移动的阻力　在单板干燥中，水分移动的方向是以垂直于纤维排列方向的横向传导为主，所以最大的阻力是纹孔的阻力，其次是细胞腔和细胞壁的阻力。影响水分蒸发的较大阻力，还有单板表面与空气接触处的临界层（图1-42）。

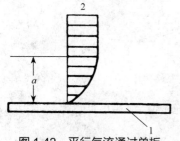

图1-42　平行气流通过单板表面时的临界层示意图

1. 单板　2. 气流速度　*a*. 临界层

当高速热气流平行于单板表面流过时，基本上是紊流，但越接近单板表面，由于摩擦阻力增加，速度减少而趋于层流。与单板表面接触的薄层，速度接近于零，呈凝滞的空气薄膜，把空气与表面隔开，这层薄膜就称为临界层。水分蒸发只能通过缓慢的扩散作用穿过临界层而进入空气流。空气流中的热量只能缓慢地穿过临界层，向单板内部传导，因而临界层影响热交换的效率，同时也降低了单板中水分逸出的速率。

目前，广泛采用的喷气式干燥机，正是根据存在临界层的情况，采用垂直于单板表面的方式喷射高速热气流（一般 15~20m/s），来冲破或扰乱这个临界层，以提高热效率和加速水分的蒸发（图 1-43）。

1.3 单板干燥过程（机械干燥）

单板干燥是通过加热进行水分的强制蒸发，高含水率的单板在一定条件（空气温度、湿度、风速）下对流加热时，单板的温度、干燥速度和时间的关系见图 1-44。

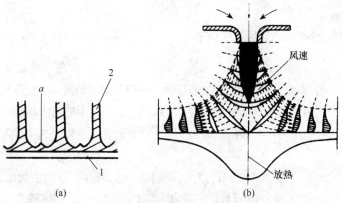

图 1-43　垂直于单板表面喷射高速热气流时
风速与放热关系示意图

（a）垂直喷气流在单板表面的示意图 （b）垂直喷气流时风速与放热关系
1. 单板　2. 喷气流　a. 临界层

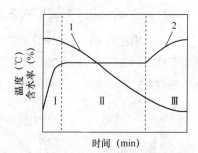

图 1-44　对流加热时单板温度、干燥速度
和干燥时间的关系

1. 含水率曲线　2. 温度曲线
Ⅰ. 加热期　Ⅱ. 恒速干燥期　Ⅲ. 减速干燥期

单板干燥过程可分为三个时期。

（1）加热期　单板刚接触热空气时，表面温度低，自由水的蒸汽压力比热空气的蒸汽压力低，单板中的水分不能蒸发，热空气的热量主要用于表面升温。此时单板表面温度低于"露点"，热空气中的水蒸气反而在单板表面瞬时凝结。这个时间在单板干燥过程中很短。

（2）恒速干燥期　单板温度上升到露点时，表面水分开始蒸发，温度继续上升，单板表面水分穿过临界层向空气中蒸发，造成表面和内部的毛细管压力差，迫使内部自由水向表面移动。由于自由水移动阻力很小及干燥条件的剧烈，使水分蒸发量很大。这一时期蒸发水分的速率大致相等，因此称为恒速干燥期。

表面蒸发了的水分主要由表面附近的毛细管传导作用来补充，随着内部水分传导距离的延长，阻力越来越大，蒸发速度和水分在木材内部扩散速度相一致的时间很短。所以恒速干燥期的时间也很短。

这一时期以蒸发自由水为主，但因干燥条件剧烈，几乎在蒸发自由水的同时，吸着水也开始蒸发。这表现在单板刚开始干燥、含水率远在纤维饱和点以上时，单板就开始干缩这一现象上。

（3）减速干燥期　这个时期可分为减速第一、第二两个阶段。第一阶段内单板温度大体上仍保持在湿球温度，内部水分移动的速度开始低于表面蒸发速度。一部分表面干燥到纤维饱和点以下，随着干燥深入，内部水分扩散阻力增加，单板的干燥速度逐渐降低。这一阶段基本上已蒸发完自由水，也蒸发了大部分吸着水，这是单板干燥的主要阶段。第二阶段内单板中只剩下部分吸着水，因为微毛细管收缩，空隙变小，使水分移动更为困难，基本上以蒸汽状态的移动为主。在此阶段，热空气供给的热量除蒸发水分外，还使单板温度逐渐上升，直到接近干球温度。

上述三个时期中，第一、第二时期和第三时期的第一阶段，虽然加热的空气温度很高，但单板温度高于湿球温度不多，因此高温对木材造成的损失较小。所以目前新型干燥机进口端温度都很高，以提高干燥机的效率。在减速干燥第二阶段，因单板接近干球温度，故这阶段干燥机末端温度不宜过高，以免高温损伤单板。

为了使单板含水率趋于平衡和便于立即胶合使用，最后还应通过吸冷排热的风机来加速单板的冷却。

1.4 单板干燥速度

单板干燥速度主要与干燥机内的干燥介质和单板自身条件有关。

1.4.1 干燥介质与干燥速度的关系

（1）热空气温度　干燥介质的温度是影响单板干燥速度的主要因素。热空气温度越高，水分蒸发速度越快。这是因为温度越高，单板内部和表面水蒸气压力差就越大，单板内部和外层的含水率差和毛细管张力差也越大，水蒸气扩散系数、水分传导系数都相应增加，因而单板表面水分蒸发速度和内部水分移动速度加快。

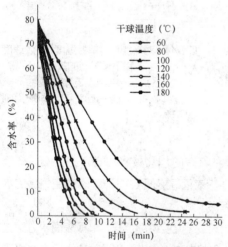

图1-45　各种温度下含水率减少的过程

图1-45所示为1mm厚桦木单板，幅面20cm×20cm，在风速为2.2m/s时不同温度条件下含水率减少的过程。

从图可知，干燥介质在同样的温度下，木材中水分蒸发不同阶段的蒸发速度是不一样的。蒸发初期的自由水时，蒸发速度最快。蒸发到吸着水时，因为阻力增加，蒸发速度显著下降。最后单板含水率很低时，由于水分移动的路程更长，阻力更大，蒸发更困难。所以热空气的温度要考虑单板内部水分移动，特别是干燥后期要防止因使用过高温度造成单板损伤。

温度和干燥时间的关系，可用下式表示：

$$Z=Z_0\left(\frac{t_0}{t}\right)^{-n}$$

式中：Z——温度t时的干燥时间（min）；

Z_0——温度t_0时的干燥时间（min）；

n——根据单板条件而定的系数，含水率范围在10%～60%时，n值为1.5。

该公式适用于一般对流传热的干燥机和风速为15～20m/s的喷气式干燥机。

（2）热空气相对湿度　空气的相对湿度是指空气被水蒸气饱和的程度，用百分数表示。它可用干湿球温度计（湿度计）来测定（图1-46）。

根据干球温度和湿球温度两个数值，可以在图1-47中查得空气的相对湿度值（图中斜向数据为湿球温度值）。

在单板含水率高时，空气相对湿度影响干燥速度较大；而随单板含水率的降低，其影响也减小。介

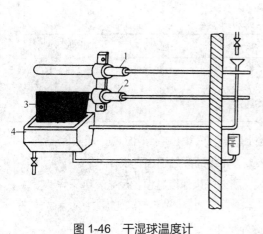

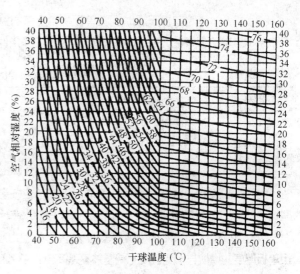

图 1-46　干湿球温度计　　　　　　　　　　图 1-47　空气相对湿度图

1. 干球温度计　2. 湿球温度计　3. 纱布　4. 水槽

质温度高时，相对湿度对干燥时间影响小；而介质温度低时，相对湿度对干燥时间的影响大。

　　干燥机内热空气相对湿度一般控制在 10%～20% 范围内。若使相对湿度小于 10%，就要经常补充大量新鲜空气，并排出干燥机内的湿空气，这样热量损失大，不经济。若干燥机内相对湿度大于 20%，热量损失虽小，但湿度太大，影响单板排出水分，使干燥时间延长。控制相对湿度是通过干燥机顶部的排气孔来进行的。

　　相对湿度与干燥时间的关系，可用如下实验公式来表示：

$$Z=Z_0\left(\frac{\phi}{\phi_0}\right)^{0.64}$$

式中：Z——　湿度 ϕ 时的干燥时间（min）；

　　　　Z_0——　湿度 ϕ_0 时的干燥时间（min）。

　　（3）风速　风速对干燥速度影响较大，特别在含水率很高时更大。风速大，单板表面水蒸气扩散速度就快，干燥速度也就快；反之则干燥速度慢。

　　对流传热的干燥机，风速超过 2m/s 时，对干燥速度的影响减小，而动力消耗增加，经济风速一般为 1～2m/s。垂直于板面喷射热气流的喷气干燥机，喷射的气流要有足够的速度才能破坏临界层，速度越大，效果越好，但同样也要考虑动力消耗问题，一般经济风速为 15～20m/s。喷气式干燥机除喷射气流外，喷嘴的宽度、喷嘴的间隔、喷嘴与单板表面的垂直距离对单板干燥速度也有一定的影响。

1.4.2　单板因素与干燥速度的关系

　　（1）树种　树种不同，密度不同，所以干燥速度也不一样。在同样厚度的情况下，如果蒸发出同样重量的水分，则密度大的树种单板含水率减少的数值小；另一方面，从结构上考虑，密度大的树种，木材组织中的细胞腔较小，细胞壁较厚，故在低含水率范围内水分传导的阻力大，所以干燥速度降低。但个别树种有例外，如密度为 0.69g/cm³ 的水曲柳单板比密度为 0.63g/cm³ 的椴木单板干燥时间还短，其原因是水曲柳的环孔大，材质粗糙，易于蒸发水分。

（2）初含水率　单板干燥时间随单板初含水率的提高而延长。而单板初含水率又取决于原木的含水率和原木运输、保存的方法及是否进行水热处理等条件（表1-17）。

表1-17　不同树种的单板初含水率　　　　　　　　　　　　　　　　　　　　%

运材方式	水曲柳	椴　木	桦　木	松木边材	松木心材
陆运材	60~80	60~90	60~80	80~100	30~50
水运材	80~100	100~130	80~100	100~130	40~60
沉水材	>100	>130	>100	>130	40~60

为了保证单板干燥后终含水率均匀，干燥前应按初含水率情况分类，并用相应的干燥条件干燥。有些树种的心、边材的区别比较明显，边材部分含水率比较高，干燥时间应适当延长。

（3）单板厚度　单板厚度越大，水分传导的阻力越大，所以干燥速度越慢；反之，则干燥速度快。但单板厚度的增加与干燥速度的减慢并不是简单的正比例关系。它们之间的关系可用如下实验公式来表示：

$$Z = Z_0 \left(\frac{d}{d_0} \right)^n$$

式中：n——系数，一般为1.30；

　　　Z——单板厚度d时的干燥时间（min）；

　　　Z_0——单板厚度d_0时的干燥时间（min）。

为了保证单板最终含水率的均匀，干燥前应按树种、初含水率和单板厚度的不同进行分类，然后用相应的干燥工艺分别进行干燥。

2　单板干燥质量控制

2.1　单板干缩与变形

木材是一种毛细管多孔材料，能吸收一定数量的水分。在吸水时不丧失其几何形状，只是木材的尺寸随含水率发生变化，在纤维饱和点以下含水率降低，木材尺寸变小，称为干缩；含水率增大（到纤维饱和点为止）则木材尺寸增大，称为湿胀。

单板经过干燥后其形态的变化，主要表现在各方向尺寸的收缩、翘曲、开裂和带状单板的边缘或片状单板的端部产生波浪形。

（1）单板的干缩　木材干缩时，弦向收缩最大，径向收缩次之，纵向收缩最小。旋切单板是沿木段年轮方向切削出来的，所以单板宽度方向是木段的弦向，厚度方向则是木段径向，长度方向为木材的纵向。单板在宽度方向上干缩率一般为7%~10%，在厚度方向上的干缩率一般为3%~6%，在长度方向上的干缩率为0.25%~0.35%。

木材各方向收缩率不同，厚单板和薄单板在宽度方向和厚度方向上收缩率也不同。

单板厚度增加，干燥时含水率的梯度也随着增加，因而内部的湿层将妨碍其表层的收缩，表层收缩受到限制，所以厚单板比薄单板的宽度方向的收缩率小。由于含水率梯度增加，对于厚度方向的干缩率则有相反的影响。因为单板横断面上的平均积分含水率相同时，含水率梯度越大，则单板表层过度干燥也越严重。由于厚单板比薄单板的含水率梯度大，会导致其表层过度干燥，所以，厚单板比薄单板在厚度方向上有较大的收缩率。

对于先剪后干的工艺，在剪切整幅湿单板时，必须在宽度方向上留有足够的干缩余量。其数值应为

$$b=\frac{BV}{100-V}$$

式中：b —— 单板干缩余量（mm）；

　　　B —— 干单板宽度（mm）；

　　　V —— 宽度方向的干缩率（%）。

如果采用先干后剪工艺，则不必考虑留干缩余量。但干缩率仍然是一个应该注意的问题。在连续干燥中，单板的前进方向与单板横纹方向垂直，木材横纹方向抗拉强度较低，由于干缩而产生的应力会使单板开裂，甚至将单板拉断。故带状单板干燥时，传送带应采取分段调速。单板含水率达到纤维饱和点以后的干燥段，其单板传送速度应比前阶段要低，以适应单板带的收缩。

在旋切时也同样要考虑单板厚度上的厚度余量：

$$d=\frac{DV_H}{100-V_H}$$

式中：d —— 单板厚度余量（mm）；

　　　D —— 干单板厚度（mm）；

　　　V_H —— 厚度方向上的干缩率（%）。

（2）单板的变形　木材是一种非匀质材料，各部位的收缩率不一致。早材与晚材有差别，使板面各处密度不同；旋切的单板有正反面之分，反面有裂隙，结构松弛，正面无裂隙，结构紧密；木材本身还有扭转纹、涡纹、节子等缺陷。这些在单板上都会造成组织不均匀，使各部分收缩率有差别，引起变形和开裂。

单板在干燥机中干燥时，边缘部分的水分比中间部分蒸发得快，而边缘部分的收缩受到中间部分限制，因而边部容易出现波浪形或产生开裂。

为了减少单板的变形，对于片状单板进行干燥时，可以利用前后板边重叠 1～2cm，增加边缘单板的厚度，这样边缘部分水分蒸发速度减慢，可以消除单板的变形和开裂；对于带状单板进行干燥时，可在两边 6mm 宽度上采用喷水的方法，增加单板边部含水率，达到延缓边部水分蒸发的目的，以减少波浪状变形和开裂的可能；或在旋切时，对湿单板的边部采用胶带封边，以增加横纹抗拉强度，防止单板端向开裂。

2.2　单板含水率及其测定方法

2.2.1　单板终含水率

单板含水率通常用绝对含水率来表示。

单板干燥的终含水率与干燥时间、单板干缩率、胶合质量等有着密切的关系。从干燥机的干燥效率和单板出板率两个方面来考虑，则认为终含水率高一些是有利的。但从胶合的观点来考虑，含水率过高的单板，不仅胶合强度不好，而且容易产生脱胶、变形、表面裂隙等缺陷。终含水率过低的单板，也影响胶合强度。因此，单板干燥的终含水率应根据使用的树种、胶种和胶合制品的各项性能来确定。

胶种不同，要求单板的终含水率不一样。对于合成树脂胶，单板的终含水率可低一些，而使用蛋白质胶黏剂时可稍高一些。

树种不同，要求单板的终含水率也不一样。有的树种如水曲柳等，早材管孔粗大，透气、透水性好，热压时含水率稍高一点对胶合强度影响不大。而有的树种如松木等，由于单板内含有大量树脂，热压时透气性差，若终含水率高，则容易引起鼓泡等缺陷。

胶合强度是衡量胶合质量最重要的一项指标。目前常用的是脲醛树脂胶，据试验，单板含水率在5%～15%的范围内，都能得到较好的胶合强度；而含水率在7%～8%时最好。如果涂胶量减少，则单板含水率应提高一些，才能保证足够的胶合强度。

从胶合板变形和表面裂隙方面来考虑，一般情况下，单板含水率为5%～8%时，生产的胶合板的变形量和裂隙最少。

从胶合强度和胶合板变形、表面裂隙几个方面的因素来综合考虑，我国各胶合板厂对于酚醛树脂、脲醛树脂胶合板，要求单板干燥后的终含水率为6%～12%。其中脲醛树脂胶合板，干燥单板的终含水率以5%～10%为最适宜；血胶、豆胶胶合板，要求干燥后的终含水率为8%～14%。

2.2.2 单板含水率的测量方法

单板干燥后含水率是否达到工艺要求，是衡量单板干燥质量的重要标准。其测量方法有以下几种：

（1）重量法　先将干燥后的单板称重，再将单板烘至恒重，然后称量，用两次称量的重量差，求得单板的绝对含水率。

重量法简便、准确、可靠，含水率测定范围不受限制，是常用的方法，为许多企业所采用。但测定周期长，跟不上高速生产的节奏；再者，对单板进行采样检测是断续、局部的过程，反映出的含水率是一个比较粗糙的平均值，不利于连续监控生产状态，以便及时校正干燥工艺，在生产中使用不方便。

（2）电阻测湿法　木材的电阻因含水率不同而变化。一般在纤维饱和点以下时，水分减少，则电阻增加。电阻测湿仪就是根据这一特性进行工作的，其测定含水率的范围为5%～33%。该法特点是方便快捷，只需将检测头上的钢针插入单板就可测出单板含水率数值。但测湿仪的电池电压、钢针插入深度、树种、温度、单板内化学成分等因素，对测量结果均有影响。

（3）介质常数测湿法　木材对5000MHz的高频阻抗随含水率的不同而变化，利用这一原理制造了介电常数测湿仪。其测量含水率的范围为0～12%，使用温度为0～40℃。它可放在干燥机的冷却段或出口端进行检测。其缺点是长期使用后读数产生漂移，只能显示含水率增减的趋势，且测量范围有限。

（4）红外线、γ射线测定含水率　这类方法测量单板含水率的基本原理是：通过红外线或γ射线穿透一定厚度的单板时，能量有损失，能量损失的大小与单板中水分含量成一定的比例关系，含水率越高，能量损失就越大。由于采用了非接触式测定方法，在生产线上安装这种系统对单板实现连续的扫描，能实现测控一体化，以及时指导生产。这种测定方式要求单板厚度要相对均匀，否则误差大。

（5）蒸馏法测定含水率　木材中水分是易挥发的物质，在干燥过程中被蒸发，但有些油性或松香含量高的材种在干燥中，这些非水物质重量上的挥发可能要明显高于水分的挥发，如果用重量法测定含水率，就会造成测量结果数值偏高，这类材质的含水率测定，就需要在实验室里用蒸馏法来完成，以获得准确的数值。

2.3　单板干燥中产生的缺陷及改进方法

表1-18列出了单板干燥过程中容易产生的缺陷及相应的原因和改进方法。有些缺陷在干燥前就已存在，在单板干燥中发现缺陷，应先检查湿单板的质量。当证明湿单板质量没有问题后，再检查干燥的

工艺过程及设备操作方法。不管什么机型，都可以通过以下几项参数的调整来改变干燥的工艺条件，以达到消除缺陷的目的：

（1）干燥速度（或干燥时间）的调节；

（2）干燥机内的介质温度调节，有些机型可按节分别调整；

（3）机内湿空气排放量（或调节机内空气湿度），可根据情况在各位置分别调整。

表 1-18　单板干燥过程产生的缺陷和改进方法

缺陷名称	产生原因	改进方法
板边开裂	1. 单板装卸时破损 2. 干燥温度过高 3. 干燥过度 4. 干燥机输送部分停机 5. 湿单板贮存过久，两端已干 6. 单板旋切质量松软，背面裂隙度太大 7. 水曲柳单板旋切有紧边	1. 按操作规程，减少损坏 2. 调整机内温度为规定温度 3. 检查单板终含水率是否在工艺规定以内 4. 不得用停止输送单板来延长干燥时间 5. 干燥前板边喷水增湿 6. 增加压尺压榨作用 7. 水曲柳单板旋切应稍带松边
中间开裂或单板发脆	1. 干燥温度过高或湿度过小，与单板树种材质不相适应 2. 干燥机的上网速度不正确 3. 单板背面裂隙度大	1. 调整适应该树种的温度、湿度，关小机上的排湿阀门开度或降低温度 2. 调整上、下网带速差速，入板端稍快，让单板有自由伸缩余地 3. 检查旋切机中部刀门是否过大，或压尺中部是否磨损
成批单板过干或过湿	1. 未执行工艺规程 2. 干燥机设备故障 3. 温度检测仪表不准确 4. 单板初含水率变化	1. 严格按工艺规程设定机内温度及工作速度 2. 检修干燥机 3. 检修温度仪表 4. 检查初含水率，及时调整机内温度及工作速度
部分单板过干或过湿	1. 干燥机设备故障 2. 单板厚度不一致 3. 单板初含水率不一致 4. 各干燥层干燥条件不一致 5. 树种或材质不同	1. 检修干燥机 2. 检查单板厚度 3. 检查初含水率 4. 停机检修 5. 不同树种或心、边材含水率差别太大的树种，如松木应分别进行干燥处理
单板各部位含水率不均匀	1. 干燥机故障 2. 初含水率不均 3. 单板贮存过久 4. 单板旋切时压榨率不一致 5. 单板厚度不一致	1. 检查干燥机 2. 检查初含水率 3. 按旋切顺序干燥 4. 检查调整刀门 5. 改进单板厚度误差
单板变色	1. 干燥温度过高 2. 干燥机输送部分发生过中途停机	1. 按工艺规程设定温度 2. 避免输送部分中途停机
单板波浪形	1. 干燥温度过高 2. 机内湿度太低，过干 3. 单板压紧不够 4. 旋切时刀门压榨不一致或压尺和刀不平直，刀门两端间隙太大，产生松边	1. 降低干燥温度 2. 关小排气孔，减小排湿量 3. 检查压紧辊筒或网带是否正常 4. 调整旋切刀门，加大两端压尺压榨作用，改进单板旋切质量。椴木单板旋切外圆要求平整，里圈单板稍带紧边，干燥后即平整

缺陷名称	产生原因	改进方法
单板机械损伤	1. 板面被杂物压出凹痕	1. 装板时除掉杂物，及时清理输送辊筒表面和网带上杂物
	2. 单板互相叠放压出凹痕	2. 单板之间要留出一点间隙，不要叠放送入
	3. 撕裂，由于辊筒或网带调整不当	3. 检查上、下压辊或上、下网带压紧是否均匀

为了减少干燥缺陷的产生，针对不同的干燥机型及对各种单板的具体条件，应制定出详细严格的干燥工艺规程，同时也要定期对干燥设备进行检查、维修、保养，使工艺与设备达到最佳的结合，以保证良好的单板质量。

3 单板干燥机

3.1 单板干燥机分类

单板干燥方法有天然干燥、干燥室干燥和干燥机干燥。天然干燥和干燥室干燥只在生产规模较小的工厂才使用，一般工厂都采用各种类型的干燥机。单板干燥机种类很多，按不同的分类方式，可分成不同的类型。

（1）按传热方式分类

① 空气对流式　由循环流动的热空气把热量传给单板。

② 接触式　热板与单板接触直接把热量传给单板。

③ 联合式　以对流传热与其他传热形式的联合作用，将热量传给单板。如对流-接触式、红外线-对流式、微波-对流式等。

（2）按单板的传送方式分类　可分为网带式和辊筒式干燥机，见图1-48、图1-49。

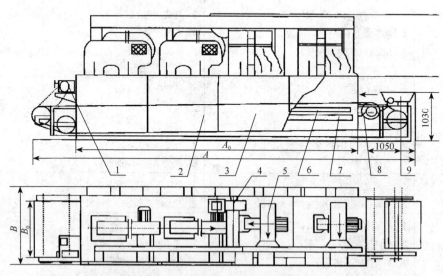

图 1-48　喷气网带式干燥机结构示意图

1. 无极调整器　2. 下循环段　3. 上循环段　4. 排湿风机　5. 循环风机
6. 分风机　7. 加热器　8. 传动系统　9. 加料器

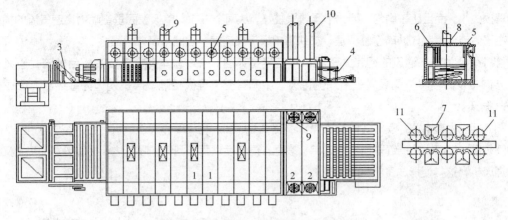

图 1-49　喷气辊筒式干燥机结构示意图

1. 干燥段　2. 冷却段　3. 装料机构　4. 卸料机构　5. 风机　6. 散热器
7. 风箱　8. 排湿管道　9. 冷却室风机　10. 冷却室排气管　11. 辊筒

（3）按热空气的循环方向分类

① 纵向通风干燥机　热空气沿干燥机的长度方向循环。气流与单板运行方向相同的称为顺向；气流与单板运行方向相反的称为逆向。

② 横向通风干燥机　热空气沿干燥机宽度方向循环。气流可平行于单板表面流动，也可垂直于单板表面喷射。

3.2　单板干燥设备

单板干燥机是一种连续式单板干燥设备，使用最广泛的主要有网带式干燥机、辊筒式干燥机和压板式干燥机。

干燥机主要由干燥段和冷却段两部分组成。干燥段用来加热单板，通过热空气循环，加速单板中水分的排出。干燥段可由若干个结构相同的分室组成，一般每个分室长度约 2m 左右。干燥段越长，单板传送的速度越快，干燥机的效率也越高。冷却段是在保持压力下传送单板的过程中对其通风冷却，一是消除单板的内应力，使单板平整；二是利用单板中间高、表面低的温度差蒸发一部分水分。冷却段一般由 1~2 个分室组成。网带式干燥机一般用上、下成双循环网带来传送单板，下网带主要起传送作用，上层网起压紧作用，在适当的压紧力作用下，防止单板干燥中产生变形。辊筒式干燥机装有很多对上、下成对的辊筒，靠成对辊筒转动的摩擦力带动单板前进，这种传送方式适合于传送厚度 1.0mm 以上的单板。因辊筒式干燥机前后辊筒的间距不能太小，因而不能用于传送薄单板。而网带传送则不然，一般厚度 0.5mm 以上的单板都可以顺利传送。但辊筒传送的压紧力较大，因此，辊筒式干燥机干燥的单板平整度好。

目前使用的干燥机绝大多数都是采用 0.4~1.0MPa 的饱和蒸汽作为热源，先加热散热器，再通过散热器将空气加热到 140~180℃，热空气将热量传递给单板。也有用煤气、石油和轻质柴油等燃料的燃烧气来加热空气的。

干燥机内设有热空气循环系统，可以采用纵向或横向通风方式。但是同样条件下的干燥机，采用不同的通风方法，干燥效果却有很大的差别。一般来说，沿干燥机长度方向纵向循环的热空气循环路线长，风速沿程损失大，且机内各处风速不均匀，因此干燥效果较差；横向通风的热空气循环距离比较短，风速沿程损失小，而且比较均匀，因此干燥效果较好。从两个方向向单板表面垂直喷射高速气流的横向循环，由于气流速度高，冲破了临界层，加快了单板干燥速度，因此干燥效果最好。

图 1-50 为横向通风的网带式干燥机热空气循环图。干燥分室两侧各安装一台轴流式通风机，安装方向相反，使其一侧吸风，另一侧排风。中间有空气导板相隔，风机两边为散热器，形成横向热空气循环。

图 1-51 为横向循环喷气式网带干燥机热空气循环图。利用离心式通风机，将热空气吹向压力边，压向喷气箱，经喷嘴的窄缝垂直地喷向单板表面，再由喷嘴两侧回气到吸气边，经散热器加热，又被吸入到通风机，这样便形成了热空气循环。

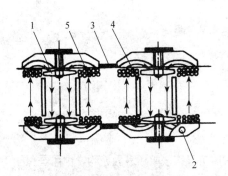

图 1-50　横向通风网带式干燥机热空气循环图

1. 通风机风扇　2. 排湿管　3. 盖板
4. 空气导板　5. 散热器

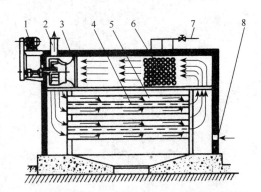

图 1-51　横向循环喷气式网带干燥机热空气循环图

1. 电动机　2. 排气管　3. 离心式通风机　4. 单板
5. 喷气箱　6. 散热器　7. 供气管　8. 新鲜空气入口

干燥机的工作层数为 2~5 层。一般喷气式网带连续干燥机，多采用先干后剪工艺，干燥机出板端需配备剪裁机，为便于设备安装和操作，一般都为 2 层。其他辊筒式、网带式干燥机都干燥零片单板，为提高干燥机生产能力，一般多为 5 层。

干燥机的进板方向也有纵向与横向之分。纵向进板就是进板方向与单板的纤维方向一致，用于干燥零片单板，一般的网带式干燥机和所有的辊筒式干燥机都采用这种进板方式。横向进板是单板的进板方向与单板的纤维方向垂直，用于干燥单板带，能在干燥后视材质情况并根据工艺要求进行剪裁，这是单板干燥工艺中的一项重大改革。喷气式网带连续干燥机都可采用横向进板。

喷气式网带连续干燥机有直进型和"S"型两种。直进型用于干燥面、背板（薄单板），"S"型主要用于干燥厚芯板或在场地受到限制的条件下使用。图 1-52 为两种型式喷气式网带连续干燥机"旋切—干燥—剪裁"工序连续化示意图。

喷气式干燥机与一般的纵向或横向通风干燥机比较，具有如下优点：

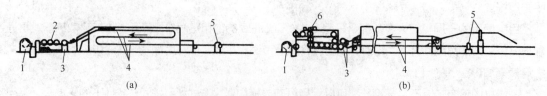

图 1-52　"旋切—干燥—剪切"工序连续化示意图

（a）往返三次的"S"型　（b）二层的直进型

1. 旋切机　2. 单板卷　3. 松单板卷筒　4. 单板　5. 剪裁机　6. 空卷筒

（1）劳动生产率提高　实现了旋切、干燥、剪切的连续化生产。过去剪裁、干燥工序需要操作工多人，现在只需一人照管单板进板，3~4人操纵剪裁机及配板工作即可（按二层计算）。

（2）干燥机产量提高　采用高温、高速热气流垂直喷射在单板带的两面上，冲破了单板表面的临界层，使单板干燥速度大大加快，单板干燥时间可缩短70%~80%以上。

（3）单板质量提高　由于是连续干燥，可以增加整幅板，特别是整幅表板的数量；由于是先干后剪，可以做到原棵搭配，拼板的色泽、木纹可基本一致；由于干燥机内温度和湿度均匀，单板干燥均匀，从而减少了因含水率不均而引起的单板开裂和翘曲等缺陷；由于工序简化，减少了人工操作、搬运碰裂的缺陷，单板的破损率相应减少。

（4）木材利用率提高　先干后剪可以严格掌握加工余量，省掉湿单板剪裁工序，使单板损失减少；可以减少搬运次数，使破碎损失减少；同时由于实行高温快速干燥，还减少了单板的干缩率。据统计，总的可提高木材利用率3%~5%。

热板式干燥机的结构类似于普通胶合板热压机，单板从垛上一张一张插入成对的驱动辊之间，单板的进料装置可放单板的张数与热板干燥机的层数相等，进料装置可将单板同时装进热板干燥机，将其闭合，经过适当的闭合时间，热板张开，干燥后的单板同时被推出，卸在卸板架上，自动堆垛，然后送进第二组单板进行干燥。一般压力为0.35MPa，热板温度为150℃。热板干燥单板时，每张单板的每一个面，即单板与热板之间，放置一张开有沟槽的覆盖板，使水分和树液中的蒸汽逸出。

热板干燥方法的最大特点是单板干燥后光滑平整，适合于涂胶、配坯、热压连续化生产，对于淋胶也可获得良好的效果。另一方面，这种干燥方法可节省能量，与喷气式干燥机相比，可节省36%的能耗。还可减少宽度方向的干缩率。

3.3 干燥机的维护与保养

（1）应严格按干燥机操作说明书要求，认真做好干燥机的维护和保养工作，按规定的时间对设备进行检量、调整及各种加油润滑，使设备始终处于良好的运行状态。

（2）定期检查加热系统的运行情况，每周要清除散热器、过滤网上的碎料、杂物、灰尘，特别是清理第二、三节上散热器，使散热器效率保持稳定。

（3）经常注意检查热风机运行情况，对风机传动带、轴承等要重点维护。因风机处于高温工作的状态，有时出现故障不易被察觉，出现严重磨损后会引起干燥效率明显下降，运行噪声也会明显增大，严重时风机叶轮与集风圈发生摩擦，容易引起机内火灾。在维护工作中还应注意热风机轴承所使用的润滑剂是耐高温的润滑脂，不可用普通牌号替代。

（4）干燥机内的网带托辊或输送对辊所使用的石墨轴承无需加油润滑，使用一段时间后，若有磨损，可使轴承转个角度继续使用，直至无法使用再更换。这种石墨轴承在初次使用一段时间后，用压缩空气吹去粉末，也可用酒精冲洗，可减少运行噪声。

（5）定期检查加注传动系统润滑油，始终保持传动系统处于良好的润滑状态。

（6）定期检查机架两端支承网带的辊筒平行度，以防止网带跑偏。与网带接触的所有部件若损坏，应及时修理、更换。网带调偏装置是非常重要的部件，直接影响网带正常可靠的工作，若有故障应立即检查修理，以延长网带的使用寿命。

（7）干燥机网带的修补：若网带的端头钢丝磨损，可换新的钢丝，但一次不要换太多；若有几个连接头损坏，可将损坏的节环重新封上，剪断缠绕的钢丝；如果网带破损长度在300mm以上，甚至达若干米，则需去除损坏部分，换上一段新网。这些局部修理可在机上进行，若损坏处太多，则要更换新的网带。

（8）定期检查干燥机内部的防锈、防腐油漆的损坏情况，如油漆剥落应及时修补。

（9）干燥机内要定期清扫，以避免碎杂物影响干燥机效率，甚至可能引起机械故障和火灾事故。一般规定如下：

干燥机底部及风道部分：前区每周清扫一次，后区每两周一次。

过滤网及加热系统：每2~3周清理一次。

（10）对干燥机的电控、温控及各种仪表也应定期检查维护，保证准确、可靠、安全。

（11）干燥机及配套机构所使用的压缩空气应保证质量，不应带有水分，否则机上的气动元件很容易因水分造成锈蚀而损坏或动作失灵，影响设备的正常运行。

3.4 常见故障与排除方法

干燥机常见故障与排除方法见表1-19。

表1-19 干燥机常见故障与排除方法

故障现象	造成的原因	排除方法
机内温度降低	1. 蒸汽压力降低或蒸汽含水量增多 2. 空气隔绝不严密，新鲜空气补充过多，排湿阀开度过大 3. 风机工作不正常或保温层损坏 4. 加热器性能下降或堵塞故障	1. 恢复正常汽压，检查加热系统，排放冷凝水。检修疏水器 2. 检查保温壁板、门等及各冷门的密闭性能，减小排湿阀门开度 3. 检修风机、修补保温层 4. 检查排除加热器堵塞，清除翅片处的木屑杂物
干燥风速变低	1. 风机运转不正常 2. 加热器堵塞 3. 喷箱、喷嘴堵塞	1. 检修风机使之恢复正常运转 2. 清除加热器上堵塞的木屑等杂物 3. 清除喷箱、喷嘴中的木屑等杂物
机内相对湿度过高	1. 机内空气温度下降 2. 排湿量不足（特别是进板端） 3. 机内蒸汽系统漏汽	1. 检查温度情况及机内部分状况 2. 开大排湿阀门 3. 检修蒸汽系统加热器及管道、密封等
网带跑偏	1. 导网装置失灵 2. 网带使用过久严重变形、磨损 3. 支承网带的前后两端辊筒不平行 4. 支承网带的托辊使用中发生移位或石墨轴承已磨损 5. 网带系统内有残留杂物	1. 检修导网装置 2. 更换新的合格网带 3. 检查并调整两端辊筒的平行度 4. 校正托辊位置，更换石墨轴承 5. 清除残留物
单板冷却不够	1. 冷却风机风量下降 2. 冷却风机进口温度高	1. 检修冷却段风机 2. 查明原因，降低空气进口温度
辊筒干燥机辊筒速度明显波动不稳	1. 传动机构故障 2. 传动链条或磨损 3. 辊筒及喷嘴等上下空间被碎片或杂物堵塞 4. 上下辊传动齿轮过度磨损	1. 检修传动机构 2. 调整或更换传动链条 3. 清理木屑、杂物 4. 更换上下传动齿轮副
干燥效率明显快速下降	1. 热风机转向反了 2. 风机传动带、轴承等故障 3. 蒸汽加热系统泄漏，使机内湿度增大 4. 疏水器不排水，使机内温度降低 5. 加热器过滤网堵塞严重	1. 检查风机转向，使之正常 2. 检查、调整传动带张紧度，正确调整轴承位置 3. 检修蒸汽系统管路 4. 检修疏水器 5. 清理加热过滤网杂物

4　单板干燥机节能的途径和措施

单板干燥机是胶合板生产中消耗能源最大的设备。因此减少单板干燥过程中热能和电能的消耗，是降低胶合板生产成本、节约能耗的关键。近年来，在单板干燥设备上为了节约能源进行了以下几方面的改进：

（1）采用椭圆形散热管、矩形套片式翅片散热器代替原有的圆形散热管。椭圆形套片式散热器，具有散热面积大、风阻力小、导热性能好等特点，大大节约了蒸汽的消耗量。

（2）采用带蜗壳的离心式风机代替原有的轴流式风机，具有风量大、风压高、功率小、效率高的特点。

（3）采用机内气流湿度自动控制系统，控制排湿管的排湿阀门开闭来代替人工控制排湿阀门的开闭。自动控制系统包括湿度传感器、信号放大器和反馈系统，使机内气流湿度自动控制在预定的范围内，因而可以避免排湿管的过量排放，从而减少了热能的消耗。

（4）设置单板终含水率的自动测量及自动显示系统，有效的控制产品质量和避免由于过分干燥而增加能量的消耗。该系统通过远红外线对单板进行扫描，把不同含水率的反射变成电信号，经过放大后用数码管将含水率的数值直接显示出来。

（5）用特殊结构的变截面喷箱代替目前使用的等截面喷箱，保证喷射气流高速、均匀的作用于单板表面。

任务实施

1　任务实施前的准备

（1）班级分组，每6~8人为一组。

（2）检查设备电气、蒸汽系统是否正常完好。

2　单板自然干燥

（1）选择地势高、平坦的场地。

（2）场地通风良好，四周能够排水。

（3）用木条搭成晾板架，单板侧面对着中午时的太阳方向，这样能提高单板干燥含水率的均匀性，见图1-53。

（4）根据单板干燥情况，要及时翻动单板。整张单板的晾晒，每两个晾晒架竿空隙之间最多只能晾晒两张单板，每天要翻转一次。

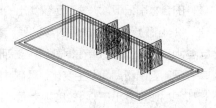

图1-53　单板自然干燥示意图

（5）碎单板为三级料的晾晒方法为平铺在地上，每天至少翻转一次。

（6）晾晒好的单板要捆成30张一捆，并整齐码放入库。

（7）需整平的单板不允许在库房长期存放，应在晾晒完的3天之内进行平整，以免发生霉变。

（8）单板晾晒的最终含水率标准为14%~18%（不需整平单板）、20%~30%（需整平的单板）。

3 干燥机操作规程

（1）开机操作

① 开机前应放尽加热系统内的冷凝水以利迅速升温，并防止水在系统内造成冲击和破坏。

② 根据单板干燥的工艺要求，设定适当的工作温度（调整合适的蒸汽压力），对干燥机进行供汽升温。为减少热源损失，在升温阶段可关闭机上的排湿阀门。

③ 为加快机内升温速度，可按顺序启动加热段风机。初次安装使用的机器，要注意检查风机的转动方向是否正确，传动带的张紧度是否合适。

④ 机内温度达到规定值后，可启动传动系统，按工艺要求，设定适当的工作速度，开始输送单板，进入正常的干燥工作状态，这时应注意调节好排湿阀门的开度大小，使机内保持理想的空气湿度。

⑤ 对于喷气式网带干燥机，在调整工作速度（即网带运行速度）时应注意尽量缓慢，以减少或防止网带的运行跑偏，对初次安装投入使用的干燥机，网带运行后要注意检查网带自动调偏装置是否正常发挥作用，以防跑偏造成不必要的损失。

（2）常规操作

① 在正常干燥作业过程中应尽量避免大幅度改变工作速度。

② 对网带式干燥机要注意调节前后网带的差速，减少单板在干燥过程中的变形开裂，要正确调节与干燥机相配的进、出料装置位置与速度，使整个生产线工作协调一致。

③ 若使用辊筒式干燥机，应注意单板相互重叠送入机内，防止发生堵板或跑偏故障。

④ 注意监测单板终含水率的变化情况，合理调整工作速度。

（3）停机操作

① 逐渐放慢进料工作速度，关掉传动电动机，然后关闭热风机，再停冷却风机。注意不要将单板留在机内。

② 关闭加热系统阀门，打开旁通阀门排除冷凝水。

4 单板终含水率检验

（1）取样和试件制作　从每张样本的两端和中部各取试件一片，试件总质量不小于 20 g。

（2）含水率测定　采用不同方法，分别测定每片试件的含水率。

① 用电阻测湿仪测定试件的含水率　将水分测定仪的钢针插入单板试件内，从显示器上直接读出试件的含水率记下。水分测定仪测出的通常为相对含水率，要换算成绝对含水率并记下，精确至 0.1%。

② 用干燥法测定试件的含水率　参照 GB/T 17657—1999 中"4.3 含水率的测定方法"进行。测定含水率时，试件初重在锯割后应立即进行称量，精确至 0.01g。如果不能立即称重，应避免试件含水率在锯割到衡量期间发生变化。再在温度为 103℃±2℃条件下干燥至质量恒定（前后相隔 6h，两次称量所得的质量差小于 0.1%即视为质量恒定），干燥后的试件应立即置于干燥器内冷却，防止从空气中吸收水分，冷却后称量，精确至 0.01g。试件的含水率按下式计算，精确至 0.1%：

$$H=\frac{m_u-m_0}{m_0}\times100$$

式中：H——试件的含水率（%）;

m_u——试件干燥前的质量（g）;

m_0——试件干燥后的质量（g）。

③ 计算每张样本的含水率　分别计算上述两种测定方法下三块试件的含水率的算术平均值,作为单板样本的含水率,精确至 0.1%。并对两种方法测定的结果进行比较。

■ **拓展训练**

对桦木单板进行干燥,分析两个不同树种干燥后的差别,其中包括单板干燥时间、单板干燥后的平整度、单板干燥后的含水率的分布。

任务 1.7　单板剪切与整修

工作任务
----

1. 任务书
对已干燥的桃花心木单板进行分选和整修。

2. 任务要求
(1) 对干燥单板进行剪切。
(2) 按照国家标准对干单板进行分选。
(3) 对缺陷单板进行修理和修补。
(4) 对窄长单板进行拼接和接长。
(5) 对波浪边单板进行整平处理。
(6) 各组交替按照国家标准,对其他组进行分选和整修的质量进行检验,并分析问题原因,提出改进措施。
(7) 对分选的单板进行配套。

3. 任务分析
单板分选是按照国家标准、订单和工艺要求将单板按等级进行分选,一方面是充分利用单板的价值,另一方面也能控制原料成本,保证胶压等后续工序的质量。

单板整修是将有缺陷的单板通过整理和拼接,制作成符合生产要求的单板的过程,它包括单板分选、单板修补和单板拼接工序。

配套是按照工艺设计要求将每张板所需要的单板按套摆放,摆放时一套一错位,方便涂胶组坯时拿取,避免拿错。

要完成本任务,首先要掌握单板分等标准,掌握单板修补和拼接的方法和要领,整理后的单板尺寸要符合工艺要求,做好齐边、齐头的摆放方向,还要注意单板的松紧面不能随意颠倒,修补单板的补片厚度、颜色要与单板一致。

4. 材料、工具、设备
(1) 原料:8′旋机旋切的桃花心木单板、胶纸带、异氰酸酯胶、酚醛树脂胶、热熔胶。
(2) 设备:剪板机、单板整平热压机、挖孔机、缝拼机、端拼机、单板(薄木)指接机、手工挖孔机。
(3) 工具:千分尺、钢卷尺、壁纸刀。

1. 单板为什么要分选？根据什么进行分选？
2. 单板整修包括哪些内容？
3. 单板贮存应注意哪些事项？
4. 影响单板质量的缺陷主要有哪些方面？
5. 单板修补的原则是什么？如何进行修补？
6. 单板胶拼有几种方式？如何进行胶拼？
7. 单板整平的作用是什么？通常采用什么方式进行单板整平？
8. 试述板端部产生裂缝的原因及修补方法。
9. 建立单板仓库的作用是什么？
10. 通常采用什么方式进行单板仓库管理？
11. 试述纵向纸带式胶拼机的工作顺序。
12. 实行芯板整张工艺有何意义？其工艺措施有哪些？

相关知识

1 单板剪切

1.1 单板剪切工艺

单板剪切就是根据胶合板的规格和质量要求，将单板剪裁成一定宽度的整幅单板和窄长单板的过程。

单板剪裁与干燥工序的配置，有先剪后干工艺，也有先干后剪工艺。

根据所用单板干燥设备的不同，有的单板剪裁工序放在单板干燥以前，也有的放在干燥以后。如用一般的辊筒或网带式干燥机，单板都要剪成一张一张后再干燥，因此，要先剪后干。喷气网带式连续干燥机能干燥连续的单板带，所以是先干后剪。

无论是先剪后干，还是先干后剪，单板剪裁时都要做到剪裁后的单板尺寸符合规定要求，四边互成直角，切口整齐干净，要剪去腐朽、大节疤、裂口等不符合质量标准要求的材质缺陷和厚度不均、边缘撕裂不齐等工艺缺陷部分。同时，含水率或材质差异大的湿单板应将其分类，然后选择适宜的干燥基准进行干燥。旋切针叶材单板时，须把边材单板和心材单板分开；旋切桦木单板时，要将假心材单板分出来。

单板剪裁时要贯彻多出优等、一等整幅板，多出优等、一等拼缝板和整幅挖补板的原则。根据面板、背板、芯板三板平衡情况，对经过修补后可以达到面板或背板标准的应剪成整幅单板；修补后仍达不到面板标准的，可剔除个别缺陷，剪成长条单板后再胶拼成面板使用；芯板应尽可能剪成整幅板，对整幅芯板上的孔洞等缺陷可进行挖补加工，以提高出材率。

先干后剪和先剪后干，不仅仅是干燥和剪裁位置调换的问题，在剪裁工序的要求上也有区别。

（1）先剪后干　剪板机剪的是湿单板。湿单板的顺纤维方向尺寸是旋切木段的加工长度，单板厚度在旋切前已根据胶合板厚度和干缩、压缩余量、加工余量确定好了；横纤维方向尺寸按胶合板规格和质量标准，预留单板干缩余量和加工余量，将单板带剪成整幅单板和窄长单板。其中整幅单板的剪切宽度应为

$$B=b+\Delta_0+\Delta_g$$

式中：B——整幅湿单板的剪切宽度（mm）；

b——成品胶合板的宽度（mm）；

Δ_0——胶合板的裁边余量（mm）；

Δ_g——单板的干缩余量（mm）。

胶合板的裁边余量一般为 50mm，单板干缩余量一般为单板宽度的 5%～10%。湿单板常见规格整幅板和窄长单板（拼缝板）剪切尺寸见表 1-20、表 1-21。

表 1-20　整幅湿单板剪切尺寸　　　　　　　　　　　　　　　　　　mm

干单板宽度	湿单板宽度					
	椴木	桦木	水曲柳	松木	柳桉（红、白）	柳桉（淡黄）
965	1030	1030	1040	1030	1040	1030
1270	1360	1360	1370	1360	1370	1360
1575	1670	1670	1685	1670	—	—

注：① 大花水曲柳单板宽度应增加 5%；

　　② 公差为＋10mm。

表 1-21　湿椴木拼缝板剪切尺寸（包括干缩余量和齐边加工余量）　　　mm

胶合板成品宽度	一道缝板	二道缝板	三道缝板
915	1070～1080	1120～1140	1190～1210
1220	1400～1410	1460～1480	1510～1530
1525	1710～1720	1760～1780	1820～1840

注：① 水曲柳单板尺寸应增加 20mm；

　　② 其他针、阔叶材树种单板根据干缩率大小对照椴木单板尺寸进行增减；

　　③ 每增加一道缝，拼板宽度一般增加 40mm 的齐边加工余量。

湿长条单板经干燥后，由于收缩不均匀，易出现毛边，要刨齐后才能胶拼。因此在剪裁时可以保留边部宽度 1cm 以内的缺陷，这些缺陷在齐边时被切掉。

湿单板剪裁时，应将需要修补和胶拼的整张板和单板条单独分选出来，以利于下一工序加工。但所判断的单板等级不能作为以后生产的等级依据，因为湿单板干燥时，会因产生裂口而降等，干燥后有再次剪裁的可能。

（2）先干后剪　剪板机剪的是干单板，剪裁时不用考虑干缩余量，只考虑裁边加工余量即可，剪出的长条单板也不用齐边就可以直接进行胶拼。并且，剪裁时的单板等级就是以后贮存和配坯时的依据。

1.2　单板剪切设备

剪板设备类型较多。剪裁碎单板和长单板时，常用结构简单的手工或脚踏剪板机；剪切单板带时，可用机械式剪板机或气动式剪板机。

（1）机械传动剪板机　图1-54所示为一种机械传动剪板机。它由机架、固定直尺、刀架和偏心轮传动机构等组成。由电动机带动偏心轮传动机构运动，可使回转运动变为刀架的上下往复运动。剪切单板时，踩动踏板，通过离合装置使刀架与偏心轮传动机构联结，刀架做上下往复运动，完成单板剪切过程。

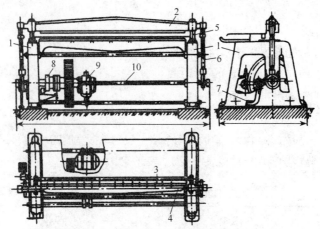

图1-54　机械传动剪板机

1. 机架　2. 刀架　3. 固定直尺　4. 剪切刀　5. 垂直联结杆　6. 偏心传动杆（曲柄连杆）
7. 脚踏板　8. 离合器　9. 电动机　10. 主轴

剪切刀的研磨角为25°～30°。剪切刀必须与直尺完全平行并贴紧，剪裁刀不锋利或直尺边缘磨钝，会使剪出的单板出现毛边，因此剪裁刀和直尺要定期研磨。这种剪板机效率低，剪切时单板要停止进给，一台旋切机要配合3~4台这类剪板机。

（2）气动剪板机　气动式剪板机由机架、气压传动部分和机械传动部分组成（图1-55）。它的主要装置是由气压带动刀头部分。

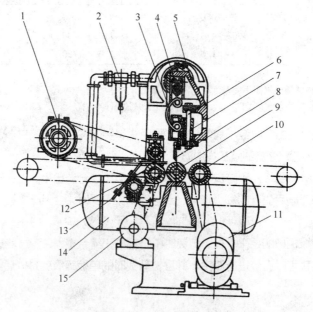

图1-55　气动剪板机

1. 进料压轮　2. 气压系统　3. 提升曲臂　4. 转动主轴　5. 机架　6. 导轴　7. 导轴轴套　8. 剪刀
9. 砧辊　10. 出料辊　11. 出料辊电动机　12. 进料辊　13. 托板架　14. 贮气筒　15. 进料辊电动机

气动式剪板机的转动主轴与支承轴联成一体，曲臂的上端与支轴滑动联结，下端与刀头支轴也是滑动联结。刀头和导轴轴套联成一体，当曲臂上端做左右摆动时，刀头沿着导轴做上下运动。不剪板时转动主轴偏向一边，曲臂被提升，剪切刀也离开砧辊升起。单板带进入输送带和进料压轮，再经进料辊进入砧辊后，可根据单板质量和尺寸的要求，及时按动气门剪切。对于等规格剪切，则可将限位开关安装在一定尺寸处，使气门自动打开。这时压缩空气进入气动头，推动滑阀转动，使偏向一边的转动主轴偏向另一边，曲臂上端也随着偏向另一边，剪切刀处于提升状态；往另一边摆动时，剪切刀经过最低点剪断单板，然后再回复到提升状态。也就是说，气动头进入一次压缩空气，剪切刀从提升状态下降，完成一次剪板动作，然后又提升复位。

气动剪板机剪切速度很快，剪板时单板带仍做进给运动，剪好的单板由专用电动机带动的出料辊送出，出料辊的速度比进料辊的速度约快一倍。一般在喷气网带式单板干燥机的每一层后面配置一台气动式剪板机。

2 单板分选与整修

干燥后的单板要按不同种类和不同等级分选，对有缺陷的整幅单板进行修补，对长条单板进行拼接，然后送入单板仓库贮存和调配。

2.1 单板分选与整修

（1）单板分选　干单板中的整幅单板应按材质标准和加工质量加以挑选，逐张检验，分等堆放。同时将那些需要修补和胶拼的整张板和板条分别选出，以便进一步加工。目前单板分选有手工和机械两种方法。

先剪后干的窄长单板，在分选时要注意原棵搭配，以求在胶拼成整幅单板后各板条间纹理相似，色泽相近，这就要求在剪板和干燥时就按要求原棵堆放。这种单板要再经齐边后才能胶拼。先干后剪的窄长单板，只要在剪板后按顺序堆放即可，不用齐边工序，可直接送去胶拼。

在可能的条件下，应力求减少单板的翻动和搬运，以避免可能产生的缺陷，分选最好在干燥后立即进行。分选时，除按长、宽、厚尺寸及树种分别进行分选和堆放外，还应根据材质和加工质量，将单板分选成各等级的面板和背板。

（2）单板修补　干燥后的单板有相当一部分带有材质和加工缺陷，如节子、虫眼、裂缝等。有许多缺陷经过修补后使用，可提高单板等级。有些单板损伤比较严重，虽经修补也不能提高单板的等级，应该将缺陷去掉，缩小单板的规格或改作芯板。

单板修补可分为修理和挖补两种工序。

单板修理用于原木以及在生产过程中给单板造成的小裂缝，用胶纸带使裂缝拼合。主要是对用作表板的裂缝进行修理，也用于胶拼中未拼牢的部分、冲孔补片中补片的固定等。对于用作芯板的单板，有些小裂缝不会影响胶合板质量，可不必修理。单板修理由人工将裂缝外口拼严，在外口的横向粘一短条胶纸带，用烙铁熨平胶牢，然后顺裂缝全长粘贴胶纸带。胶纸带应粘贴在单板正面，以便在胶合板表面加工时除去。如用穿孔胶纸带也可贴在单板的反面。用胶纸带修理裂缝和裂口可以减少叠芯和离缝的产生。

单板挖补主要是将单板上的死节、虫孔、小洞等超过允许范围的缺陷用挖孔机挖去，再在孔眼处贴补片，单板的挖补有冲孔和挖孔两种。

冲孔是用冲刀冲去单板上的缺陷。冲刀有圆形、棱形、椭圆形和船形等。圆形冲刀的制造和研磨都很方便，但在单板横纹方向不易切齐，孔的边缘容易破碎，镶进去的补片不紧。椭圆形和船形较好，但冲刀的制造与研磨困难，多用于表板的冲孔。冲孔的长径应与单板的纤维方向一致，补片的木色与纹理也应尽可能与单板一致。表板上的补片可以不用胶，直接镶到补孔中去，为使其牢固结合，补片的含水率应为 4%~5%，尺寸应比补孔大 0.1~0.2mm，也可用胶纸带粘住补片。冲切补片用的窄单板最好保存在干燥箱内。

挖孔是用弯成圆形的锯片或作圆周运动的小刀在单板上成圆形地挖去缺陷，芯板可用这种方法。补片尺寸和补孔尺寸一样，然后用手工在补片周边涂胶，镶入补孔，用烙铁熨平粘牢。

单板挖补有手工挖补、机械挖手工补和机械挖补三种方法。

手工挖补是用一种专门的冲刀冲孔并镶入补片。机械挖补是采用挖补机，它可以将冲孔、冲补片和镶补片三个动作按顺序连续完成。

（3）单板拼接　单板拼接是将窄长单板变成整幅单板或将短单板胶接成长单板的操作过程。单板拼接可分为两个部分，第一是单板齐边，使单板边缘平直；第二是按要求的宽度将窄长单板拼接成整张单板。

先干后剪的单板，在胶拼前不必齐边。而先剪后干的单板，在胶拼前必须齐边。齐边可用小圆锯、刨边机和切边机，常用的设备是刨边机和切边机。

刨边机的切削部分有两个刨刀头：一个粗刨，一个精刨，窄长单板成叠地放在工作台上，用压板压紧单板，然后由刨刀头一次将板边刨齐。也有的在刨刀头后面装一涂胶辊，在精刨刀头通过后，立即在板边上涂胶，以便在纵向无带胶拼机上进行胶拼。

单板切边机和大型切纸机相仿，单板也是成叠地放在工作台上，用压板压紧后，切刀将板边切齐。这种设备生产效率高，切边质量也好。

窄长单板齐边后，还要将窄长单板按整幅单板的宽度配好，以提高拼接生产效率。拼接时要注意单板的正反两个面不可颠倒，不同树种、不同厚度的单板不能拼接。

单板拼接的设备主要有胶拼机、缝拼机和端拼机。目前国内主要使用胶拼机。

① 胶拼机　胶拼机种类较多，按单板进料方向可分为纵拼机和横拼机。单板进板方向和纤维方向相同的为纵拼，单板进板方向和纤维方向垂直的为横拼。这两种胶拼方式按上胶的方式又可分为有带式胶拼机和无带式胶拼机。有带式胶拼机的胶带可以是无孔胶纸带、有孔胶纸带和热熔胶线。目前工厂使用的胶拼机主要有：纵向纸带式胶拼机、横向纸带式胶拼机、纵向无带式拼缝机及横向无带式胶拼机等。

图 1-56 所示为纵向纸带式胶拼机，主要用于面板胶拼。胶拼时将两块长单板的拼缝面靠紧，在进料辊的作用下进入胶拼机，加热辊将湿润过的胶纸带压在单板的拼缝处把纸带和单板拼在一起。加热辊用电加热，温度 70~80℃。胶纸带是涂有动物蛋白的牛皮纸，胶内加有甘油，可防止胶层发脆。

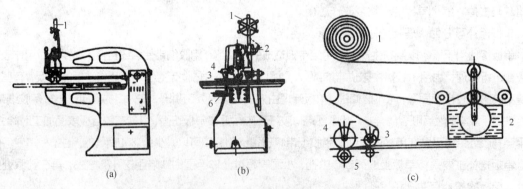

图 1-56　纵向纸带式胶拼机示意图

（a）侧面图　（b）立面图　（c）剖面图

1. 胶纸带　2. 水槽　3. 进料辊　4. 电加热辊　5. 挤紧锥形辊　6. 控制加热辊温度的变压器

横向纸带式胶拼机，主要用于中板拼接。图 1-57 为横向纸带式胶拼机的主要机构示意图。单板横向进入胶拼机，由一排厚度检查辊检查单板厚度和毛边。只有在所有检查辊下单板达到同一厚度时，才能推动微动开头，由凸轮机构控制剪切刀在测定的位置剪切。剪切刀下是砧辊，剪切单板时剪切刀就切在砧辊上。砧辊还有进料作用，在剪切刀工作时，砧辊停止转动。用废单板排除器排除废板边。当下一张单板条剪切时，前一张单板条由平行进料辊和单板夹转器夹住抬起。下一张单板条剪掉不齐的板边并排除板边后，前面一张抬起的单板条被放下，两块单板条的接缝严密拼在一起。这时压尺带着胶带压在接缝上，使接缝牢固拼在一起。胶带是涂有压敏

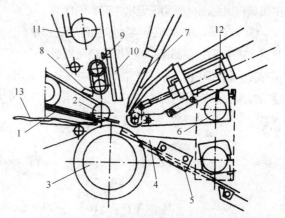

图 1-57　纸带式横向胶拼机主要机构示意图

1. 输送单板的传送带　2. 厚度检查辊　3. 砧辊　4. 单板夹转器
5. 废单板排除器　6. 侧面胶辊　7. 剪切刀　8. 吹胶带喷嘴
9. 胶带引出辊　10. 压胶带的压尺　11. 胶带
12. 侧面胶带　13. 胶拼的单板条

胶的牛皮纸，胶合时只加压便可粘住。胶带装在压尺上，靠压缩空气进给。在压尺的前端有一微突的刀口，用于切断胶纸带。胶结纸带有数盘，其数量可按需要调整，胶粘时在一条拼缝上可贴数小段胶带。

图 1-58 所示为纵向无带式胶拼机，可用于背板胶拼。它主要由上胶机构、加热机构和进料机构组成。胶拼时两块长单板通过定向尺、导入辊进入胶拼机，先由涂胶辊上胶，继而在履带带动前进的同时，由电加热板加热，将单板胶拼在一起。

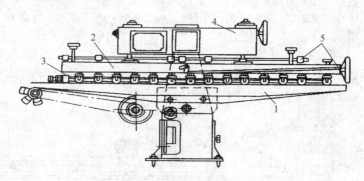

图 1-58　纵向无带式胶拼机示意图

1. 固定的工作台　2. 可移动横梁　3. 压紧辊　4. 垂直调节机构　5. 调整压紧辊机构

横向无带式胶拼机只能拼厚度在 1.8mm 以上的单板，拼出的单板带易成扇形，因此它的应用受到很大限制，在此不作介绍。

② 缝拼机　分为纵向缝拼机和横向缝拼机。纵向缝拼机类似缝衣服的缝纫机，但是它只是上面有热熔胶线，下面没有线，热熔胶线在单板上面熔化时将单板黏合在一起，热熔胶线黏合轨迹呈之字形，拼缝操作时单板沿纤维方向运行。严格意义上说，纵向缝拼机更接近纵向无带胶拼机。横向缝拼机由进料、单板挤紧、缝合、定规格剪切和机械堆放等部分组成，它是利用若干个缝纫机头，将横向进给的单板在垂直于纤维方向上缝上 5~8 条直径为 0.2~0.25mm 的尼龙或聚酯单线，将单板条缝合成带状单板，再剪切成整幅单板。对于厚度为 3mm 以上的单板，需在缝线时先打孔，打孔与缝线动作由同一机头连续进行。由于采用了缝纫的原理而非胶接，横向缝拼机还可以将湿单板横拼。湿单板拼接比干单板

拼接具有提高出材率和干燥机生产率的优点。

③ 端拼机　端拼机是将短单板胶接成长单板的设备，它对于利用短木段生产大幅面胶合板有重要意义。端拼机由单板端头斜锯机和热压机组成。短单板端头先经过斜锯机锯成斜面并涂上胶，然后互相搭接在一起，再由热压机使胶缝固化并按规格剪切。图 1-59 和图 1-60 分别为斜锯机和热压机工作原理示意图。近年出现改进型端拼机，采用砂带磨削加工单板端头的斜面，更利于斜面的加工。

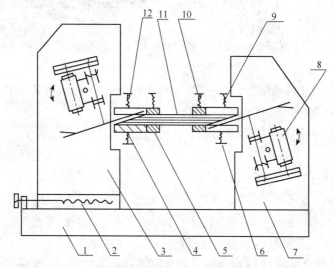

图 1-59　单板斜面锯铣机工作示意图

1. 底座　2. 移动机架驱动装置　3. 移动机架　4. 下支承板　5. 下履带　6. 下压板
7. 固定机架　8. 斜铣锯　9. 上支承板　10. 上压带　11. 单板　12. 上压板

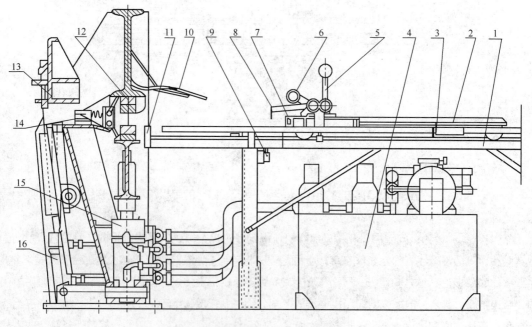

1-60　斜面搭接压机的结构示意图

1. 送料机架　2. 送料小车　3. 导向凸轮　4. 液压系统　5. 压板轴手柄　6. 导轮　7. 挡板　8、11. 挡块
9. 行程开关　10. 导杆　12. 热压机　13. 剪切刀　14. 推料器　15. 压机油缸　16. 剪切刀油缸

④ 指接机　单板指接机是近些年出现的另一种将单板接长的设备。该机有一组合式的"W"形刀头，在工作台面上装有相应形状的底刀，工作台分为装有底刀的固定台和可移动的进给台，在固定台和进给台之间装有锥形定位器，进给台因有弹性脚轮，通过上下左右位移，实现准确定位；利用该机，将小片单板剪切成指形榫，结合起来，增加了单板之间的线接触长度，成为大幅面胶合板用的单板，既可做中板、芯板，也可做特殊的表板，提高了木材的利用率，降低了生产成本。如图 1-61 所示，接好的单板以指形榫拼接，接缝严密，可减少产品叠芯离缝缺陷，且不同树种的碎小单板可以拼接在同一幅面的单板中。

图 1-61　单板指接

类似的，对于薄木亦有相应的指接设备。该机主要用于将干燥后的薄木以不平衡指形齿纵向接长（图 1-62）。经该机指接过的薄木接口与木材纹理极其相近，在材质色泽一致的情况下，用肉眼很难分辨接口痕迹，真正达到了即平整又不透光的要求。该机自动化程度较高，全部采用 PLC 可编程控制器控制，带有温度及位置检测，可一人操作，完成一个接口所需时间为 10~12s。

图 1-62　薄木指接

修补和胶拼在目前生产中劳动量很大。在符合国家标准的条件下，提高这一部分劳动生产率的途径有三：以满足面板数量为前提，尽可能多出整张板，中板更应该多出整张板，增加修补量，减少胶拼量；各前面的工序注意不造成加工质量的下降；提高修补孔洞、纵向胶拼和横向胶拼设备的生产能力。

（3）单板整平

旋切后的单板在干燥过程中，边缘部分比中间部分水分蒸发得快，而且边缘部分的干缩又受到中间部分的限制，因此，边部容易产生波浪形，致使单板涂胶不均匀，并且给组坯带来困难。这不仅影响了产品质量，而且会增加劳动强度，降低生产效率，因此需对单板整平。尤其对黑杨类单板，整平更是一个重要的生产工序。

使木材纤维间的结合机械地分离，以减小单板产生变形或波浪状的应力，称为整平。经过整平的单板涂胶均匀，热压效果好，无叠芯离缝现象。通常整平的方法，为单板的两面与纤维平行的方向每隔一定的间距切进一条一定深度的"切缝"，"切缝"的间距越小、深度越深，整平的效果越好。另外，用橡胶辊压轧单板的两面产生小的裂缝也有整平的效果。整平还具有减少单板干缩率的效果。

用具有齿状圆盘的外驱动式旋切机旋切单板时，可使单板上带有一定的"切缝"，这样也有整平的效果。

目前国内中小型企业多使用小型热压机热压多层单板以达到单板整平的效果，热压整平机不仅可使单板整平，而且可降低单板含水率。

2.2　芯板整张化工艺

芯板整张化是消除胶合板叠芯离缝缺陷，实现胶合板生产机械化、工艺连续化的必要前提。

目前，总的说来将碎单板整张化的生产工艺还不尽如人意。因此，在工艺上要采取如下措施：提高木段定中心准确度，减少旋切外圆零碎片数量；简化工艺工序，减少单板的人工移动，尽量减少碎片的产生；以补代拼，多生产补节整张芯板，以减少单板整张化生产时的工作量。此外，还应提高芯板旋切质量，消除单板松紧边，为芯板整张生产工艺提供方便。

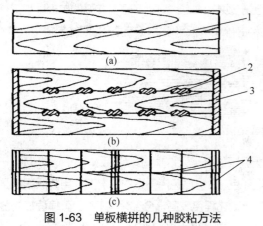

图 1-63　单板横拼的几种胶粘方法

（a）侧边胶拼法　（b）板面局部胶粘带拼接法
（c）板面（上下）用带胶纤维线拼接
1. 涂胶胶拼线　2. 粘贴纸带　3. 粘纸带　4. 粘贴胶纤维线

碎单板整张化生产工艺主要是用横拼胶粘的方法，此法有三种（图 1-63）：侧边胶拼法，通常使用脲醛树脂胶、酚醛树脂胶、聚醋酸乙烯酯乳液胶或热熔树脂；板面局部胶粘带拼接法，用压敏胶粘纸带；板面用带胶纤维线拼接法，用热熔性树脂如聚乙烯-醋酸乙烯共聚物等。侧边胶拼法胶拼质量好，但要求单板平整，板边齐直，合缝密合，如有"月牙边"就不易拼牢；后两种方法对单板合缝要求略低于前一种，但胶黏剂成本高于侧边拼胶法。从生产效率来看，用带胶纤维线拼接法高于其他两种。

单板拼装设备为单板横拼机，有间歇式和连续式两种。

连续式横拼机就是单板在运输过程中合缝和胶拼，如单板在窄的钢履带下输送并进行加热胶拼，或采用带玻璃纤维线在上下两面胶粘；间歇式横拼机是单板在缝合后即停止进料，以便进行加热胶拼或板面用压敏胶粘纸带胶粘。

针对三种情况的芯板整张化生产工艺流程见图 1-64。

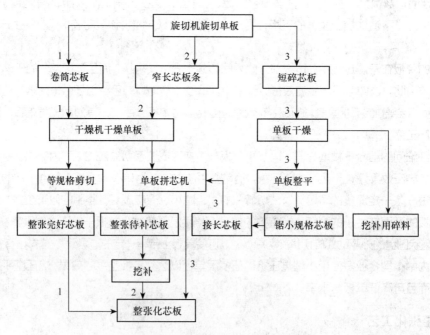

图 1-64　芯板整张化生产工艺流程图

2.3 单板贮存

胶合板生产中单板的数量大、种类多。为了提高胶合板的质量，实现各工序的均衡生产，建立能贮存一定数量的单板仓库，对单板进行有效的管理是非常必要的。

单板仓库的作用，首先是作为单板质量和数量的验收处。弄清入库单板的规格、数量、质量，是掌握生产动态的一个重要手段。可根据生产计划和库内能配套的单板数量，下达各工序的生产任务。其次是保证胶合板的面、背板配套。胶合板必须严格按照国家标准规定的面、背板等级组坯，只有有一定数量的储备后，才有可能组织配套，避免高等低配，有利于获得好的经济效益和提高胶合板的等级率。

在生产过程中，单板仓库还起缓冲作用。单板仓库有一定的贮存定额。如果某一工序由于某种原因造成局部不平衡，这时可动用库存量来平衡生产，保证生产不停顿。

单板仓库还能提供单板消耗和降等情况。从单板仓库的帐目中，可以清楚看出各工序消耗木材的数量和产品降等的情况，从而为节约木材、提高产品质量提出有效措施。

单板贮存的定额，应以能保证车间正常生产为准。贮存量过大，积压资金；过小则仓库周转失灵。一般情况下，单板贮存量为 3~5 天（即 6~10 个班）的需要量。当然由于树种、胶合板层数及生产条件不同，单板贮存定额可以适当调整。

建立单板仓库后，还必须进行科学管理，才能发挥它应有的作用。一般对仓库管理工作要求如下：

（1）建立单板仓库的台帐　应分别按单板的树种、尺寸、等级等项目，建立进出板的台账。

（2）建立单板收发责任制　应使台帐上的每种单板出库后的每一工序都有专人负责，以便于生产调度。

（3）妥善保管单板　应在单板仓库内作好规划，按树种、规格和等级分别进行堆放。保存中应遵循"先来先用，后来后用"的原则，防止只用运输方便的单板垛，使其他单板垛堆放太久而变质降等。

任务实施

----

1 任务实施前的准备

（1）班级分成小组，每 6~8 人为一组。

（2）检查机器设备是否正常。

2 单板剪切操作规程

（1）剪切刀研磨角：23°~25°，刀口必须锋利，板边要齐直。

（2）单板宽度 1.29~1.30m，不能低于 1.28m，不能超过 1.31m。

（3）正常长度 2.515m，特殊情况下不低于 2.50m。

（4）单板带必须单张剪切，相邻边要相互垂直，对角线差不超过 20mm，抽查烘干后单板对角线差，必须在 15mm 之内。

（5）抽查厚度误差在 ±0.01mm。

3 单板分选

3.1 手工分选

手工分选单板有三种方法：在单独场地分选；在干燥机旁直接分选；在与干燥机呈 90°安装的带式输送机上分选。

（1）在单独场地分选　包括下列工艺和运输工序：把从干燥机出来的单板堆成板垛；将堆好的板垛运到分选场地；确定单板等级；将单板搬放到该等级堆板台上。这种方案需要最小的生产面积，能够达到最大的劳动生产率，但是由于多次搬动，单板会降低质量。在生产场地不足的情况下可选择该方案。

（2）在干燥机旁分选单板　包括下列工艺和运输工序：把由干燥机出来的单板堆放在接板台上；确定单板等级；将单板送到该等级单板堆板台上。这种方案需要增加生产面积，因为在每台干燥机旁要布置必要数量堆板台。但是，由于减少了单板搬动次数，不会发生由于单板可能损坏造成的质量等级降低。

（3）在带式输送机上分选单板　由下列工艺和运输工序组成：将单板放到分配输送机上；确定单板等级；把单板运输到指定等级堆板处；把单板从分配输送机上移放到相应等级单板堆板台上。分配输送机速度为 8~12m/min。这种方案改善了劳动条件，使单板搬动次数降低到最低限度，但是需要的生产面积大大增加，设备投资和故障率亦随之增加。

分选场地应该设置许多堆板台，堆板台在地面上的高度不小于 200mm。堆板台尺寸应与分选的单板尺寸相一致。在堆板台上铺一张厚度 10~12mm 胶合板为垫板，供堆放单板和运输单板之用。板垛高度不大于 800mm，每一堆板台必须附有卡片，注明单板用途、等级和厚度。

一块分选场地上堆板台的数量，取决于工厂产品的品种。不计未分选单板的堆板台，分选场地上堆板台的最大数量为 12 个，一般为 5~8 个。对堆板台的布置应特别注意，应把单板数量最小的等级安排在距离工作地点最远的堆板台。

一块分选场地的环境卫生、室内的温湿度要求非常重要，因为空气的温湿度直接影响单板的含水率。在一个湿度较大的空间内分选单板，单板含水率可升高 2~5 个百分点，致使单板不符合下一道加工工艺的要求。一般要求单板分选场地卫生清洁，搬运道路畅通、方便。工作地点要求室内明亮。对分选场地和单板库工作区的空气要求：一般情况下，在寒冷季节，空气温度应为 15~21℃，空气相对湿度不大于 70%，空气流动速度为 0.4m/s；在炎热季节，空气温度不高于 28℃，空气相对湿度不大于 75%，空气流动速度为 0.3~0.7m/s。为均衡含水率和温度，分选后的单板应密堆存放不少于 24h。

3.2 机械化分选

干单板机械化分选是用机械的方法将单板分选后送到指定的等级区，并将其堆放在堆板台上。

4 单板修补

单板修补是用挖孔机、手工挖孔机或壁纸刀将单板上有缺陷的部位修割掉，用带孔的胶纸带将补片粘牢，提高单板等级；短尺的单板或窄单板通过修补可以变成规格的单板，修补好的单板要有一个齐边和一个齐头，规格都一致或在公差允许范围内，便于下一工序拼接。下述口诀可帮助掌握单板修补要点：

单板修补要求（口诀）

齐边齐头无菱形，　　　　三毫缝隙要粘牢，

厚度一致色相近，　　　　廿厘长缝胶带粘，

弧形边头要切齐，　　　　45°胶带斜角贴，

尺寸公差±1（cm）。　　　胶纸粘牢无叠离。

夹皮死节要挖补，　　　　芯板接缝斜粘胶，

船形补片要顺纹，　　　　两端双绞中间少，

虫孔密集挖大片，　　　　船形补片两头胶，

边头八厘孔挖补。　　　　中间还要补两道。

需要修补的单板摆放在整理平台上，要找一个齐边和齐头与案板的齐边齐头相对，根据单板修补口诀进行修补。根据规格修补好的单板，长度和宽度误差为±10mm，夹皮和严重的厚、薄芯都要挖补，虫孔密集处要挖大片，缺陷在单板中间部位要挖船形补片，缺陷在边部或端头，要挖三角形补片。边部80mm 内的死节、孔洞需要挖补，中间部位的死节可填补。

死节、孔洞≥30mm 的要挖补，5～30mm 的可填补，≤5mm 的不补；开口裂缝宽≥4mm、长≥200mm 的要用胶带粘牢。补片颜色、厚度及纹理应一致，胶带要 45° 斜贴，每个胶带长不能多于 5 个胶带孔。补片不允许重叠和离缝。

短尺单板可以从对角线方向斜切，对成规格长度，用胶带粘牢，将两端多出小三角单板切掉，边部再加补条，补成长度和宽度都达到规格的单板，如图 1-65 所示。窄尺单板直接加补条补成规格宽度。面、底板修补严于芯板修补。

胶纸带分有孔和无孔两种，有孔胶纸带可以用于芯板的修补，但是由于胶纸带的胶黏剂多数不耐水，因此应该使胶纸带尽量不要进入胶层。胶纸带使用时

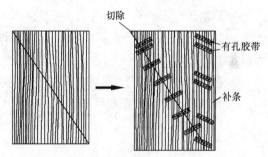

图 1-65　短尺单板斜切

要用水湿润一段时间，待胶有黏性后再使用，用两块海绵或一个海绵中间切一个口放在一个盒中，内装水使海绵完全湿润，胶带通过两海绵中间或通过一个海绵的切口处。每次揪下一段胶带后再拽出一段胶带，使之湿润。冬季要用温热水湿润胶带，否则胶带无黏性。

5 单板拼接

拼接是将修补好的单板按照成品板的规格要求拼接成整幅单板的生产过程，一般是拼接成1220mm×2440mm 规格产品的毛坯板的规格，就是在成品板的规格尺寸上，宽度方向留出 30～50mm 的加工余量，长度方向留出 50～80mm 的加工余量。

拼接方法有：胶纸带粘接法、斜磨接长法、指接接长法和缝拼法，前三种方法是长度方向拼接，后一种方法是宽度方向拼接。

（1）胶纸带粘接法　根据修补好的单板规格确定拼接的单板张数，如果用 1270mm×640mm 的单板，需要将四张单板拼接成一整张，如果采用 1270mm×840mm 的单板，需要用三张单板拼接。将单板摆好位置后用水胶带粘好，注意齐边和齐头的摆放位置。

基材的面、底板拼接好后可以直接配套，按配套要求一套一错位摆放。

（2）斜磨接长法

① 斜磨 斜磨时注意单板的松紧面不要随意颠倒，单板进料时要垂直于进料带，不能歪斜，更不能重叠进料，进料速度不能过快，以免将单板磨坏。

如果是两张单板拼接，一张磨口在正面，另一张磨口在背面，如果是连接连断工艺，一张单板两端都要磨斜面，一端在正面，另一端在背面。

② 涂胶 将每张单板错位一个斜磨面依次摆放，用调好的胶进行刷涂，接长所用的胶黏剂要求黏度要大些，强度要高些，要根据产品强度要求确定。如果用酚醛树脂胶生产胶合板，接长时可仍然用酚醛树脂胶，调胶的黏度要大于涂胶机所用胶的黏度；其他情况可用三聚氰胺树脂胶接长，调胶时固化剂可适当多加，保证接长热压的固化时间，也可以采用接长专用胶黏剂（胶水胶黏剂）。涂刷好胶的单板要陈放一段时间后再进行热压接长。

③ 热压接长 根据单板厚度和所用胶种调整好接长机的热压周期、压力和热压温度，接长时，一张单板斜面朝上，另一张单板斜面朝下，对好后再送入热压板下面，两张单板都要靠在挡板上，保证呈一条直线，避免歪斜。两板搭接位置要对正，不能少搭或多搭。

如果采用连接连断的工艺，接长机端头安装切板刀，可以根据要求的长度剪切。

（3）指接接长法

① 单板指接 单板指接需要用快速固化胶黏剂，通常有热熔胶、异氰酸酯胶，多采用压敏胶带粘接。

用压敏胶带粘接时，先将切齿的单板放到接长机的压板下面，对好齿后压平，把胶带贴上，再压合一次。此法也用于薄木接长，薄木接长后卷成卷使用。用热压熔胶接长时，热熔胶通过热压熔胶枪将胶点到各齿缝处，再用压板进行压合，热压熔胶冷却后强度很大。

② 薄木指接 先用开齿机将短薄木开齿，将开齿的薄木放在指接机压板下边对好，放下压板压平后，贴好压敏胶带，再压平即可。

（4）缝拼法

① 纵向缝拼 将单板纵向剪切成直边，两个直边对在一起用纵向拼缝机缝合。用热熔胶线的熔化温度要调整适当，一张规格单板需要几张窄条拼缝而成，当缝合到一定宽度时，只能将窄条放在机器向内一侧。

② 横向缝拼 窄条单板需要剪切成四边平直、四角垂直的形状，要计算好要拼缝一张规格单板需要几个窄单板条，因为在拼缝过程中，拼接够规格单板后，机器将规格板自动摆放到单板垛的位置。

6 板的整平

（1）采用专用整平热压机，用加热加压的方法将翘曲的单板处理成平面状，以利于组坯。

（2）单板整平的初含水率应在 20%～30% 之间。不允许采用过干或过湿的单板。

（3）整平的工艺条件：温度 170～200℃，压力 0.3～0.4MPa，时间为 1.5min/mm。每一个热压板间隔内放置 10～20 张。

7 单板分选与整修质量检验

7.1 单板分选的质量检验

单板等级的分类是依据单板材质缺陷的大小和单板在加工过程中出现的不同缺陷。对不同厚度、不同规格尺寸及需要修补、拼接的单板应单独堆放。单板含水率指标不符合要求的一定要重新干燥，否则组坯后的胶合板在热压过程中会出现开胶和鼓泡现象，严重影响产品质量。由于单板材质缺陷繁多复杂，要严格按照单板质量标准分选单板。同等级的面板一定要配同等级的背板，避免高等低配，造成胶合板的等级下降。面背板等级的外观标准在 GB/T 9846.4—2004 中有明确规定。

作为芯板用的单板板边要平直光洁，月牙形二边对拼弦高不超过 3mm，二头拼离不得超过 2mm。芯板的大小头宽度之差不超过 20mm，不允许有平行四边形单板出现。芯板的裂缝不得超过 2mm，空洞不得超过 ϕ15mm，穿孔的毛刺沟痕按空洞计算。

7.2 单板修补工序的质量检验

单板修补使单板等级上升，但必须保证单板修补的质量。单板修补首先保证单板和补片的含水率在 14% 以下，单板宽度达到规定的要求；其次单板修补缝口要紧密，不允许叠层、离缝等缺陷，板面不允许有焦雀。对进口阔叶材的背板，其镶嵌木条修补和挖补修理应作如下处理：木条宽度、补片的尺寸、面积无限制，但木条或补片的色泽和纹理应与本板相协调，缝隙要紧密。

表板端头裂缝的修补占了单板修补量中较大比例，其种类有二：

（1）不闭合裂缝（裂口）　多产生于单板干燥以前，湿板已有显著或不显著的裂缝，干燥过程由于收缩，裂口过大。

（2）闭合裂缝　干燥以后单板因手工搬动、传送或碰损所产生的裂缝。

所有表板端部裂缝的需修补密合，以免合板胶压时透胶和裂口扩大，产生次品；闭合裂缝或用手指可以拉拢的裂口，用胶纸带黏合；裂口较大，手指拉不拢的，用窄单板条塞补，再用胶纸带粘附；裂口过大，需要另行"改刀"（铡开重拼）。

面板裂缝超过板长的 10% 和背板裂缝超过板长的 15%，均应用胶纸带修补。胶纸带应熨在单板的紧面，具体要求如下：

（1）拼缝处不应缺 100mm 以上的胶纸带；

（2）缝口要紧密，不允许有轧坏、叠层、离缝等缺陷；

（3）板面不允许熨焦。

7.3 单板拼接工序的质量检验

单板拼接可大大提高产品质量，减少单板叠芯离缝数量，是胶合板连续化、自动化生产中重要的一环，但单板拼接必须保证拼接质量，保证拼接后单板的规格尺寸符合要求，另外单板内空洞直径应在 ϕ15mm 以下，裂缝宽度在 10mm 以下。

8 配套

分选后的单板如果直接用于合板胶合，还需进行单板的配套。

配套是单板涂胶组坯前，按照工艺设计要求，将每张板所需要的单板分为"过胶单板"（指待涂胶单板）、"面底板"、"干板"分别按套摆放，摆放时一套一错位，方便涂胶组坯时拿取，避免拿错。如发现前工序有错误，可以及时纠正，确保产品质量。总体要求如下：①分等后的单板在配套时要按等级、类别正确选用和摆放，防止低等高配造成的成品板降等和高等低配造成的成本增加及浪费。②配好套的单板摆放一边一头齐，无短尺、菱形存在，端头要有 30～50mm 错位，错位的目的一个是避免组坯时

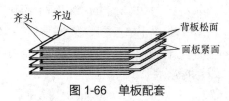

图 1-66　单板配套

拿错单板，另外也便于涂胶时拿取单板。图 1-66，为面背板配套示意图。③如果是非均层胶合板配套，各层单板要按工艺要求摆放。配套时各层单板缝隙不能在相同位置重叠，应该错开一定距离。配套单板宽度方向要留出 40~50mm 加工余量，长度方向留出 80~100mm 加工余量。④配套时要检测单板含水率，以 8%~12%为宜，夏季生产普通胶合板产品，含水率可稍高 1%~2%，含水率过高的单板可挑出，待干燥后再使用。

（1）过胶单板配套　需要过胶的单板配套时，先挑质量等级高的作为过胶单板，以减少单板经过涂胶机时可能造成的损坏。过胶单板紧面朝上，每套错位 30~50mm。

（2）面、底板配套　面、底板配套时要紧面相对，长度方向每套错位 30~50mm，面板可以比底板高一个等级。

（3）干板配套　干板配套时所有干板都松面朝上，每套错位 30~50mm。要注意齐边齐头的摆放位置。

（4）标签　配套好的单板垛要注明等级、数量及工艺单编号，避免组坯时用错原料。

■ 拓展训练

对干燥后的杨木单板进行分选和整修，并进行质量检验。

项目 2
天然薄木制造

 项目概述

  利用刨切加工方法生产的薄片状材料称为刨切单板,俗称薄木。利用珍贵树种优雅多变的木纹或特殊纹理(树瘤、芽眼、节子多的树种等)的天然或人造木质材料刨切制成的薄木,因其纹理均匀美观、色泽悦目,是一种优良的装饰材料。其主要的用途是用来装饰纹理单调的木制品及人造板材,广泛地应用于各种家具与木制品生产和室内装修中。

  加工刨切天然薄木的工艺流程如下:

  原木贮存→锯断→剖方→软化(汽蒸或水煮)→刨切→烘干(或不烘干)→剪切→检验包装→入库

 学习目标

1. 知识目标

(1)了解刨切薄木的常用树种,掌握原木剖方的方法。

(2)了解热处理的目的和影响因素,了解汽蒸法热处理工艺,掌握煮木法的工艺要求和蒸煮缺陷的处理。

(3)了解刨切机的种类和刨切方向对薄木质量的影响,掌握刨切切削参数要求,掌握刨切质量缺陷的原因和改进措施。

2. 技能目标

(1)能够根据纹理花纹的需要对原木正确合理剖方。

(2)对原木的软化,能根据木材的特性正确选择软化工艺。

(3)刨切时能根据刨切薄木的具体要求准确确定刨切参数。

(4)能够分析、解决刨切薄木时产生的各种质量缺陷。

 重点、难点提示

1. 教学重点

(1)原木正确合理剖方。

(2)木方的软化工艺过程。

(3)刨切薄木时正确确定参数。

(4)分析刨切薄木时产生各种质量缺陷的原因和解决办法。

2. 教学难点

(1)原木正确合理剖方。

(2)木方的软化工艺过程。

(3)分析刨切薄木时产生各种质量缺陷的原因和解决办法。

任务 2.1　原木的剖方

工作任务

1. 任务书

采用两面锯剖木方的方案对木段进行剖方。

2. 任务要求

（1）根据木段材质情况画线确定锯剖位置。

（2）保证最大出材率。

（3）每组锯剖一根木段。

3. 任务分析

剖方就是将木段锯解成木方的过程。原木进厂后，首先要根据具体情况（原木长度多为 4m、6m），按照所需长度截成木段，而后在剖制木方时，必须根据原木直径、木材纹理和木方在刨切机上的固定方法选择锯剖方案。

锯剖方案合理，不仅出材率高，而且制得的径切薄木多，弦切薄木少，所得产品装饰价值高。不同径级的原木要采用不同的锯剖方案。要根据树种特性和薄木的用途合理地确定锯剖方案，如径向花纹、弦向花纹、半弦向花纹。只有合理制订锯剖方案，在生产薄木时，才能作到薄木质量好、出板率高。

4. 材料、工具、设备

（1）原料：水曲柳木段。

（2）设备：卧式或立式带锯、圆盘锯。

（3）工具：卷尺、钢板尺、画线笔。

引导问题

1. 原木贮存时如何防止变色和腐朽？

2. 薄木制造主要包括哪些工序？

3. 制造薄木时为什么要进行刨方？

4. 对木段锯剖成毛方的要求是什么？

5. 使用带锯和圆锯时应该注意哪些问题？

6. 绘图说明木段锯剖成毛方有哪几种方案。

相关知识

1 薄木的种类

薄木的种类较多，目前国内外还没有统一的分类方法。一般具有代表性的分类方法是按薄木的制造方法、形态、厚度及树种等来进行分类。

（1）按制造方法分类　锯制薄木，采用锯片或锯条将木方或木板锯解成的片状薄板（根据板方纹理和锯解方向的不同，又有径向薄木和弦向薄木之分）；刨切薄木，将原木剖成木方并进行蒸煮软化处理后，再在刨切机上刨切成的片状薄木（根据木方剖制纹理和刨切方向的不同，又有径向薄木和弦向薄木之分）；旋切薄木，将原木进行蒸煮软化处理后在精密旋切机上旋切成的连续带状薄木（弦向薄木）；半圆旋切薄木，在普通精密旋切机上将木方偏心装夹旋切或在专用半圆旋切机上将木方进行旋切得到的片状薄木（根据木方夹持方法的不同，可得到径向薄木或弦向薄木），是介于刨切法与旋切法之间的一种旋制薄木；逆向旋转刨切薄木，是由半圆旋切改进而来，木段做360°逆向旋转，在刨切的同时，刀架做进给运动刨切的薄木；天然薄木，由天然珍贵树种或自然生长木材的木方直接刨切制得的薄木；人造薄木，由一般树种的旋切单板仿照天然木材或珍贵树种的色调染色后，再按纤维方向胶合成木方后制成的刨切薄木，简称组合薄木；集成薄木，由珍贵树种或一般树种（经染色）的小方材按纹理图案先拼成集成木方后再刨切成的整张拼花薄木。

（2）按薄木厚度分类　厚薄木，厚度 1.0～6.0mm 称为单板，厚度 0.25～1.0mm 称为薄木，厚度 0.05～0.25mm 称为微薄木。

（3）按薄木花纹分类　径切纹薄木，由木材早晚材构成的相互大致平行的条纹薄木；弦切纹薄木，由木材早晚材构成的大致呈山峰状的花纹薄木；波状纹薄木，由波状或扭曲纹理产生的花纹薄木，又称琴背花纹、影纹，常出现于槭木（枫木）、桦木等树种；鸟眼纹薄木，由纤维局部扭曲而形成的似鸟眼状的花纹，常出现于槭木（枫木）、桦木、水曲柳等树种；树瘤纹薄木，由树瘤等引起的局部纤维方向极不规则而形成的花纹，常出现于核桃木、槭木（枫木）、法桐、栎木等树种；虎皮纹薄木，由密集的木射线在径切面上形成的片状泛银光的类似虎皮的花纹，木射线在弦切面上呈纺锤形，常出现于栎木、山毛榉等木射线丰富的树种。

（4）按薄木树种分类　阔叶材薄木，由阔叶树材或模拟阔叶树材制成的薄木，如水曲柳、桦木、榉木、樱桃木、核桃木、泡桐等；针叶材薄木，由针叶树材或模拟针叶树材制成的薄木，如云杉、红松、花旗松、马尾松、落叶松等；科技薄木，是以普通木材为原料，采用电脑虚拟与模拟技术设计，经过高科技手段制造出来的仿真甚至优于天然珍贵树种木材的全木质新型表面装饰材料，一般常称为人造薄木，也称工程薄木，它保持了天然木材的属性。科技薄木产品经电脑设计，色泽丰富、品种多样，纹理立体感更强、图案充满动感和活力，可产生不同的颜色及纹理，色泽鲜艳；其克服了天然薄木的材质缺陷，没有虫洞、节疤和色变；不会产生天然薄木由于原木不同、纹理不同、色泽不同而造成的缺陷，同时也避免了由于加工而造成的加工缺陷。

（5）按薄木刨切方向分类　纵向刨切薄木，顺着纤维方向刨切的薄木；横向刨切薄木，垂直于纤维方向刨切的薄木。

2　刨切薄木的常用树种

一般早晚材比较明显、木射线宽大且分布奇特的树种适合于制造薄木。

国产材有：柞木、水曲柳、山毛榉、楸木、桦木、楠木、红豆、黄波罗、酸枣、花梨木、槁木、梭罗、麻栎、椿木、樟木、龙楠、梓木等。

进口材有：柚木、榉木、桃花心木、花梨木、红木、伊迪南、酸枝木、栓木、白芫、沙比利、枫木、白橡等。

3 原木的保管

由于广为人们喜爱的珍贵木材资源匮乏，价格昂贵，生产上常将珍贵木材加工成薄木作为饰面材料使用，既能大量节省珍贵木材，又为人们提供了高档木材的装饰效果。为此，提高刨切薄木出材率是企业增产、提高经济效益的重要途径。

3.1 原木变色及腐朽

对装饰用薄木而言，外观质量是其最重要的指标，而原木质量的好坏，尤其是变色与否对刨切薄木的质量至关重要，用户往往拒绝接受变色的薄木。变色严重乃至腐朽的原木只能改作他用，严重者应作废材处理。原木一般是在相同的条件下集中堆放，如果一根原木严重变色或腐朽，则其中绝大多数原木均会发生变色或腐朽。刨切薄木出材率是按原木总材积计算的，因此，有效地防止木材变色是提高原木总出材率的一个重要途径。木材变色的原因可分为两类：一类是化学变色，包括单宁变色和氧化变色等；另一类是真菌变色，包括霉变和蓝变（又称青变、边材变色）。一般所说的木材变色是指真菌变色，影响较为严重。由于木材霉变只使木材表面变色，且变色的深度较浅，因而可用刷子清除，也可用刨削表层的方法清除。霉变对木材本身的质量影响不大，因此通常不认为是缺陷。但是，真菌感染木材后，可增加液体对木材的渗透性，从而促进蓝变的生成。木材蓝变通常指木材出现的所有边材变色。蓝变是木材边材变色的一种总称，除蓝变外，还包括如黑色、粉色、绿色等其他颜色的变化。采伐后的原木应尽快锯解和进行后续加工，不能及时加工时则应进行防蓝变处理。

3.2 原木蓝变与霉变的防治

为防止原木蓝变和霉变，可将防蓝变剂喷涂到原木端头及树皮剥落的部位，以防止真菌侵入木材。大多数企业采用控制原木含水率来防止真菌的孳生繁殖，即将原木堆垛，集中喷淋，增加原木的含水率使之高于真菌易生长的含水率，控制真菌污染原木，此方法最为有效且成本最低。另外，夏季露天堆垛的原木场应搭黑色防晒篷，防止上部原木的水分蒸发过快。在过去常用五氯酚钠做防蓝变和霉变的药剂，但自从发现氯代酚类化合物含有致癌化合物后已逐步被越来越多的国家禁止使用。

4 原木锯断和木方的锯剖方法

刨切薄木和旋切单板原木截断的要求是一样的，应留有（85～100）mm±30mm的余量。对于水热处理过程中容易开裂的木材，可以先蒸煮后截断，再锯剖。

4.1 锯剖要求

（1）锯剖出来的毛方必须有一个可以固定在刨切机工作台台面上的基准面，一般不小于10cm。

（2）锯剖时应当剔除大节疤、腐朽变质部分或其他缺陷，以免影响薄木质量和出材率。

（3）木段直径宜在400mm以上，樟木则放宽到300mm以上。

（4）锯剖出来的毛方材质好、纹理美观。

（5）环裂材不能用作薄木原料，原木端裂一般不宜超过2～3处，裂纹长度一般不应超过10cm。

4.2 锯剖方案

采用不同的锯剖木方方案，对原木的利用率有着非常重要的意义。根据原木直径不同，毛方的锯剖方案见表2-1。

表2-1 毛方的锯剖方案

锯剖方法	原木直径（cm）	锯割图形	薄木有效出材率（%）		备 注
			总出材率	径向薄木出材率	
两面锯割毛方	35~40		52~56	20~25	在刨切机上固定较困难，只能放一、两个木方
圆棱四面锯割毛方	40~48		51.2	30.9	固定木方较易，可并排放3~5个木方。采用四面割净的木方（即无圆棱），这样使珍贵的木材边材变成了废材
圆棱四面锯割对开毛方	50~70		52.5	31	可并排放3~5个木方，薄木质量比两面锯割对开毛方好
两面锯割对开毛方	50~60		52~56	20~25	每次仅能放一、两个木方
扇形毛方锯割方法	60以上		56~60	35~40	要求薄木全是径切纹理时才用，一般由于其锯割困难不大用
直径大的一面圆方材锯割法	70以上		65~70	25~30	在原木径级大时，得到的径切薄木才较多

（1）两面锯割毛方　适用于原木直径为 35~40cm 的木段。在木段端面对应部位各锯掉一块板皮。锯切宽度 $b>10cm$；否则，毛方不稳定，固定较困难，刨切接近圆心时，要翻转 180°，将髓心留在残板上。

两面锯割毛方的主要优点是出材率比较高、薄木宽度较大。缺点是弦向薄木比例大，装饰效果稍差；由于毛方两侧是圆弧形，在刨切机上固定比较困难，一次只能放 1~2 个毛方，放多了很难使各个毛方在同一水平面上，引起刨切薄木厚度不一致，因此降低了生产率。

（2）圆棱四面锯割毛方　适用于直径为 40~48cm 的木段，在木段端面上共锯掉 4 块板皮并且留有圆棱。锯切宽度为 b，锯切板皮厚度 h_1（mm）和 h_2（mm）的计算公式为

$$h_1=0.5\left(D-\sqrt{D^2-(b+c)^2}\right)$$

$$h_2=(0.6~0.8)h_1$$

式中：b——起始刨切面（在刨板机上安置面）的宽度（mm）；

　　　c——由于木段断面形状不规则和弯曲所考虑的加工余量，一般为 10~20（mm）；

　　　D——木段直径（mm）。

圆棱四面锯割毛方在刨板机上刨切薄木过程中也要翻转 180°，将髓心留在残板上。

圆棱四面锯割毛方在刨板机上固定比较容易，可以同时固定 3~5 个毛方，一次进刀可刨削出几张薄木，提高了生产率；对于某些珍贵材种，如果四面锯割成净毛方，使贵重的边材变成了废料，会降低薄木的出板率。圆棱四面锯割毛方上留有圆棱，有利于提高出材率。

（3）圆棱四面锯割对开毛方　适用于直径为 50~70cm 的木段。其锯剖方案又分为两种情况：

① 在木段端面上共锯掉 4 块板皮，锯剖出带有圆棱的毛方，然后在其中间再加一锯，剖出两块带圆棱的一面净边毛方。锯切板皮厚度为

$$h_1=0.5\left(D-\sqrt{D^2-(2b-c)^2}\right)$$

$$h_2=(0.5~0.6)h_1$$

② 在木段端面上共锯掉 4 块板皮，锯剖出带有圆棱的毛方，然后在中间位置抽出一块厚度为 a 的髓心板，同样可以锯剖出两块带圆棱的一面净边毛方。锯切板皮厚度为

$$h_1=0.5\left(D-\sqrt{D^2-(2b+a+c)^2}\right)$$

$$h_2=(0.4~0.5)h_1$$

圆棱四面锯割对开毛方，在刨板机上固定比较容易，一次可放 4~5 个毛方，提高了生产率；由于锯剖出来的毛方是一面净边，可以刨切出较多的等宽度薄木；锯掉板皮厚度较大，一部分较好的边材成了废料，薄木出板率有所降低。

（4）两面锯割对开毛方　适用于直径为 50~60cm 的木段。在木段端面上对应部位各锯掉一块板皮，然后在中间再加一锯，锯剖出两块三面净边毛方。用此种方案锯割毛方薄木出板率较高，但是毛方在刨板机工作台上固定比较困难，一次只能固定 1~2 块毛方，生产率较低。

（5）扇形锯割毛方　适用于直径>60cm 的木段。用此种方案锯剖出毛方，刨切薄木为径向材，装饰效果好。但是毛方在锯剖或刨切过程中都不好固定，毛方锯割困难。所以，除非要求薄木全是径切材时，一般不采用这种锯剖方案。

（6）一面圆锯割毛方　适用于直径>70cm 的木段。木段直径大时，可以得到较多的径切薄木。

任务实施

1 任务实施前的准备

（1）班级分成小组，每6~8人为一组。

（2）每组在操作前要认真按规程检查设备。

2 带锯机操作规程

（1）开机前做好全面的检查工作，详细检查机械各部件、安全防护装置是否良好，锯条有无损伤及裂口，木料上有无铁钉或其他硬杂物，均无问题后方可开机。

（2）锯割中，要时刻观察运转中的锯条动向，如锯条发生前后窜动、发出破碎声及其他异常现象时，应立即停机，以防锯条折断伤人。

（3）操作时，手和锯条应保持一定的距离，其距离不得小于50cm，且不许将手伸过锯条，以防伤手。

（4）进行锯割时，不允许边锯割边调整导轨；锯条运转中，也不允许调整锯卡，以防发生事故。

（5）锯割中若出现夹锯现象，应由下手将木料锯口分开，切勿倒退，以防锯条脱落。当工作台面上锯条通路有碎木等阻塞时，应用木棍剥离，必要时停机排除，切不可用手清除，以防伤手。

（6）卸锯条时，一定要切断电源，等锯条停稳后再进行；换锯条时手要拿稳，防止锯条弹跳伤人。

3 圆锯机操作规程

（1）开机前检查锯齿的方向和锯轴运动方向是否一致，如不一致应予以纠正。

（2）锯片上方必须安装保险挡板（罩），在锯片后面，离齿10~15mm处，必须安装弧形楔刀，锯片安装在轴上应保持对正轴心。一定要罩好安全罩，开车前必须清除圆盘锯周围的障碍物。

（3）锯片必须平整，锯齿尖锐，不得连续缺齿两个，裂纹长度不得超过20mm，裂缝末端须冲止裂孔，锯片不得过热变蓝或发生小崩裂现象，如发生此现象应更换锯片。

（4）检查锯片的夹板螺母是否拧紧，如未拧紧应及时拧紧。

（5）被锯木料厚度，以锯片能露出木料10~20mm为限，锯齿必须在同一圆周上，夹持锯片的法兰盘的直径应为锯片直径的1/4。

（6）开机操作时，操作人员要戴防护眼镜，站在锯片一侧，禁止站在与锯片同一直线上，手臂不得跨越锯片。

（7）启动后，须待转速正常后方可进行锯料。锯料时必须紧贴靠板，不得将木料左右晃动或高抬，遇木节要缓慢匀速送料。锯料长度应不小于500mm。接近端头时，应用推棍送料。接料使用刨钩，超过锯片半径的木料禁止上锯。

（8）如锯线走偏，应逐渐纠正，不得猛扳，以免损坏锯片。

（9）锯片温度过高时，应用水冷却，直径600mm以上的锯片在操作中应喷水冷却。

（10）工作完毕，切断电源锁好电箱门。

■ 拓展训练

每小组按照圆棱四面锯割方案对木段进行剖方。

任务 2.2 木方的热处理

工作任务

1. 任务书

采用煮木法对水曲柳木方进行热处理。

2. 任务要求

（1）根据季节、树种、刨切薄木规格确定蒸煮方案。

（2）合理控制木段蒸煮工艺。

（3）分析木方热处理质量，分析质量问题原因。

3. 任务分析

木方的热处理，就是把已锯好的木方进行软化，以提高木材的含水率，增加木方的塑性。热处理的方法有煮木法、蒸汽软化法等。

刨切的木方大部分是硬阔叶材，蒸汽池内温度升得过快，造成木方开裂；加热时间过长，会造成软化过度，刨切薄木会起毛不光滑；软化时间短没煮透，软化不够，会造成刨切薄木裂隙增加。

4. 材料、工具、设备

（1）原料：水曲柳木方。

（2）设备：电动吊车、蒸煮池。

（3）工具：温度计。

引导问题

1. 在冬季锯剖木方冻结，为什么要先在室内放一段时间或在池中用水浸泡？

2. 蒸煮木方时，为什么要缓慢升温？

3. 处理后的木方为什么要在刨切机前的贮木温水槽中，保持木方的温度？

4. 通过薄木质量分析，由蒸煮造成的缺陷有哪些？是什么原因？如何解决？

相关知识

1 木方热处理的目的和影响因素

热处理的目的在于软化木材，降低木材的硬度，增加木材的可塑性和含水率。通过热处理可以使刨切出的薄木平整光洁，减小背面裂隙；可以降低切削阻力，节省电力，减少刨刀磨损；经过热水或蒸汽处理的木材，可除去一部分木材中的油脂、单宁、浸提物；处理后的木材含水均匀，刨切后的薄木在干燥时，水分散发均匀，可减少干燥时间。

对木方热处理效果的好坏，直接影响刨切薄木的质量和木材利用率。

影响木材可塑性的因素很多，主要有木材组织结构、树龄、木材含水率和温度。多孔性木材可塑性比较大，老龄木材和芯材可塑性较差。木材的含水率和温度越高，木材的可塑性就越大。

提高木材塑性的最有效方法是将温度和含水率这两个因素同时配合调整，即提高木材的温度同时又增加木材的含水率。处理的温度及时间要根据树种、刨切薄木的厚度进行控制，硬度大则温度较高，厚度大则蒸煮时间较长。

热处理后的木方，其温度分布是不均一的，一般表面温度高、中心部位温度低，处理后以木方中心部位的温度在 50～55℃为宜；但有的树种木材如椴木、杨木、槭木等，或是非冰冻材、新采伐材，可不经热处理直接刨切；还有一些特殊树种在热处理时木方中心温度需要达到 70～80℃方能适应刨切。一般加热介质温度比木芯表面温度要高 10～30℃，如果节硬、树脂多，可超过上述范围。

2 热处理的方法

木方热处理根据传热介质，有煮木法、汽蒸法、压力浸注法等三种方法，所采用的设备分别有煮木池、汽蒸室、高压罐等。

不同的热处理方法比较见表 2-2。

表 2-2　木方热处理方法比较

处 理 方 法	优　点	缺　点	备　注
热水煮木：介质为水，温度由低到高，提高木方温度和含水率	操作简便，木方两端开裂少，木方软化较好	设备复杂，费用大，管理较繁，水池要定期清洗，有废水污染	适合陆地贮木和硬材种，适合大量生产
蒸汽处理：介质为饱和蒸汽，通过蒸汽提高木方温度和含水率	蒸木效率高，管理简单，设备费少，可缩短蒸汽处理木方时间	木方内外温差大，工艺控制较难，容易开裂，设备利用率低，耗热量较大	适用刨切硬阔叶材
蒸煮罐处理：介质为饱和蒸汽，靠加大蒸汽压力来提高木方温度和含水率	蒸木效率高，处理时间短	工艺控制比较复杂，设备投资较大，利用率低	适用硬阔叶材软化，小批量生产

3 木方蒸煮缺陷

木方蒸煮缺陷原因及纠正方法见表 2-3。

表 2-3　木材蒸煮缺陷原因及纠正方法

缺　陷	产生原因	纠正方法
薄木表面有沟纹、不平	加热温度不够，加热时间短，没煮透	提高蒸煮池的温度，并适当增加加热时间
薄木表面起毛	加热时间过长	降低温度和缩短时间，按工艺要求分段升温，停气后停留数小时再进行刨切
木方端向裂纹	蒸汽池内温度升得过快，蒸汽压力过大，有冻结木方，在温度过低时送入高压蒸汽	按工艺规程分段升温，降低蒸汽工作压力，贮放、化冻，输入饱和蒸汽
木方变色	水长时间不更换，长时间浸泡木方，有污染	定期清除水中树皮、污泥，定时更换池水

任务实施

1 任务实施前的准备

（1）班级分成小组，每6～8人为一组。

（2）每组在操作前要认真按规程检查设备。

2 木方热处理工艺规程

（1）木方应按树种、规格分别进行蒸煮。

（2）冬季原木冻结，锯剖木方后先在室内放一段时间或在池中用水浸泡4～6h，以免木材突然下池受热膨胀而开裂。

（3）木方冬季下池温度不高于40℃，夏季不高于50℃。

（4）水温最好保持常温，并缓慢升温，送入池内的蒸汽压力为0.1～0.15MPa，速度为10～15℃/h，升温太快易在木方内引起热应力，导致木方开裂，温度升至40℃以上时更应放慢升温速度（根据树种、薄木厚度和季节而定）。蒸煮处理后的木方应及时放入刨切机前的贮木温水槽中，以保持木方的温度，但贮放时间不宜过长。

（5）蒸煮过度会降低薄木的刨切质量。

（6）要及时清除蒸煮池中的油脂、树皮、泥水，以免污染木方。

（7）刨切最适宜的温度为50～60℃，过高的温度会使刨刀变形，造成薄木厚薄不均，或使薄木表面起毛。

3 常见树种蒸煮工艺范例

（1）水曲柳　水温从15℃上升到50℃，保温4h，然后从50℃升温到90℃，升温速度保证为2～3℃/h，再保温10h。

（2）黄波罗　水温从15℃上升到70℃，升温速度为4～5℃/h，然后让水自然冷却，浸泡24h。

（3）樟木　水温从15℃上升至80℃，升温速度为4～5℃/h，然后让水自然冷却，浸泡24h。

（4）栎木　水温从15℃上升至50℃，保温4h，再进一步升温至95℃，升温速度为2～3℃/h，保温15～20h，然后待水自然冷却。

4 水曲柳木方三段蒸煮工艺范例

冬季：

（1）木方投池后加盖，放水，浸泡6～8h，水温保持在38～39℃。

（2）第一次升温到50～55℃，这段时间为16h，升温速度0.5℃/h。

（3）闭汽保温16～18h，使木段内外温度平衡。

（4）木段第二次升温至75～93℃，这段时间为18h，升温速度1℃/h。

（5）闭气保温2～4h，使木段温度里外平衡。

夏季：

（1）木段投池后浸泡4～6h，如是雨季可缩短时间。

（2）第一次升温到 50~55℃，升温速度控制在 1℃/h。

（3）经过实测，按上述规程执行，木方芯部温度可达 45℃以上。

■ **拓展训练**

按常见树种工艺范例的要求，对黄波罗木方进行软化处理，软化结束后对木方进行检验。找出缺陷原因并写出分析报告。

任务 2.3　薄木刨切

工作任务

---

1. 任务书

操纵刨切机对给定木方进行刨切，制造指定规格、质量的薄木。

2. 任务要求

（1）安装压尺和刨刀并根据指定切削条件进行调整。

（2）刨切薄木厚度：0.35mm。

（3）对制得的薄木进行质量检验，并分析存在的问题。

3. 任务分析

木方的刨切是将经过软化处理后的木方或水浸泡过的木方置于刨切机上进行刨切，刨切应根据木方树种、结构纹理特点、薄木的用途等因素确定具体加工工艺条件。本任务是薄木生产加工的重要环节。

要完成好本次任务，必须熟练掌握刨切的切削条件，根据刨切薄木的厚度正确安装刨刀和压尺。要能够正确分析刨切单板存在的质量问题，并对出现的问题找出解决办法。

4. 材料、工具、设备

（1）原料：热处理后的水曲柳木方，长度 2.5m。

（2）设备：刨切机、剪板机。

（3）工具：卷尺、千分尺、塞规。

引导问题

---

1. 常用刨切机有哪几种？工作原理是什么？

2. 刨切薄木时有哪些原因造成厚度偏差大？哪些原因会造成薄木在厚度上出现波浪形？

3. 薄木表面粗糙、有毛刺和出现沟痕，是什么原因造成的？

4. 刨刀安装时要注意什么？

5. 刨切方向对薄木质量有何影响？如何选择刨切方向？

6. 刀刃与木材纹理方向的夹角对刨切有何影响？

7. 薄木刨切的切削条件有哪些？如何设置？

相关知识

----

1 刨切机

目前刨切机种类较多，但归纳起来可分为两大类：顺纤维刨切（顺纹刨切）和横纤维刨切（横纹刨切）。顺纹刨切机刨出的薄木表面平滑，木方长度可不受限制，占地面积小；但生产率较低，薄木易卷曲，一般适合于小批量的薄木生产工厂使用。横纹刨切机生产率较高，是目前应用最广的一类刨切机。横纹刨切机可分为立式刨切机、卧式刨切机和倾斜式刨切机，如图 2-1 所示。

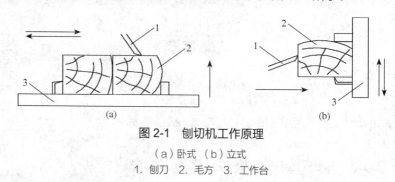

图 2-1　刨切机工作原理
（a）卧式　（b）立式
1. 刨刀　2. 毛方　3. 工作台

卧式刨切机的刨刀在水平方向上作往复运动进行刨切，刨切时毛方不动，当刨刀一次刨切完了，并且空行程回到起始位置时，工作台带动毛方上升一个固定的距离（薄木厚度），完成工作进给，然后进行下一次刨切。

立式刨切机和卧式刨切机工作原理基本相同，不同点是工作台带动毛方在垂直方向上作往复运动。刨切时刨刀不动，当一次刨切完了，并且工作台带动毛方空行程回到初始位置时，刨刀在水平方向上作周期式直线进给运动。

在卧式刨切机上毛方固定比较容易，可以将几个毛方固定在一起同时刨切，生产率高，工作平稳，薄木质量好。但是，卧式刨切机占地面积大；刨刀、压尺和刨下来的薄木都是在刨切机的上面，所以刨刀和压尺的安装、更换以及接取刨切下来的薄木很不方便，并且使刨切机和它后面一些工序之间的生产过程连续化难以解决。为了使刨切出来的薄木便于机械化运送而不受损伤，目前改进设计使木方固定在刨刀的上方，刨刀从木方底部进行刨切，使薄木的松面（即背面）朝上输出。

立式刨切机占地面积小，刨刀、压尺的安装、更换以及接取刨切下来的薄木都比较方便。但是毛方在刨切机工作台上固定比较困难，一次只能固定 1~2 个毛方，生产率比较低。这种形式的刨切机，切下的薄木易卷曲，不利于机械化运送薄木。若将木方向上行时进行刨切，下行将终止时，刨刀做进给运动，这样可机械化运送刨切下来的薄木。

倾斜式刨切机是一种立式和卧式相结合的较新的刨切机，分为卧式倾斜刨切机和立式倾斜刨切机。卧式倾斜刨切机，其刨刀运动方向与水平面之间夹角为 25°。在刨切时，木方固定（仅作进给运动），刨刀做主运动（往复运动）。其特点为：切削时由刀床惯性往上冲，使刨刀受力平衡，从而提高了切削效果。技师换刀方便。

立式倾斜刨切机，木方往复运动同铅垂线之间有一个夹角，刀床运动方向与水平面也有一个相应等同的夹角，使木方运动方向和刀床运动方向之间夹角仍为 90°。这种刨切机，刨刀在切削木方时，木方架始终有一个重力分量压在导轨上，提高了刨切薄木的厚度精度。一般夹角为 10°。

2 薄木刨切方向

薄木的刨切方向对薄木的质量影响很大，由于木材结构具有非均匀性，早材与晚材的性质有较大的差别，纤维、木射线、年轮等都按照一定的结构、方向排列，为了获得表面光滑、平整、花纹美观的薄木，就必须确定好刨切方向。要求顺纤维、年轮和木射线方向刨切。图 2-2 所示为刨切方向与年轮、木射线的顺逆关系。

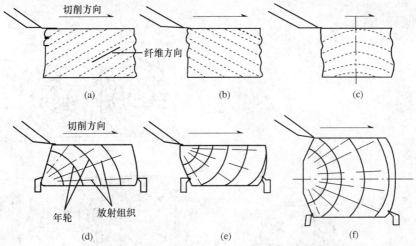

图 2-2　刨切方向顺逆的关系（a、b 为纵向刨切，其他为横向刨切）

（a）顺纤维刨切　（b）逆纤维刨切　（c）左边顺纤维方向刨切、右边逆纤维刨切　（d）顺木射线逆年轮方向刨切
（e）顺木射线逆年轮方向刨切　（f）上半部为逆年轮顺木射线方向刨切、下半部为年轮及木射线逆向刨切

纵向刨切时，有顺纤维刨切和逆纤维刨切两种情况。顺纤维刨切时纤维是被切断的，刨切时无超越裂缝，刨切质量较好，且与木纤维倾斜夹角越小越好，如图 2-2（a）所示；如逆纤维方向刨切，纤维容易折断，超越裂隙进入材面，造成啃丝及薄木的表面不平，如图 2-2（b）所示；横向刨切时，如图 2-2（c）所示，主要考虑年轮方向及木射线方向，针叶材早晚材材质差异很大，刨切时要顺年轮方向；阔叶材因为木射线比较丰富，应顺木射线方向刨切。

径向薄木刨切，木方安装在卡木台上，如图 2-3（a）所示，当刨切到刨切方向与木射线方向平行时就停止刨切，把余下的半个木方翻转 180°，把木方底朝上重新固定，按照 2-3（b）的形式重新刨切，这样就可以保证刨切的质量，其不足之处是刨切出的花纹前后不连续。如图 2-3（c）所示，不把底面

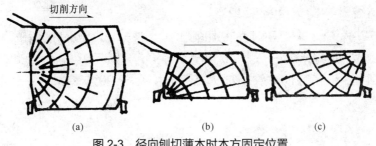

图 2-3　径向刨切薄木时木方固定位置

（a）初始状态刨切　（b）翻转 180° 刨切　（c）水平面转 180° 刨切

翻上去，仅在水平面转动180°，其刨切的花纹可以连续下去。

弦向薄木刨切，设左、右木方对称形状，刨切出的薄木表面一半质量较差，表面不很光滑，另一半的逆年轮刨切获得的表面比较光滑，见图2-4（a）；把原木剖为非对称木方时，可以把木芯置于初始刨切的一侧，这样保证一大半薄木质量较好，见图2-4（b）。因此，在剖方时就应考虑到刨切薄木的质量和利用率的问题。

为了能得到表面比较光滑的薄木和提高刨切机的效率，可采取木方组合刨切，就是一次刨切4个木方，大径级原木采取弓形剖方，对于四面剖方的原木在刨切时薄木表面的前半部分因属于顺年轮方向（逆木射线方向）刨切，故表面粗糙度较大，而后半部分属逆年轮方向（顺木射线方向）刨切，故表面粗糙度比较小，如图2-5（a）所示。

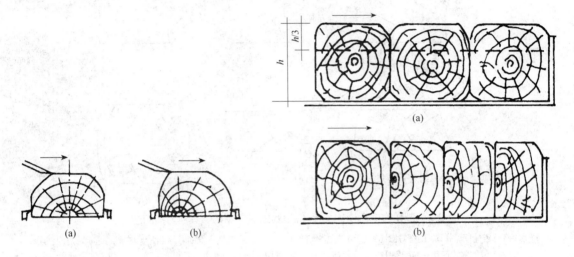

图2-4　弦向刨切薄木时木方固定

图2-5　四面剖方组合刨切时木方位置
（a）刨切木方总高度1/3　（b）翻转90°像弓形木方一样刨切

有些特殊木材采用顺年轮方向刨切，其薄木表面将产生大量的缝隙，如橡木制造的薄木，撕裂得比较多，并且表面很粗糙，所以对四面剖方的木方一般采用组合木方三面刨切法，即木方刨去总高度的1/3时，要将木方翻转90°，像弓形木方一样刨切，为了不降低生产率，可在已刨切过木方前面再加上一个同样的木方，如图2-5（b）所示。又如麻可尔、桃花心木、基阿玛、爱纳木、巴基阿欧等红木，需要逆年轮摆放，如图2-6（a）所示；另一类是沙比利、克伦、弥安果等需要顺年轮摆放，如图2-6（b）所示。

3　刀刃与木材纹理方向之间的夹角

当横纹切削时，为了减少刨切开始时的初切削阻力，无冲击地进入切削状态和提高刨切质量，刨刀刀刃应与木材纤维成一角度安装，一般为10°～15°，夹角越大则切削功率越大。纵向切削时，为了减少切削开始时的冲击，刨刀刀刃同木纹方向之间的夹角也应小于90°安装。

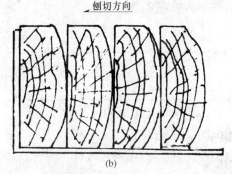

图 2-6　特殊树种木方摆放位置

（a）逆年轮刨切　（b）顺年轮刨切

4　薄木刨切的切削条件

刨切薄木的切削条件，主要是刨刀的研磨角、切削后角、切削角和压榨率，如图 2-7 所示。

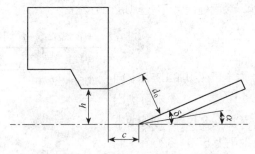

图 2-7　刨刀与压尺的配置

h. 压尺压棱与过刨刀刀刃水平面的垂直距离（mm）　d_0. 压尺压棱和刨刀刀刃间距离（mm）
c. 压尺压棱与刨刀刀刃间水平距离（mm）　δ. 切削角　α. 切削后角

一般切削条件为：刨刀研磨角 $\beta = 16° \sim 17°$，切削后角 $\alpha = 1° \sim 2°$，切削角 $\delta = \beta + \alpha = 17° \sim 19°$，刨刀厚度 15mm，压榨率 $\Delta = 5\% \sim 10\%$。

为了便于刨刀与压尺的安装、调整，需要确定 d_0 和 c 值。

当已知薄木厚度、压榨率和切削角时，通过下列公式计算确定压尺压棱与刨刀刀刃之间的距离：

$$\Delta = \left(\frac{d - d_0}{d} \right) \times 100$$

$$d_0 = d \left(1 - \frac{\Delta}{100} \right)$$

$$c = d_0 \sin \delta = d \left(1 - \frac{\Delta}{100} \right) \sin \delta$$

$$h = d_0 \cos \delta = d \left(1 - \frac{\Delta}{100} \right) \cos \delta$$

式中：d ——薄木厚度（mm）；

d_0 ——压尺压棱到刨刀刀刃之间的距离（mm）；

c ——压尺压棱到刨刀刀刃之间的水平距离（mm）；

h ——压尺压棱到刨刀刀刃之间的垂直距离（mm）。

压榨率与薄木的厚度有关，见表2-4。

表2-4 压榨率与薄木厚度的关系

薄木厚度（mm）	0.4	0.5	0.6	0.8	1.0
压榨率（%）	4~5	5~8	8~10	10~15	15~20

5 薄木最小厚度的确定

由于刨切薄木的原料是珍贵的树种，为降低成本和充分利用贵重原料，合理决定其厚度有着重要意义。确定薄木厚度主要考虑下面几个因素：

（1）薄木胶粘在基材上时，不允许胶黏剂从薄木中渗透出来。

（2）在搬运和加工薄木时，要处理方便，不易损坏。

（3）在进行修饰之前，允许进行刮光、砂光等表面处理。

（4）薄木的厚度应该视使用场合而定。在造船和车厢制造中，薄木厚度应接近于1.5mm，在不常接触处可缩小到0.5~0.6mm，表面处理后可减至0.2mm左右。

6 刨切薄木的出板率

薄木的有效出板率决定于原木直径和加工方法，同时树种也有影响。据统计，1m³的柞木原木可刨出0.4mm厚的薄木1300~1450m²，0.8mm厚的薄木700~750m²，厚度为1mm时则为580~620m²。制造1000m²薄木约需原木量1.4~1.65m³。

刨切薄木出板率及损失情况见表2-5。

表2-5 刨切薄木出板率及损失情况

工 段	阔叶材（%）	热带材（%）
湿薄木出板率	72	70
干薄木出板率	50	40
损失：		
锯断	14	16
热处理	4	4
刨切	10	10
干燥	7	7
其他	14.5~15.5	22.5~23.5

7 薄木刨切中的缺陷

常见薄木刨切缺陷产生原因及纠正方法见表2-6。

表2-6 薄木缺陷产生原因及纠正方法

薄木缺陷	产生原因	消除方法
薄木厚度不均	（1）支撑卡木台的螺栓和螺母松动，卡木台进给失调 （2）木方固定不牢 （3）刨切时刀架停顿 （4）压尺长度方向上的薄木压榨程度不均	（1）及时进行计划预修 （2）刀架退到极限位置上，将木方固牢 （3）刨切过程中刀架要不停地移动 （4）检查并调整压尺长度方向上的压榨程度
薄木表面粗糙	（1）刨刀不锋利 （2）因压尺安装位置不正确导致薄木压榨程度不足 （3）木方温度低或木方蒸煮不充分	（1）使刨刀保持必要的锋利程度 （2）检查压榨程度，调整压尺位置 （3）停止刨切，木方进行加热处理
薄木呈波浪状	木方的中间部位和端部的压榨程度不均	调整压榨程度
薄木板面有沟痕	（1）刨刀或压尺有豁口 （2）没有及时消除刨刀和压尺之间的堵塞物 （3）薄木未能及时离开刀架支架	（1）用油石磨刀或压棱，或更换刨刀 （2）及时清除堵塞物，如某一部位反复出现堵塞物，要察看刨刀和压尺状况，检查压榨程度 （3）薄木要及时离开刀架的支架
薄木破碎	压榨过度，压尺下降和刀刃口碰到一起	校正压尺的刀门，并给予正常的压榨率

8 拓展知识

8.1 薄木干燥

为了满足胶合及贮存的需要，通常厚度大于 0.5mm 湿薄木应进行干燥处理，含水率过高会影响胶合强度，也容易产生透胶、缺胶等缺陷。湿薄木贮存，边缘易开裂和翘曲，夏季也容易发霉变质。但干燥后含水率也不能太低，以免开裂，使破损量增加。一般要求薄木干燥后含水率在 8% ~ 12%。

薄木干燥设备有连续作业的滚筒式干燥机和带式干燥机以及间歇作业的干燥室。干燥室是老式干燥设备，很不经济，但干燥质量较好。应用最广泛的是滚筒式干燥机。对滚筒式干燥机的基本要求之一是最大限度地缩短滚筒之间的距离，以免薄木因被滚筒缠绕而折弯或折断。比较薄的薄木，特别是厚度小于 0.4mm 的薄木，必须采用带式干燥机。薄木干燥时，要严格按照刨切顺序依次进行。

薄木干燥后进行剪切，然后进行分选包装；如果马上用来湿贴，可以不干燥、不剪切。

8.2 半圆旋切

半圆旋切机结构如图 2-8 所示。

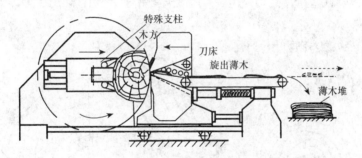

图 2-8 半圆旋切机结构示意图

半圆旋切是介于旋切和刨切之间的一种制造薄木的方法。专用的半圆旋切机的结构基本上类似于普通旋切机，但木方必须固定在特殊支柱上或用特殊卡子夹持在特殊的支柱上，特殊支柱固定在旋切机的传动轴上，它可牢固地带着木方作回转运动，每转一圈切削一次。在不切削时，刀床前进一个单板厚度，直至旋切结束。半圆旋切根据木方夹持的不同位置，可得到弦切薄木或径切薄木。半圆旋切机木材利用率低，而且由于是周期性工作，产生的噪声和振动较大，旋出的薄木质量欠佳。

8.3 逆向旋转刨切机

意大利克雷蒙纳机械公司在半圆旋切机基础上制造出逆向旋转刨切机（图 2-9），它的生产过程是每旋转一周刨切一次。该设备主要结构介于旋切机和刨切机之间，在刨切时，刀做水平间歇进给运动，木段和转轴除旋转运动外，还要做间歇式进给移动。为了出板方便，有利于产品质量观察和保证刨切后薄木的平整度，把顺时针刨切改为逆时针刨切，所以称为逆向旋转刨切机，这样刨切出的薄木底面朝上，当每一片薄木转送到运输带上时，由于薄木重心向下，随自重放平，在经干燥、码放过程中，可消除或减少薄木的损坏。逆向旋转刨切机的技术特点如下：

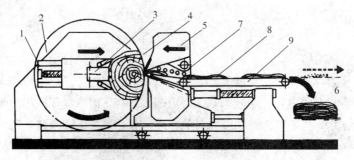

图 2-9　逆向旋转刨切机工作原理图

1. 滑轨　2. 转轴（横梁及卡钩）　3. 卡钩　4. 木方　5. 刀架
6. 薄木堆　7. 出板压辊　8. 薄木　9. 刀架进给螺旋

① 刀架做水平进给运动，而木段和横梁（转轴）也做进给运动，两者做相对运动；

② 刨切时可以把卡紧的原木段一直刨切完成，由于旋转半径比较大，并且刨切出的薄木花纹基本一致（均呈弦向花纹），装饰性比较强；

③ 出材率高，在刨切终了后，除下底板大约只有 1~2cm；

④ 生产效率高，每分钟可刨切 20~110 次；

⑤ 具有多种花纹刨切功能，可以采用多种角度卡紧木方，还可刨切出径向、半径向的薄木花纹（图 2-10）；

⑥ 可使用较小径级原木刨切出较宽幅面的薄木。

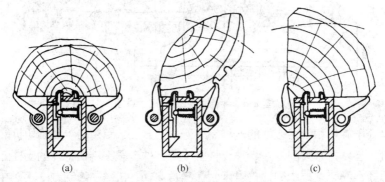

图 2-10　木段回转刨切及卡紧

（a）弦切夹持法　（b）径切夹持法　（c）半径切夹持法

随着木段半径变小，薄木宽度由窄到宽，又由宽到窄，因而薄木剪切工序比较费工。

8.4　刨刀和压尺的研磨

刨刀和压尺使用一段时间后，必须进行刃磨，刨刀刃磨的主要要求是获得合适的楔角；刀刃呈一直线，并且锋利，没有折转、卷曲或剥落；刀片的斜面上没有发蓝和磨削裂缝。为了获得高的刨刀刃磨质量，刃磨时，在刃磨区必须使用冷却液；砂轮的工作速度为 8~12m/s；进给速度为 9~15m/s；进刀量最初为 0.02mm，最终为 0.01~0.005mm；要经过 5~6 个行程才能停止进刀。

刨刀的刃磨是在专用磨刀机上进行的，磨刀机的种类很多，但一般都是将刨刀固定在工作台上，磨头（砂轮）随着刀架作往复运动进行刃磨工作的。磨头在电动机的直接带动下回转，并能相对于刀架作垂直方向的进给运动。磨一般工具钢刨刀片，需采用粒度为 46～100 号的、硬度为 ZY₂ 的白刚玉（GB）砂轮。砂轮的圆周速度为 25～30m/s。

为了提高刃磨质量，消除刃口上的毛刺，刃磨过的刀片还需要用油石精光。精光时，用浸过油的油石紧贴前刀面顺刀子长度方向擦几次，以除去毛刺，然后把油石贴在后刀面上，以连续旋转运动精光。

压尺的研磨要求主要是考虑其断面形状，它的锋利程度对薄木质量影响也很大。

任务实施

---

1 任务实施前的准备

（1）班级分成小组，每 6～8 人为一组，每组一根木方；

（2）检查设备状态，准备好所需工具。

2 压尺的调整

图 2-11 所示为压尺调整简图。当使用一段时间后，由于刃口表面经常与木方接触而磨损，当磨损量达到一定程度时，压尺就要卸下进行磨削，使其达到一定的平直度。压尺新安装时，如图所示，将千分表放置在压尺架上，以压尺架的台面为基准，一边用千分表检查，一边将压尺固定于压尺架上，螺栓要逐步拧紧，使压尺前缘与压尺架的台面保持合理的平直度，调好后将螺栓拧紧。

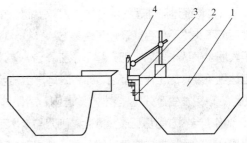

图 2-11　压尺的调整简图

1. 压尺架　2. 螺栓　3. 压尺　4. 千分表

3 刨刀的安装和调整

刨刀的研磨角通常采用 16°～17°、后角为 1°～2°，切削角为 17°～19°。按照已知要刨切的单板厚度（0.35mm），利用公式计算出压尺压棱与刨刀刀刃之间距离（d_0）、压尺压棱与刨刀刀刃之间的水平距离（c）和刀高（h）。图 2-12 所示为刨刀安装和调整简图。

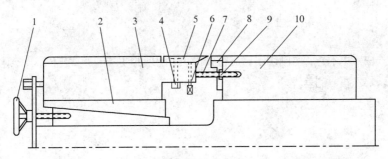

图 2-12　刨刀安装和调整简图

（1）刨刀的安装和调整　如图 2-12 所示，首先将调整刨刀平直度的螺栓 6 全部松开，用刨刀 5 的固定螺栓 4 将刨刀固定，使刨刀两端与压尺 8 的前缘保持相等的距离。然后将千分表置于压尺 8 平面上，以压尺 8 的前缘为基准，使用千分表校验，转动刨刀平直度调整螺栓 6，使刨刀与压尺保持相对的平直度。调好后用螺栓 4 将刨刀紧固。

（2）刨刀与压尺间的高度调整　调整刀高时，可转动刀架 3 前端左右两边的升降手轮 1，通过丝杆及斜铁 2 使刀架 3 连同刨刀 5 上升或下降。从而达到调整的目的。

（3）刨刀和压尺之间的间隙调整　可松开压尺架两端的固定螺栓，松开螺母 9，转动位于刀架和压尺架中间的定位螺钉 7，将压尺架 10 前后移动，使刨刀与压尺 8 之间间隙达到要求值，用塞规检查。调好后将压尺架两端的固定螺栓拧紧，最后拧紧螺母 9。

4　刨切操作规程

（1）安装好刨刀后，将进给刻度盘按刨切单板的厚度调整至正确位置。检查各固定件是否紧固，用手动或电动方式检查各活动部分。

（2）进行空载运转，检查、验听各传动部位有无杂音和不正常现象。确保无异常现象时，方可进行刨切。

（3）将经过热处理的木方放在刀架上面，按动点动按钮使刀床运动，将木方送入夹木工作台的下方。然后降下夹木工作台，轻轻压住木方，操纵卡木按钮将木方固紧在卡木工作台上。必要时可再用手动扳手紧固。确认卡紧后，即升起卡木工作台，使木方离开刀架。然后启动主电动机，使刀床作往复运动。当达到所要求的工作速度后，即将升降离合器手柄拨向自动进给一侧（千万不得误用电动机快速升降作进给，以免发生意外）。当木方接近刨刀后便进入正常刨切。

（4）当木方刨切至最薄厚度（刨刀与卡木工作台上的丝杆卡子达到最小安全距离）时，应立即将升降离合器的手柄拨向快速升降一侧，并同时按动快速上升按钮，将卡木工作台上升至木方离开刨刀的位置，然后按快速升降停止按钮，使电动机停转。再按主电动机的点动按钮，使刀架移至木方正下方，然后使卡木工作台下降，使其停止在木方将要接触到刀架的位置。这时切勿对刀架重压，以免使机床发生意外事故。松开丝杆卡子，升起卡木工作台，将剩下的木方取下，再用点动按钮将刀架移至最前端，以利于第二次上料。至此，一块木方便刨切完毕。

5　薄木质量检验

参照国家标准 GB/T 13010—2006《刨切单板》检查薄木的质量。

■ 拓展训练

按规程刨切一块柞木木方，对刨切质量进行分析；对出现的质量问题找出原因，调整刨切设备；分析由于材质不同，薄木质量的差异。

项目 3
胶合板的胶合与加工

项目概述

胶合板胶合是指用单板压制成胶合板的生产过程，是胶合板生产的关键环节，胶合质量的好坏，很大程度决定了产品质量。胶合板的胶合与加工主要包括单板配套、调胶、涂胶、组坯、预压、冷修、热压、裁边、砂光、分等、成品修补、检验等工序，在生产中从配套至热压称为胶压工段，从裁边至检验称为后期处理工段。

按照单板的干湿程度和所用胶种的固化方式的不同，胶合板的生产方法可分为湿热法、干热法和干冷法三种工艺。湿热法生产工艺多半是设备较落后和规格较小的胶合板厂采用，多用于血胶生产胶合板的工艺过程；干冷法生产能耗较低，但生产周期较长，生产效率低，有些小型工厂采取此工艺，现在生产科技术也用这种工艺；干热法生产效率高，产品质量好，现在大多数胶合板厂都采用此法。

干热法合板胶合生产工艺流程如下：

涂胶→组坯→预压→冷修→热压→刮腻子→养生→裁边→砂光→分等检验→返修→打包→入库

本项目以干热法为主学习胶合板的胶压过程，以某木业公司的生产制造指令单为教学依据，展开各任务的学习。包括调胶、涂胶、组坯、预压与预压后修补、胶合板胶合、裁边、砂光、胶合板分等与修补、胶合板成品检验共 9 个任务。

1. 产品明细表

品名	普通胶合板	地板基材
木质种类	杨木	桉木
规格（mm）	12×1220×2440	11.5×1220×2155
数量（m³）	54.9	52.6
胶种	脲醛树脂胶（UF）	酚醛树脂胶（PF）
甲醛释放量	E_2	E_0
等级	一等品	优等品

2. 品质要求

（1）含水率：8%~12%。

（2）地板基材要求面底板横向，面、底板砂光后厚度不小于 1mm，面板不允许有补片，底板允许 3 个小于 $5cm^2$ 的补片。

（3）最大翘曲度 1%。

（4）垂直度公差为 1mm/m。

（5）补腻子：面板小于 $3cm^2$，底板小于 $5cm^2$。

（6）面板等级为Ⅰ级、底板等级为Ⅱ级（见 LY/T 1599—2011《旋切单板》）。

（7）包装要求：以塑料膜包装，铁皮带打包；托架及包装板需要采用高温除菌的木材或人造板。

地板基材的制作可作为课外并行项目，在完成课内项目的基础上，由学生自己动手操作和训练。地板基材的要求比普通胶合板严格，不能有叠芯和离缝，等级不是很高的地板基材要求叠芯和离缝小于 0.5mm。在制作过程中，某些重要环节由老师参与并指导。

 学习目标

1. 知识目标

（1）了解胶合板用胶黏剂的种类和性能要求，熟悉胶黏剂的调制工艺和调胶设备。

（2）掌握单板施胶方法及单板施胶工艺过程，掌握影响施胶质量的因素和施胶设备的结构原理。

（3）掌握胶合板生产对称原则、奇数层原则等胶合板的构成原则。

（4）掌握板坯预压工艺及影响因素，熟悉冷修的方法。

（5）了解热压机的性能及选择方法，掌握干热法生产胶合板的胶合工艺及影响因素，熟练掌握胶合板的胶合缺陷及产生原因、改进缺陷的措施。能根据板坯的品种选择养生的方法。

（6）了解胶合板裁边及板面砂光的目的，掌握胶合板裁边、砂光的工艺要求。掌握"先砂后裁"工艺与"先裁后砂"工艺的特点。熟练掌握胶合板裁边、砂光及修补方法。

（7）熟悉国家标准关于分等检验的要求，了解胶合板分等的依据，掌握分等、检验的过程。

2. 技能目标

（1）能根据不同生产工艺的调胶配比进行调胶操作，会操作调胶机。

（2）能根据单板配套的方法及要领进行单板配套。

（3）会调试和操作涂胶机，能按照胶合板的构成原则进行涂胶和组坯，会计算涂胶量和控制涂胶量的大小。

（4）会进行冷压与热压工艺的压机表压力和板子的单位压力的换算，并能按照工艺要求操作冷压机与热压机，会控制热压工艺过程的温度、压力、热压周期及装板速度，控制热压工艺过程。

（5）能根据产品质量要求进行板坯的冷修；能根据生产所需腻子的特点调配腻子，会刮腻子，能进行成品修补。

（6）能根据设备和产品的需要确定裁边与砂光工艺，会操作裁边机和砂光机，能按产品规格质量要求进行裁边与砂光。

（7）能根据胶合板的外观质量分等标准和分等方法，对胶合板产品的缺陷进行判断和分等，找出外观质量不合格原因。

（8）能根据国标胶合板试样的要求和取样方法锯制试件。

（9）能根据胶合板的尺寸公差的检验方法及标准检测胶合板的尺寸公差。

（10）能根据胶合板的物理力学性能的检验方法及规则检测成品物理力学性能，通过各项目检验，给出产品质量合格与否的判断，找出质量不合格原因及解决的措施。

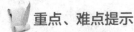**重点、难点提示**

1. 教学重点

（1）调胶与组坯过程布胶量的控制及组坯过程中面、底板的污染问题。

（2）热压过程中的热压温度、热压压力及热压周期的正确控制。热压时快速装板，确保底板未达到提前固化的程度。

（3）调整锯机使板子的垂直度在订单允许的范围内。砂光过程中使面、底板厚度一致。

（4）胶合板的分等检验。

（5）胶合板的胶合强度的检验。

（6）胶合板的甲醛释放量的检验。

（7）对检验的质量缺陷进行分析，找出导致质量缺陷的原因，提出解决问题的措施和方法。注重全面质量管理，培养质量意识，学会质量管理的方法。

2. 教学难点

（1）配套时松紧面不颠倒。

（2）涂胶量在工艺要求范围内并且均匀。

（3）组坯时做好齐边齐头，保证工艺允许的叠芯和离缝。

（4）冷修时叠芯和离缝的修理。

（5）热压时准确控制压力，既保证成品板的胶合强度，又不产生鼓泡和开胶现象。

（6）裁边时使板子的对角线偏差小于订单要求的偏差。

（7）如何调整砂光机做到等厚砂光。

（8）胶合板的外观质量等级判定。

（9）胶合强度测定中木材破坏率的判定。

（10）甲醛释放量的检验。

（11）对检验结果进行判断、对质量缺陷进行分析和提出解决措施。

任务 3.1 调 胶

工作任务

---

1. 任务书

按本项目生产指令单中普通胶合板产品要求，调制脲醛树脂胶，甲醛释放量为 E_2 级。

2. 任务要求

（1）完成对原胶的质量检测。

（2）正确配制固化剂溶液。

（3）计算原胶和辅助材料用量。

（4）正确调试调胶机并完成调胶操作。

3. 任务分析

本次任务训练的是根据产品的要求，用调胶机调制脲醛树脂胶。通过本任务训练和学习，要掌握胶合板用胶的质量指标及性能、调胶原辅材料种类、加料比例及方法，掌握不同作业环境下胶中固化剂的用量及面粉的用量，认识调胶机，掌握调胶机的操作方法及注意事项。

虽然在胶合板生产工艺流程中没有显示调胶过程，但它是布胶前的一个关键工序，胶合板的预压效果、成品板的强度与该工序有直接关系。调胶后混合胶黏度过大，对单板的浸润性不好，如果黏度太低，又会出现透胶现象，也影响胶合强度。调胶时，不但要注重各种原料及辅料的配比范围，还要考虑到作业环境（温度及湿度）和生产要素（单板材种及含水率等）的变化对产品质量的影响，在实训过程中，可能发现高温条件下调好的胶会出现适用期过短的现象，或者温度或原料含水率相差较大。应分析原辅材料的多少对产品质量的影响，通过改变调胶配比来满足生产需要。

4. 材料、工具、设备

（1）原料：脲醛树脂原胶、氯化铵、面粉、草酸、甲醛捕捉剂、三聚氰胺。

（2）设备：调胶机。

（3）工具：酸度计、pH试纸、旋转黏度计、量杯等玻璃器皿。

引导问题

1. 脲醛树脂胶与酚醛树脂胶各有哪些特性？

2. 胶黏剂中常用的添加剂有哪些？分别起什么作用？

3. 用9层2.1mm厚的杨木单板生产厚度为18mm的胶合板，胶合板幅面为1220mm×2440mm，一张胶合板的混合胶用量大约为多少？原胶及面粉用量各是多少（参照脲醛胶配方计算）？

4. 如何使用旋转黏度计？

5. 用不同比例的面粉调胶，观察混合胶对单板浸润性能的差异。

6. 试验用细砂光粉替代面粉或部分替代面粉，对胶合板产品质量会有什么影响？

相关知识

1 胶合板用胶黏剂的种类和性能要求

胶合板用胶主要有蛋白质胶和合成树脂胶两大类。由于蛋白质胶强度及防水性都低于合成树脂胶，目前生产中常用的胶黏剂是合成树脂胶黏剂。按胶合条件，胶黏剂分为在加热条件下固化和不加热条件下固化两种。根据外形，胶黏剂有液体的、粉状的、薄膜状的。

合成树脂胶按制取方法分为缩聚树脂胶和聚合树脂胶，按加热后变形与否分为热固性胶和热塑性胶。当在不溶解的固态下加热时，不发生可逆变化的胶属于热固性胶；具有加热时变软和冷却时变硬性能的胶属于热塑性胶。

在胶合板生产中，胶合板胶黏剂除应满足一般木材胶黏剂的必要条件以外，还应具备来源广、价格低、水溶性，对铁、橡胶等物质不腐蚀，耐老化，易洗净，黏度调节方便等特点。广泛应用的为热固性缩合树脂胶，如脲醛胶、酚醛胶。在制作细木工板拼板时，广泛应用热塑性聚醋酸乙烯酯乳胶，使之形成弹性胶合。

（1）脲醛树脂胶　脲醛树脂是水溶性胶，其作业性能好，容易制造，而且价格低廉，具有一定的耐水性，有良好的胶合强度和较快的固化速度，因此使用最为广泛，是胶合板用主要胶种。由于脲醛树脂抗老化性能较差，因此主要用于室内制品。为改善脲醛胶抗老化性能，可用苯酚、甲酚、间苯二酚、硫脲甲醛、三聚氰胺等和它共缩聚进行改性。另外，用醋酸乙烯树脂和它混合，可调制成各种改性的脲醛树脂胶黏剂。

胶合板生产对脲醛树脂胶的指标要求见表3-1。

表3-1　胶合板用脲醛树脂胶质量指标

检验项目	指　标	检验项目	指　标
黏度（涂-4杯，25℃）	25~40s	固体含量（%）	48~56
pH值	6.8~7.2（精密试纸）	游离甲醛含量	<0.2%（氯化铵法）
固化时间（100℃，s）	80~100	适用期（25℃，h）	4~6

（2）酚醛树脂胶　酚醛树脂有很高的胶合强度和抗老化性能，但价格较高，主要用于室外用胶合板的生产。酚醛树脂有水溶性和醇溶性两种，胶合板一般使用作业性能好的水溶性胶黏剂。由于其向木材的渗透性大，因此必须加入填充剂。通常可以不加固化剂，也可以加入固化促进剂。醇溶性的酚醛树脂胶黏剂有常温固化型（使用时加固化剂）和高温固化型（涂胶、干燥后在 130~140℃加热固化）。另外，也可使用高温固化型胶黏剂浸渍施胶的纸张，经干燥成为胶膜纸。

酚醛树脂胶黏剂虽然有极好的耐候性，但对单板含水率的控制要求严格，存在热压温度要求高、热压时间比较长等许多对胶合板制造不利的因素，为改善这一缺陷，往往使用间苯二酚或三聚氰胺共缩聚的改性酚醛树脂胶黏剂。

2　胶黏剂中的添加剂

（1）固化剂　固化剂是加速胶固化的催化剂。生产胶合板所用固化剂能电离出 H^+，使胶液 pH 值下降，使脲醛树脂胶继续反应，生成不溶、不熔的体型结构的树脂。最常用的固化剂为氯化铵，其价格便宜，溶水性好，无毒无味，使用十分方便。除此以外，一些酸类（盐酸、苯磺酸等）和强酸弱碱盐（硫酸铵、氯化锌等），也可作脲醛胶的固化剂，可以单独或混合使用。近年来低毒性脲醛树脂胶的研究表明，由于胶中游离甲醛含量很少，仅用氯化铵做固化剂，固化时间较长，故采用多组分固化剂来加速胶的固化，常用的混合固化剂有氯化铵与草酸的混合固化剂。在使用固化剂时要兼顾胶的活性期和固化速度，胶的活性期不应小于 3h，时间太短不利于组织生产，但同时应保证必要的固化速度。

酚醛树脂胶由于树脂活性大，加热后会很快固化，所以热压用胶一般不加固化剂，只是冷压用胶要加入苯磺酸、石油磺酸等固化剂。

（2）填料　胶合板用胶一般都加填料，其目的是减少树脂用量、降低胶的成本和改善胶的使用性能。加入适量填料后，可以增加胶的固体含量，提高黏度，防止胶液渗透和薄单板透胶，改善胶的预压性能；减少胶层的收缩应力，提高胶合强度，提高胶层耐老化性能；减小胶层脆性，减小因温度变化引起的胶与木材膨胀系数的差异；降低游离甲醛含量，减少环境污染；可延长适用期，改善作业条件等。

填料按化学组成可分为有机填料和无机填料。有机填料可以提高树脂胶合性能，强化胶层，提高弹性模量和改变其性能，如小麦粉、木粉、豆粉、淀粉、栗子、可可、胡桃果壳粉、α-羟甲基纤维素和树皮粉等。但这些填料用量过多，反而会降低胶的性能。无机填料有高岭土、白垩土、石棉、石膏和玻璃粉等，无机填料不会改变胶的性能，主要增加胶的体积。

填料的粒度不仅影响胶固化后的强度，而且决定填料在胶中能否均匀地分散和沉淀。填料微粒尺寸一般在 $1\sim20\mu m$ 范围内。填料量的多少影响胶的活性期及胶合强度，一般依胶种与胶体的固含量不同而不同。

（3）改性剂　胶合板生产常用的脲醛树脂胶和酚醛树脂胶都是比较理想的胶种，但在性能上也有某些不足，通常在这些树脂或其合成过程中加入某些改性材料，以改善其性能。

脲醛树脂胶常用橡胶类乳剂、聚醋酸乙烯乳剂、苯酚、间苯二酚、苯基鸟粪胺、三聚氰胺、聚乙烯醇等材料进行改性处理。在脲醛胶中加入适量橡胶类乳剂，可使胶层强度大为提高，胶中游离甲醛量减少 1/2，胶的黏度下降，活性期增加，这种胶用于冷压或热压胶合。胶中加入聚醋酸乙烯乳剂，可使胶层弹性和胶合强度大为提高，能加快室温下固化速度。在树脂反应时加入苯酚、间苯二酚和苯基鸟粪胺，可使其胶合强度和耐水性大大提高。用浓度为 30%的氨基环氧树脂作改性剂，可以提高脲醛胶的耐水性和胶合强度，降低游离甲醛含量，这种胶可用于低温下高含水率木材的胶合。加入适量聚乙烯醇（0.5%～1%），可用于预压成型，在国内胶合板生产中已得到广泛应用。

酚醛树脂胶的固化温度较高，热压时间较长，在调胶时加入 1.5%的栲胶后，能在 120～130℃的较低温度下固化，热压时间也可以缩短。加入 25%～30%的间苯二酚可获得同样效果。酚醛树脂胶中加入橡胶类材料，能具有更高的耐热性和黏弹性。

（4）缓冲剂　有时在固化剂中加入一些缓冲剂，如尿素、六次甲基四氨（乌洛托品）、氨水等，加入缓冲剂的目的是避免调好的混合胶固化过快，以延长胶的适用期。可以将几种物质混合使用，如果胶的固化时间能满足生产要求，也可以不加缓冲剂。

（5）甲醛捕捉剂　甲醛捕捉剂有氨水、尿素、三聚氰胺及间苯二酚等能与甲醛起反应的化学物质，可以在生产脲醛树脂胶的后期加入，也可以调胶时加入，还可以在压板后喷蒸或喷洒使用，以达到消除或减少甲醛的目的。生产中也可将几种捕捉剂按一定比例混合使用，如果使用环保脲醛胶，可以不加甲醛捕捉剂。

（6）其他材料　调胶过程中可加入铁红粉（氧化铁 Fe_2O_3，一般其加入量为原胶的 0.01%左右）、木材红、木材黄或其他颜色的颜料物质，加这些物质是起着色作用，便于观察单板涂胶是否均匀。

3　胶黏剂调制工艺

在进行调胶时，要注意控制好胶中应加成分的数量、加料的顺序，要有足够搅拌时间使各种材料混合均匀，使多组分材料在短时间内不析出、不沉淀。调胶质量可用"调胶后黏度"来控制。下面介绍几种常见胶种的调胶工艺。

（1）泡沫脲醛树脂胶的调制　其配方（按质量计）为：树脂 100 份，血粉 0.5～1 份，氯化铵 0.2～1 份，水 2～4 份。血粉是起泡剂，使用前用其重量 4 倍的水浸泡 1h，调胶时先将树脂加到起泡机中搅拌，起泡机转数为 250～300r/min，然后加入血粉起泡 5min，后加入浓度为 20%的氯化铵溶液，再搅拌 5min，体积增加 2～3 倍即可使用。这种胶外观为不流动稠浆状，密度为 0.3～0.4g/cm³，活性期不小于 3h。

（2）预压用脲醛树脂胶的调制　其配方（按质量计）为：树脂 100 份，氯化铵 0.2~1 份，氨水 0~0.4 份，面粉 3~6 份，花生壳粉 6~9 份。调胶时先将树脂加到调胶机中，然后加面粉并搅拌 10~15min，直到胶中没有面团为止（也可以先用部分树脂将面搅拌至糊状，然后加入全部树脂搅匀）。再加入花生壳粉搅拌 5min，最后加入浓度为 20%的氯化铵水溶液和浓度为 25%的氨水，一起搅拌 5min，放置 15min 后即可使用。

（3）酚醛树脂胶的调制　其配方（按质量计）为：酚醛树脂 100 份，白垩土 7~12 份，木粉 3 份，三聚氰胺 1~3 份，水 2.5~5.0 份。搅拌器转数为 140~150r/min。调胶时依次加入各组分。每次搅拌 5~10min，加完各组分后再搅拌 20min 即可使用。

（4）胶膜的制备　制造航空胶合板使用热固性酚醛树脂胶膜，以保证产品质量。因此，要预先制造酚醛树脂胶膜。浸渍胶膜通常使用醇溶性或水溶性酚醛树脂，其技术指标见表 3-2。

表 3-2　浸渍用树脂的技术指标

项　目	浸渍树脂	
	醇溶性	水溶性
树脂含量（%）	28~32	30~33
黏度（恩格拉度，20℃）	3~15	45
相对密度	0.960~0.965	1.035~1.040
碱度（%）	不限	不大于 2.50
树脂聚合速度（s）	55~90	—

如果使用水溶性酚醛树脂，则需用水和酒精稀释，以降低胶膜的脆性，减少破损。其配方如下：水溶性酚醛树脂（固体含量 45%）50kg，水 15kg，酒精 15kg。

胶膜纸浸胶和干燥可采用卧式或复式浸渍机，浸渍的工艺条件见表 3-3。干燥时应保持稳定的温度、风量及移动速度。对胶膜纸应进行胶膜厚度、浸胶量、挥发物含量及树脂可溶率的测定。用作航空胶合板的胶膜还应进行重量测定、可溶树脂含量测定和胶膜胶合强度的检验。

表 3-3　浸胶的工艺条件

浸胶机的形式	干燥温度（℃）			风　量	纸　速（m/min）
	入口端	中　部	出口端		
卧式浸胶机	80	90	100	适量鼓风	1.2~1.4
复式浸胶机	40	60	85~87	自然对流	0.5~0.7

4　调胶机

调胶机由桶体、传动系统及搅拌器组成，如图 3-1 所示，其中图（a）的传动系统是带式减速机减速，图（b）的传动系统是摆线针轮减速机减速。

搅拌器的种类很多，可根据胶液黏度的不同选取。图 3-2 所示为调胶机的搅拌器，有框式搅拌器、锚式搅拌器、LG 螺旋式搅拌器、高速分散盘式搅拌器，还有桨叶式搅拌器、推进式搅拌器和叶轮式搅拌器等。近些年生产中常用较先进的噪声较小的摆线针轮减速机式调胶机，搅拌器多采用锚式和高速分散盘搅拌器，如图 3-2（b）、（d）所示，因为这些搅拌器搅拌效果比较好，也容易清洗。

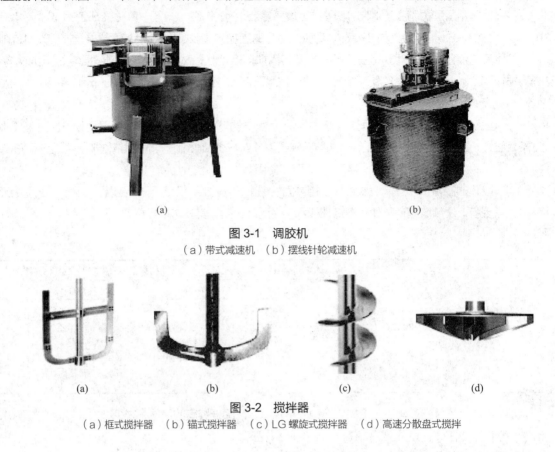

图 3-1　调胶机
（a）带式减速机　（b）摆线针轮减速机

图 3-2　搅拌器
（a）框式搅拌器　（b）锚式搅拌器　（c）LG 螺旋式搅拌器　（d）高速分散盘式搅拌

任务实施

1　任务实施前的准备

（1）班级学生分组：每 6~8 人一组。

（2）了解相关设备安全操作规程，熟悉化学制品有关安全常识。

2　原胶检测

调胶之前，需要检测原胶的黏度、pH 值、固体含量、游离甲醛含量及固化时间（见先修课程相关内容，可参考 GB/T 14074—2006《木材胶黏剂及其树脂检验方法》），如果与生产作业标准相差较大，需要调整其他辅助材料的加入量，根据固化时间确定固化剂的加入量。

如果布胶量适中，使用游离甲醛为 0.2% 的脲醛树脂胶即可使胶合板产品达到 E_2 级甲醛释放量要求。

3　固化剂溶液配制

配制固化剂溶液：配制浓度为 20%～25% 的氯化铵溶液。氯化铵溶液在常温下的饱和浓度为 25% 左右，随着温度下降，饱和度会有所降低。氯化铵溶液浓度不能太高，否则溶液易饱和，出现固体析出和重结晶现象，积存到调胶机的底部角落，造成局部 pH 值过高，使胶液固化形成胶块或胶疙瘩。

4 计算所用胶量及辅助原料用量

4.1 计算原胶用量

各种原料加入配比见表 3-4。

表 3-4　脲醛树脂胶调胶配比表

物料名称	脲醛胶	面　粉	固化剂	铁红粉
加入量（kg）	100	15～30	0.3～1	少许

如果所用胶黏剂强度或甲醛释放量达不到要求，可以添加改性剂或甲醛捕捉剂，具体加入量可通过试验得到，也可以采用经验数据。

双面涂胶时，涂胶单板为合板的偶数层芯板。如三层板只涂中层单板，五层板则涂 2、4 层，以此类推。芯板的布胶量随厚度不同而不同，可参考表 3-5。

表 3-5　单板厚度范围与布胶量范围

单板厚度（mm）	<1.5	1.5～2.2	>2.2
布胶量（g/m²）	260～300	280～320	300～360

根据每张胶合板各层芯板所需混合胶量、胶合板面积计算出一张胶合板的用胶量；根据订单数量计算出所需混合胶的总量；根据表 3-4 推算出所需原胶的量（一般为 10%左右），确定为生产或采购原胶的量。按照用多少、调多少的原则，在用量不是很大的情况下，要计算好用胶量，避免造成浪费。

4.2 计算辅料用量

以原胶用量作为基值，根据面粉及固化剂的加料比例，计算出辅料的用量，将固化剂换算成所配固化剂溶液的加入量。

5 调胶操作规程

5.1 开机前检查

（1）检查调胶机的运转状态是否正常；

（2）检查调胶罐进、出胶阀门是否完好、能否灵活开启，检查搅拌器运转是否正常，避免生产操作过程中出现故障无法清理和维修。

5.2 计量用胶量

计算好每罐胶需要加入的原胶量，放入调胶罐中。生产中一般用齿轮泵将原胶打入调胶罐中，可以根据流量计的读数参考确定。一般流量计量程较大时，读数误差较大，可事先在调胶桶上画出高度标线定量胶的多少（如果原胶密度变化较大时，可以用标准密度进行换算）；也可以用齿轮泵将原胶先打到高位贮胶罐中，调胶时直接从高位贮胶罐中放胶。

5.3 调胶

（1）加入原胶，开动搅拌器。

（2）在不断搅拌的同时加入计量好的面粉，搅拌至无面粉疙瘩为宜，如需要加入其他添加剂，也可在此时加入。

（3）用量杯量取固化剂，边搅拌边缓慢加入固化剂溶液，生产中，每罐胶加入的原胶用量、辅助原料用量都固定时，在一段时间内加入的固化剂量也基本上不变，所以，一般用量杯直接量取即可。

（4）混合胶搅匀后，静置 10～20min 后即可使用（由于面粉中的麦蛋白面筋具有弹性、吸水性和延伸性，搅拌完静置后，能使面筋网络伸展、不聚结，便于均匀涂胶）。

图 3-3　旋转黏度计

（5）用旋转黏度计检测混合胶的黏度，如图 3-3 所示，因为调好的混合胶黏度较大，测定不同的黏度范围，采用不同型号的转子。根据温度和单板含水率的不同，黏度应在不同范围，每次取样放在涂胶作业现场，观察混合胶的适用期和胶的黏度变化情况，根据胶的黏度变化、板坯的预压效果和涂胶现场的作业环境温度，及时调整面粉和固化剂的加入量。

（6）每调一罐胶都要以表格的形式记录所用原胶、面粉、固化剂用量，调胶时间，混合胶黏度、pH 值及适用期，统计当班各种原、辅材料用量，方便生产成本计算，记录本要保存备查。

■ 拓展训练

调胶工序对组坯及胶合板产品质量的影响很大，可以改变以下某一因素，进行调胶试验：

（1）配制混合固化剂　目前大多数产品都采用环保型脲醛树脂胶，为了既保证胶的适用期，又保证板坯的预压效果，可根据胶的固化时间和作业环境，将草酸与氯化铵按一定比例配成溶液混合使用。

（2）不同树种的单板　不同树种的单板，pH 值会不同，要根据树种的 pH 值综合考虑固化剂的加入量。有时会用不同树种组坯，要兼顾各种单板的 pH 值。可以先进行调胶、预压及热压试验，根据操作情况和成品板的检测结果确定固化剂的加入量。

（3）不同作业环境固化剂的用量　无论采用哪种固化剂，在 20～25℃作业条件下，如果生产杨木树种的胶合板，以调胶后混合胶的 pH 值在 3.5～4.0 为宜，如果作业环境温度低，可适当增加固化剂的用量。

（4）单板含水率的影响　为了保证预压效果，如果单板含水率偏高，调胶时需要适当增加面粉用量和固化剂的用量，单板含水率偏低，还可向胶中加适量的水，以保证胶液浸润性能，使胶能均匀涂在单板上。

（5）调胶量的确定　每罐胶调多少，要根据组坯生产效率和产量来确定，既要保证不影响涂胶生产使用，又要保证每罐胶在适用期内用完，要做到少调、勤调，保证胶的黏度维持在一个稳定的范围内。

（6）添加剂的选择　调胶过程中，可以添加各种添加剂，如低甲醛释放量的甲醛捕捉剂、增加胶合强度的三聚氰胺等，还可以添加细砂光木粉，既可以降低生产成本，用木粉后也可以提高胶合板的弹性模量。

（7）混合胶留样　每调一罐胶，都要取一杯胶样，放到涂胶机现场（与涂胶作业环境一致），目的是观察此胶的适用期，以便总结和记录每罐胶的活性期，调胶罐内的混合胶应在活性期之内使用完。

任务 3.2　涂　胶

工作任务

1．任务书

对项目指令单中普通胶合板产品的芯板进行涂胶操作。

2．任务要求

（1）根据单板厚度正确调试涂胶机。

（2）正确操作涂胶机完成涂胶操作，正确控制涂胶量，均匀涂胶。

（3）完成布胶量检测操作。

（4）完成涂胶机的清洗操作。

3．任务分析

涂胶也称施胶或布胶，就是按工艺要求将胶黏剂均匀地涂到单板上，通过冷压使各层单板坯黏合成一张厚板坯，最后经过热压制成强度较高的胶合板。

在本任务的完成过程中，涂胶机的调试很关键，如两涂胶辊间隙过大或过小，就会出现涂胶量过大、过小或涂胶量不均匀的现象，有时还会出现涂胶单板的松紧面颠倒，使成品板出现翘曲现象。混合胶的黏度和单板的质量也会影响涂胶的质量，如果混合胶的黏度过稠，可能出现布胶量过大，而黏度过小，则会使布胶量过小；单板的含水率过小，布胶量会偏大，含水率过大，布胶量就会偏小；单板厚度不均匀、有毛刺、沟痕和瓦楞等缺陷，也会造成涂胶量不均匀的现象。所以，在涂胶前，应该检测混合胶的黏度、单板的含水率和调好涂胶机。

通过本任务的实施，要学会涂胶机操作，能将单板均匀地涂胶。在完成涂胶任务过程中，要经常检验涂布量的多少与均匀程度。单板的涂胶量均匀与否，通过颜色的深浅程度可以判断，有经验的检验员用手划涂过胶的单板，通过颜色的深浅即可判断出布胶量的大小。

4．材料、工具、设备

（1）原料：干燥后的杨木单板、脲醛树脂混合胶、苛性钠溶液、醋酸。

（2）设备：调胶机、四辊筒涂胶机、液压升降台、叉车。

（3）工具：毛刷、天平、量杯等玻璃器皿。

引导问题

1．如何确定单板的施胶量？与哪些因素有关？

2．分析影响施胶质量的因素。

3. 施胶方法有哪些？各有何特点？

相关知识

---

1 施胶量和施胶质量

1.1 施胶量

施胶量是指单板施胶后单位面积上胶黏剂的质量，以单位"g/m^2"表示。有单面涂胶量和双面涂胶量两种指标。胶合板生产多采用芯板双面涂胶，因此涂胶量为双面涂胶量。

施胶量是影响胶合强度的因素之一。胶量过大使胶层增厚，应力增大，反而使胶合强度下降，而且浪费胶液，也不经济。施胶量太小则形成不了连续胶层，也不利于胶向另外一个胶合表面转移。

施胶量大小是由胶种、树种和单板厚度决定的。如对厚度为 1.25～1.50mm 的单板施胶，采用酚醛树脂胶（固体含量 45%～50%），桦木单板涂胶量为 220～250g/m^2，椴木 240～260g/m^2，水曲柳 280～300g/m^2；采用脲醛树脂胶（固体含量 60%～65%），桦木单板 240～260g/m^2，椴木 260～300g/m^2，水曲柳 300～350g/m^2。针叶材比阔叶材用胶量大，厚单板比薄单板用胶量大。另外，单板含水率对涂胶效果以及产品质量也有影响，用脲醛树脂胶生产胶合板，单板的含水率要求在 8%～12%范围内，单板含水率过高或过低，会使布胶量过大或过小，影响成品板的质量。用酚醛树脂胶生产胶合板，单板含水率要求在 6%～10%，单板含水率过高，热压过程卸板时会产生鼓包或放炮现象。

实际施胶量的大小与下列因素有关：

（1）涂胶辊之间的距离及涂胶辊与挤胶辊之间的距离，通常上述距离越大，涂胶量越大。

（2）单板长度和涂胶量有关系，通常涂胶辊第二圈以后，涂胶量有减少的趋势。

（3）涂胶辊与挤胶辊的线速度之比也影响涂胶量。

（4）胶黏剂黏度越大，涂胶量越大。

（5）单板进料速度越快，涂胶量越大。

（6）单板表面粗糙度越大，涂胶量越大。

（7）单板的紧面（正面）的涂胶量比松面（背面）少 10%～15%。

（8）涂胶辊橡胶的磨损程度如果严重，则涂胶量有减少的趋势。

1.2 影响施胶质量的因素

施胶质量可以从胶层的厚度和施胶的均匀性两方面来衡量。胶层的厚度薄，且能形成连续均匀的胶膜，说明施胶质量好。

影响施胶质量的因素，主要有胶黏剂本身的质量和施胶时的工艺条件。胶黏剂的质量特别是胶黏剂的黏度要符合工艺要求。黏度过大，施胶时不容易施胶均匀；黏度过小，则施胶时容易产生透胶现象，使单板表面缺胶不能形成连续的胶膜。除胶黏剂外，其他工艺操作也要符合要求，如辊筒涂胶，应避免涂胶辊不均匀磨损而影响施胶均匀性，要保证涂胶均匀和胶量一定。

2 施胶方法及设备

单板施胶是将一定数量的胶黏剂均匀地涂布在单板表面上的一道工序。对于航空用Ⅰ类薄型胶合板，为确保质量和施工方便，直接采用胶膜纸胶合，这种胶合方法成本很高。目前普通胶合板所用胶黏剂多为液体胶，按所用设备不同，可分为辊筒涂胶、淋胶、挤胶和压力喷胶等方法。

2.1 辊筒涂胶法

辊涂法是把附着在胶辊上的胶液涂在单板上。此法多为单板双面涂胶，可采用双辊筒涂胶机或四辊筒涂胶机。

（1）双辊筒涂胶机　双辊筒涂胶机的工作原理如图 3-4 所示。双辊筒涂胶机结构简单，成本低，两辊筒内部是钢结构，外面包耐磨橡胶层，橡胶表面有平行于圆周的突起胶线（酚醛胶多用平辊筒，脲醛胶用直螺纹），以增加摩擦力。两辊外径相等，上、下辊筒安装在轴线平行的一个垂直平面上，两辊向相反方向同步对转，两辊之间的间隙靠丝杠调节大小。施胶量的大小主要靠调节上、下辊筒间距和上辊筒的压力来控制。辊筒上沟纹形状和数量对施胶量也有影响。

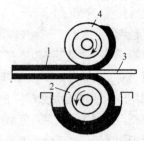

图 3-4　双辊筒涂胶机工作原理
1. 胶层　2. 下胶辊　3. 单板
4. 上胶辊

涂胶机运转前，一般调整两辊筒间隙略小于单板厚度，两轴线要平行。运转时，下辊筒半浸在供胶槽中并将胶液带起，再传递到上辊筒，胶液液面高度以达到下辊筒直径的 1/3 为宜。单板通过两辊筒间隙后即可双面涂胶，根据涂胶机的胶辊结构特点，生产中过胶单板长度应小于辊筒周长，否则，单板后部分的上表面会无胶可涂。生产中使用这种涂胶机，都是间歇操作，即间隔一周待上辊筒涂满胶后再送下一单板，才能保证单板能全部涂上胶。如果对厚单板进行单面涂胶，可使两辊筒之间间隙稍大些，以上辊筒不沾胶为最小间隙，单板通过涂胶机时，上辊筒无胶，下辊筒将胶涂于单板下表面。

双辊筒涂胶机是较落后的设备，涂胶量不易控制，单板不平时易被压碎，辊筒周长必须大于单板长度，因而辊径大。但其结构简单，便于维护，多用于小规模胶合板厂，在我国胶合板生产中依然应用较广。

（2）四辊筒涂胶机　四辊筒涂胶机在一定程度上克服了双辊筒涂胶机的缺点，涂胶均匀，其工作原理如图 3-5 所示。

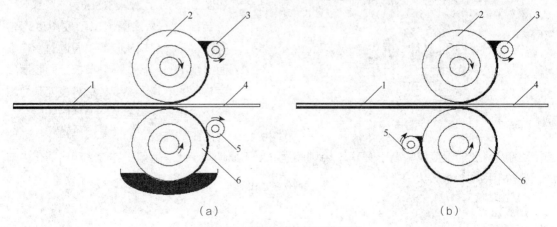

（a）　　　　　　　　　　　（b）

图 3-5　四辊筒涂胶机工作原理
（a）下挤胶辊后置式　（b）下挤胶辊前置式
1. 胶层　2. 上涂胶辊　3. 上挤胶辊　4. 单板　5. 下挤胶辊　6. 下涂胶辊

四辊筒涂胶机除两个涂胶辊以外还装有两个挤胶辊，涂胶辊内部是钢结构、外面包耐磨橡胶，直径为240~340mm，挤胶辊是表面镀铬或覆硬橡胶的钢制辊筒，直径小于涂胶辊。挤胶辊的线速度低于涂胶辊15%~20%，分别与上、下涂胶辊接触转动，起着刮胶作用，它与涂胶辊距离是可调的，用以控制施胶量。所有辊筒轴线都平行安装，两涂胶辊轴线在同一垂直平面靠链轮带动同步运转。涂胶辊下方装有清洗槽，为洗涤胶辊排出污水用。由于四辊筒涂胶机上、下同时供胶，解决了双辊筒涂胶不均的问题。

根据下挤胶辊安装位置的不同，四辊涂胶机又有两种结构形式：一种是上、下挤胶辊均在涂胶辊的后面，如图3-5（a）所示，上涂胶辊是靠上挤胶辊与之摩擦来均匀供胶，上挤胶辊与涂胶辊两端有挡板，避免胶液淌出，下涂胶辊是靠下供胶槽来供胶，通过下挤胶辊与涂胶辊的摩擦，使下涂胶辊表面均匀供胶；另一种是下挤胶辊在下涂胶辊的前面，如图3-5（b）所示，涂胶辊的供胶在下挤胶辊与下涂胶辊之间的空隙处，靠下挤胶辊均匀刮平供胶，可不用安装下供胶槽（如果有下供胶槽，可用于清洗涂胶机用），使用这种涂胶机，在清洗之前可以用最小限量供胶，能减少胶的损失。

新型四辊涂胶机具有免磨损、涂胶均匀、速度快、不黏辊等优点，适应于芯板、二次贴面板的普通胶合板的涂胶，也适合地板基材的涂胶。

为了保持涂胶机良好的工艺性能，应注意对它的保养，定期用温水清洗，如遇到局部固化，可用毛刷蘸3%~5%的苛性钠溶液清洗。如果涂脲醛树脂胶，尚需用醋酸中和，然后用清水洗涤。涂胶机用久了，由于磨损，涂胶辊需要拆下送制造厂将外面的橡胶层重新包胶处理，现已有不用拆卸即可研磨胶辊胶层的新型涂胶机，在胶合板生产厂即可进行涂胶辊的平整处理。

涂胶机系统包括涂胶机、传动系统、送板台和液压升降台。送板台位于涂胶机的后面，其作用是将待涂胶的单板送入，它可以与涂胶机同步运转，也可与涂胶机不同步运转或停车，有的送板台上还有带齿叶轮，以便更快地输送单板；升降台位于涂胶机的前面，其作用是承载单板，通过脚踏开关或手动开关控制液压系统升降，一般脚踏开关居多，灵活又方便。

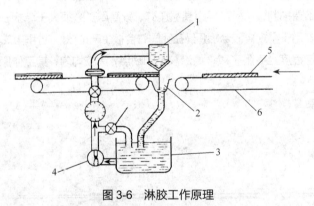

图3-6 淋胶工作原理
1. 淋胶头 2. 接胶槽 3. 沉降槽 4. 胶泵 5. 单板 6. 运输带

2.2 淋胶法

淋胶是一种高效率单面施胶方法，是从油漆行业引进过来的，其工作原理如图3-6所示。胶黏剂进入淋胶头，在一定压力下从底缝流出形成厚度均匀的胶幕，当单板从胶幕中通过时便在板面上留下一层。淋到单板上的胶层厚度与胶的流量、黏度、材料表面张力和单板进料速度等有关。增加胶的流量、提高胶的黏度、降低单板进料速度都能使胶层增厚，胶的温度应略高于20℃，否则胶层厚度不易均匀。此法适用于连续化和自动化生产线，但对不平的单板效果较差。

2.3 挤胶法

挤胶装置由贮胶槽和装在其下部的一排圆柱形流胶孔组成。挤胶法是将高黏度或打泡的胶液经过挤胶器小孔施到单板上，其工作原理如图3-7所示。单板在挤胶器下通过，胶呈条状流下，落到单板上。胶条方向应与单板纤维方向垂直。施过胶的单板大约一半面积没有着胶，预压时胶液可扩展成完整的胶层，也可用表面上覆有一层硅橡胶的辊筒把单板上的胶条展平。使用打泡的胶时可加大挤胶孔直径，避免孔的堵塞。

挤胶法的主要优点是节省胶黏剂，可使耗胶量降到 $60 \sim 70 g/m^2$，并可在高温单板上施胶，进而缩短胶合时间，但使用时应防止胶孔堵塞。

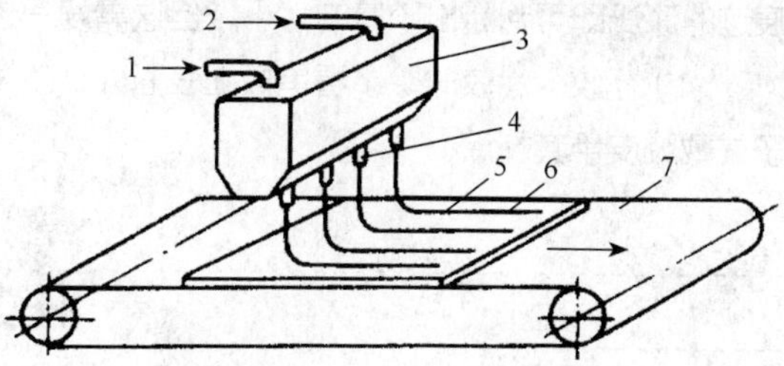

图 3-7　挤胶工作原理
1. 压缩空气进孔　2. 胶液进孔　3. 胶槽　4. 挤胶机
5. 胶条　6. 单板　7. 运输带

2.4 喷胶法

喷胶法是对胶施以较高压力（$3 \sim 6MPa$），使其从胶嘴中高速喷出，喷出的胶是旋转着前进的，这样分散性好。为了施胶均匀，喷胶嘴应当尽量小一些（$\phi 0.3 \sim 0.5mm$），但容易堵塞，这就要求胶液清洁，也要注意胶的黏度。喷胶法效率较高，但胶量控制较难。喷胶法的工作情况与淋胶法相似，也是在单板前进中施胶。

淋胶、挤胶、喷胶三种施胶方法是近年来出现的新的施胶方法，其共同特点是生产效率高，施胶质量好，便于实现涂胶和组坯连续化。目前我国胶合板企业生产规模较小，产品规格多变，仍广泛使用辊筒式涂胶机。辊筒涂胶适于手工作业，但不利于实现生产的机械化与连续化。各种施胶法的比较见表 3-6。

表 3-6　各种施胶方法的比较

比较指标	施胶方法			
	辊筒涂胶	淋　胶	挤　胶	喷　胶
生产效率	中	高	中	高
施胶均匀性	中	高	高	中
施胶量调节	能	能	能	较困难
胶液回收	能	受限制	能	可以
单板粗糙度影响	能	不能	不能	不能
胶液过滤	不用	用	用	用
经济性	中	好	好	好

3　单板输送

胶合板生产线上的物料多数采用辊轮台或叉车输送，采用辊轮台输送可节约成本、节省能源，但占地面积较大，也需要用少量叉车和轨道平车配合；采用叉车输送物料能源耗费较大，但较灵活，节省占地面积。

4　拓展知识

（1）快速试验混合胶的质量　胶合板的质量除了取决于涂胶量合理和均匀与否外，胶黏剂的质量和调胶的配比也有很大关系。检测调好的胶能否达到预压效果，可用拇指和食指捏起混合胶，两指揉搓胶，待胶将干时，张开两指，会在两指间形成黏丝，这样的胶冷压效果较好。

（2）快速测量布胶量　检测布胶量时，取样的单板通常用一个固定的规格尺寸，测量时既快又省事，能尽快将布胶量调到最佳范围。

（3）经验确定布胶量　有经验的师傅，在观察布胶量大小时，用手在涂胶的单板上划出痕迹，通过痕迹的深浅即可判断出胶量的大小，但这需要一定时期工作经验的积累。

（4）补胶　涂胶时除了看单板上表面外，还要察看下面是否有漏涂现象，如发现有漏涂现象，用刷子或戴胶皮手套补涂。

任务实施

---

1 任务实施前的准备

（1）班级学生分组：每6~8人一组。

（2）了解相关设备安全操作规程。

2 涂胶机调试

通过调节两轴端位置，先将涂胶辊在前后方向上调节到垂直平面上，再用手柄调节丝杆，使两涂胶辊达到平行，使其两端间隙相等。新型涂胶机通过空压机调节丝杆上限位块，既准确又省力。

3 上料

用叉车将单板垛叉到涂胶机后面的升降台上，摆正单板垛的位置，使单板纤维方向与涂胶机垂直。

4 涂胶

（1）送单板　送板操作工站在升降台后面负责送单板，要戴手套操作，防止单板毛刺划手，轻轻用力将单板送到涂胶辊间隙处，靠胶辊的转动和挤压完成单板涂胶，通过对面悬挂的镜子观察涂胶单板的情况和需要推送单板的时机，不断向涂胶机缝隙中推送单板。送板时不能用力太大，以免将单板损坏。如果涂胶时修补过的单板补片掉下，应及时通知接板工将补片补胶并对好挖孔摆放，送单板时不能重叠。

（2）放胶　从调膜机中放胶后，应将上涂胶辊与挤胶辊之间的新、陈胶充分混合，避免新放胶处因胶黏度小造成布胶量减小。下胶槽的胶因为受胶辊的转动摩擦，黏度会增大，因此一次不可放太满的胶，还应经常从上胶辊处放下新胶混合后使用。

（3）布胶量检测　布胶量检测是胶合板生产过程中很重要的一项工作，通常是由品管员定时检验，以将布胶量控制在合理的范围内。测定方法是将与组坯单板等厚的单板裁成同样规格的三块样块，先分别测量样块的长和宽，并称重，记录后进行涂胶——通常将三块样块分别放在涂胶辊的两端和中间，观察涂胶机两端和中间的布胶量是否均匀。涂胶后再称重，计算出单板的布胶量，根据单板厚度和工艺要求判断布胶量合理与否。根据各样块涂胶量的大小调节胶辊的平行位置。

布胶量计算公式为

$$G = \frac{m_2 - m_1}{A}$$

式中：G ——单板布胶量（g/m²）；

m_2 ——布胶后单板质量（g）；

m_1 ——布胶前单板质量（g）；

A ——面积（m²）。

（4）涂胶机清洗　每次停产前都要进行胶机清洗。清洗前，下胶槽的胶液以最小量使用为宜。停机前，将胶槽位置抬高，当下涂胶辊接触不到胶液时，就可停机。将下胶槽内的胶液清理出，如果短时间内即恢复生产，可将此部分胶贮存起来与新胶混合共用；如果停产时间长，此胶只有扔掉，但不能直接倒入水体、农田或其他危害人群健康的地方，要与环保部门取得联系，将废胶送到专门存放有毒有害固体废弃物的贮存场所贮存，不能污染水源或影响生态环境。

■ **拓展训练**

用手试验混合胶的拔丝程度，判断调胶是否符合要求。

任务 3.3　组　坯

工作任务

1．任务书

按本项目生产指令单中普通胶合板产品规格进行手工组坯操作。

2．任务要求

（1）组坯单板要"一边一头齐"。

（2）叠芯和离缝要符合质量要求。

（3）正确处理或避免短尺现象。

（4）保持板面清洁，避免松紧面颠倒。

（5）对组坯板垛进行编号。

3．任务分析

组坯就是将涂胶单板按一定方式摆放在一起组成胶合成板板坯的过程。组坯分手工组坯和机械组坯两种，本任务是采取手工组坯方法，将涂胶后的单板按照生产工艺要求进行组坯，使学生掌握组坯要领。机械化组坯在相关知识中作简单介绍。

组坯是涂胶的后一道重要工序，应该遵守胶合板的构成原则，即对称原则和奇数层原则。摆放单板时应上、下两层纵横交错，要齐边齐头，两单板之间的叠芯和离缝应尽量小，单板的松紧面不能随意颠倒。

4．材料、工具、设备

（1）原料：涂胶单板、面板、背板、中板。

（2）设备：组坯台、叉车。

（3）工具：天平、干燥箱、含水率测定仪、直尺、橡胶手套。

引导问题

1．手工组坯应注意哪些事项？

2．胶合板的构成应遵循哪些原则？

3．涂胶单板陈化有何意义？如何掌握陈化时间？

4．机械组坯有哪些方法？

相关知识

1 胶合板的构成原则

木材具有各向异性的特点，主要表现为木材的干缩与湿胀，各项物理和力学性能在各个方向有很大的差异。新采伐的木材到完全干燥（绝干），顺纹方向的收缩为 0.1%～0.3%，径向收缩为 3%～6%，弦向收缩为 6%～12%；力学性能仅以抗拉强度而言，顺纹方向约为横纹方向的 20 倍。为了使胶合板有较好的特性，木材这种固有的缺点应使其构成胶合板后从整体上不再体现出来，为此单板在组成胶合板时应遵循以下原则。

1.1 对称原则

对称原则就是要求胶合板对称中心平面两侧的单板，无论树种、单板厚度、层数、制造方法、纤维方向、含水率等都应该相互对应一致（图 3-8）。

胶合板在组成上有均层的（各层单板厚度相同）和非均层的（各层单板厚度不同）。对于非均层，其对应层和单板厚度一定要相同；对于采用混合树种的胶合板，其对应层树种一般来说也应该相同。

由于木材具有吸湿膨胀、排湿收缩的特点，所以当含水率发生变化时，各层单板都要发生形变。这种形变随木材的纤维方向不同而不同，因此引起的应力大小也就不一样。其应力大小可用下式计算：

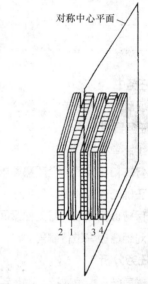

图 3-8　五合板对称中心平面及对称层（层 1 与层 3、层 2 与层 4 为对应层）

$$\sigma = E\varepsilon$$

式中：σ—— 应力（MPa）；

E—— 材料的弹性模量（与单板的树种、含水率等有关，MPa）；

ε—— 应变（与单板材种、纤维方向等有关）。

通过上式可知，弹性模量不同，应力不同；应变不同，应力也不同。如果不符合对称原则，对称中心平面两侧对应层单板的树种、厚度、层数、制造方法、纤维方向、含水率等有某些差异，就会使对称中心平面两侧单板的应力不相等，特别是当胶合板含水率发生变化时，这种应力区别就更大，会导致胶合板变形以致开裂等缺陷。当符合对称原则时，胶合板中心平面两侧各对应层不同方向的应力大小相等，在胶合板含水率发生变化时，各层应力虽有变化，但对应层的应力变化是均等的，因此，其结构稳定，不会产生变形、开裂等缺陷。所以对称原则成为一切人造板产品必须遵守的基本原则。

也有胶合板产品采用不对称结构的，但无论采用什么结构和树种，要保证胶合板产品不变形和不开裂，各层单板应力达到平衡是一种先决条件。

1.2 奇数层原则

胶合板的层数必须是奇数。由于胶合板的结构是相邻层单板的纤维方向相互垂直，而且必须符合对称原则，因此，它的总层数只能是奇数。

胶合板受力时往往以弯曲的形式出现，弯曲时其内部水平剪应力的分布情况如图 3-9 所示，可以看出水平剪应力的最大值分布在中心层平面上。如果是偶数层胶合板（图 3-10），虽然也符合对称原则，但偶数层的中心对称平面是在胶层上，一般来说胶层比较脆，弹塑性没有木材好，而受水平剪应力又最大，这样就容易使胶层剥落，使合板的胶合强度降低。另外偶数层胶合板要符合对称原则，其中间相邻两层单板的纤维方向就必须相同，这种结构相当于一张厚芯的三层胶合板，这种结构不能带来板子性能的改善，只会消耗更多的木材、工时和胶黏剂。如果遵循奇数层原则，则水平剪应力最大值分布在中间层芯板上，这样就避免了采用偶数层结构所带来的缺陷。另外，从胶合板双面涂胶的生产工艺上考虑，采取奇数层组坯也方便生产操作。某些生产地板基材的产品，因为胶合强度并不是重要质量指标，只考虑浸渍剥离试验，故也有采用偶数层单板组坯工艺的。

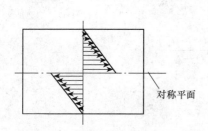

图 3-9　弯曲时水平剪应力分布图

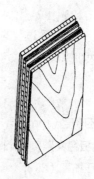

图 3-10　符合对称原则的四层胶合板结构图

过去还提出过层的厚度原则，意指对同一厚度的胶合板，其单板越薄，层数越多，胶合板的纵横向强度差异越小，则其物理力学性能越均衡。但在实际生产中，单板的厚度是受到限制的，况且用很薄的单板制造胶合板，会导致生产过程过分复杂，生产率降低，原材料消耗增加，成本提高。因此，层的厚度原则目前已不再提倡。在实际生产中，应根据产品用途来选择适当的单板厚度。

2　涂胶单板的陈化

单板涂胶后，在热压之前放置一段时间，这个过程称为陈化。其目的是使胶液浓缩，避免热压时鼓泡；使涂胶后的单板充分膨胀，克服叠芯离缝等缺陷。陈化的方式有两种：单板涂胶后在组坯以前放置一段时间，称为开放陈化；单板涂胶后即组坯，在上压机前放置一段时间，称为闭合陈化。

涂胶单板陈化这种工艺方法一般应用于含水分大的胶黏剂，如豆胶、不脱水脲醛树脂胶和中板涂胶后不干燥的酚醛树脂胶等。

陈化时间随车间的温度及胶种而异。脲醛树脂胶陈化时间为：车间温度 15～25℃时，陈化 25min；车间温度在 26℃以上时，陈化 15min。

涂胶后的单板如果较长时间密集堆积起来，若采用了高摩尔比的胶，板坯会出现温度升高现象，如桦木板坯可高达 50℃。主要原因是木材吸湿后放出热量的积累。这种堆积热会使胶黏剂早期固化，使黏度降低，导致单板渗胶过多，从而降低胶着力，在生产中要引起注意。

3 涂胶单板的干燥

涂胶单板一般不干燥，只是有的特种胶合板、表层改薄普通胶合板或当涂胶后单板含水率过高时，对单板要进行干燥处理。涂胶单板的干燥，应在胶中水分渗入单板内部以前迅速将水分排出，否则水分过多渗入单板内，板面胶量减少，会使胶合强度下降。

单板初含水率、施胶量、胶黏剂种类、干燥设备内介质温度、风速和相对湿度等是决定单板干燥过程的条件，其中干燥温度是主要条件。干燥温度越高，干燥速度就越快；但是温度过高会引起部分树脂分子固化，甚至表面出现气泡，所以干燥温度应适当，一般在70~80℃范围内，最高不超过90℃。干燥后的质量要求为：单板表层不起泡，水分和挥发物含量为6%~12%（薄板可为8%~12%，厚板和多层板可为6%~8%）；胶黏剂的固化率小于2%~3%。

单板干燥的设备有两种：简易干燥室和传送式干燥机。

4 组坯

组坯就是将面、背板和涂过胶的芯板组合成板坯。板坯厚度是按成品厚度、加压过程中板坯压缩率及表面加工余量的大小来决定的，可用下式计算：

$$S_0 = \frac{100(S+C)}{100-\Delta}$$

式中：S_0 —— 板坯厚度（mm）；

S —— 胶合板名义厚度（mm）；

Δ —— 板坯压缩率（%）；

C —— 胶合板表面加工余量（mm）。

压缩率的大小因树种、含水率和热压条件等不同而有所差别。通常材质松软、含水率高、压力大、温度高、加压时间长，则压缩率大；反之则压缩率小。压缩率与成品性能有密切关系，板坯压缩率对于普通胶合板来说一般为5%~10%。

胶合板各层单板可以是等厚度的，也可以是表板薄、芯板厚的结构。后者能更好地利用优质木材。目前生产中表板厚度普遍采用0.6mm。

算出板坯厚度后，要确定各层单板厚度，进行搭配，在实际生产中还应与旋切机制造单板的名义厚度相适应。配出的板坯厚度应在标准规定的偏差范围内。

胶合板中各层单板的质量要求是不同的。面板要求最高，这是区分胶合板等级的重要依据；背板质量可略低一些；芯板虽然对材质要求不高，但要平整，对缺陷要很好的修补。组坯时，每张胶合板面板与背板的质量要求和搭配应符合国家标准规定。

4.1 手工组坯

手工组坯是靠人力将单板组成坯板的过程，它也有两种方式，一种是组坯台在涂胶前直接摆板组坯；另一种是组坯台分散在其他作业区，单板涂胶后，用小手推车接板分散到各组坯台分别组坯。前者由于受组坯工序的制约，涂胶机生产效率较低，此法多用于基板的二次贴面涂胶组坯工艺；后者可以充分发挥涂胶机生产效率，一台涂胶机可同时给多个组坯台供涂胶板。

目前我国胶合板生产仍然以手工组坯为主，手工组坯要注意以下几点：

（1）组坯时要"一边一头齐"，为板坯胶合和裁边设立基准。

（2）对闭合陈化方式，使用零片组坯要根据单板吸水后膨胀规律预留缝隙，通常以 1～2mm 为宜，避免胶合板产生叠芯、离缝等缺陷。对于干燥中易产生变形的树种（如黑杨），宜采用二次涂胶二次热压工艺。

（3）板坯中对称配置的单板应该背面朝向板坯内，表板紧面要朝外。

（4）芯板与表板、长中板木材纹理应相互垂直。

（5）小窄条单板要放在中间，防止搬运和装板中错位、歪斜而造成次品。

（6）表芯板加工余量要相适应，芯板比表板略小一些，以防止胶压时胶液被挤出，污染和腐蚀热压板。

4.2 机械化组坯

机械化组坯又称自动化组坯或连续组坯，包括"施胶—组坯—热压"工序，就是利用机械装置自动搬运单板进行涂胶和组坯的操作过程。

在胶合板生产中，制约生产能力提高的瓶颈就是单板整理和组坯工序，"施胶—组坯—热压"这一工段所花费的劳动力相当于整个胶合板生产的 1/4 左右。如果能利用整张化的单板采取机械化组坯，会使生产效率大大提高。所以组坯作业机械化，是提高劳动生产率、实现胶合板生产连续化的重要一环。而实现组坯机械化，首先必须做到芯板整张化，而且单板尺寸要规格，以解决窄芯板宽窄不一、叠芯离缝给组坯带来的困难；目前芯板整张化比较成功的办法是用三、四条热熔性树脂尼龙线将芯板胶成整张板。其次是应采用合适的施胶方法，为配合机械化组坯，需采用淋胶、挤胶、喷胶等施胶方法，协调整个作业线。其三是单板必须用整平机整平，单板从板垛中递送到组坯台的设备要适用。

目前机械化组坯在国内应用得还较少。下面介绍几种采用不同施胶方法的机械化组坯。

（1）单面淋胶法上胶组坯机械化　这种方法适用于酚醛树脂胶厚胶合板生产。它的组坯机构由两部分组成：一是接受单面淋胶的背板、芯板和中板的升降台，由于挡板的关系，叠合一边靠齐；二是组坯台上方的自动落板架，它接受负压吸箱搬移来的面板。在已淋上胶的芯板和中板叠合达到规定层数后，自动落板架动作（开合）将面板落在板坯上，完成一张板坯的组坯操作。两条这样的生产线由一个人管理，每班可生产 12000m² 胶合板。

（2）辊筒涂胶机上胶的组坯机械化　七层胶合板组坯生产线如图 3-11 所示。组合七层胶合板坯时，在涂胶机后边应放置四个板垛，即背板垛、两个中板垛和面板垛，芯板垛放在涂胶机前边。工作时吸盘从板垛 6、7、8、9 上各吸起一张单板，接着运输带启动，带着单板向前移动。当背板运动到配坯台上方时，运输带停止运动，打落装置将单板打落到配坯台上。接着运输带、盘式运输机启动，从板垛来的芯、中板在配坯台的上方相遇，芯板是涂过胶的。相遇后运输机停止运动，打落装置再次启动，两张单板被打落在配坯台上。同样芯板与板垛来的中板和面板再依次相遇，并落到配坯台上，完成一个七层胶合板的配坯过程。

用这种方式可以配制各种层数的胶合板，如配制三层胶合板时，在涂胶机后边只放两个板垛，即背板和面板垛就可以了。

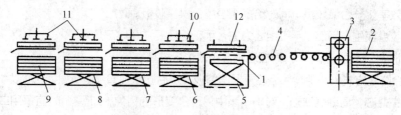

图 3-11　七层胶合板组坯生产线

1. 配板台　2. 芯板垛　3. 辊筒涂胶机　4. 盘式运输机　5. 带挡块的链式运输机　6. 背板垛

7、8. 中板垛　9. 面板垛　10. 带孔皮带　11. 真空吸盘　12. 打落装置

在生产中，各层单板的落板时间间隔很短，通过调整各吸盘和运输带的启动时间来确定。随着组坯高度的增加，组坯台下落装置自动下降。

生产过程中，各单板原料是用叉车或辊台运送到指定位置，操作人员只需要调胶、放胶、供应单板原料，另外需要监视生产线的运行是否正常，出现故障应及时停车。

（3）挤胶法施胶的三层胶合板生产线　挤胶法施胶的三层胶合板生产线如图 3-12 所示，整个生产线布置成 L 形。

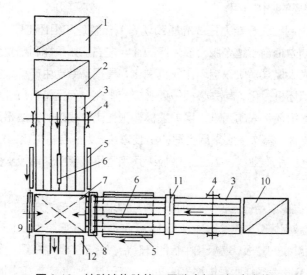

图 3-12　挤胶法施胶的三层胶合板配坯生产线

1. 表板垛　2. 背板垛　3. 运输机　4. 裁边机　5. 夹板器　6. 压杆　7. 配坯台

8. 挤胶头　9. 接胶槽　10. 芯板垛　11. 剪板机　12. 板坯出料运输机

组坯时由一名工人将板垛上的芯板放在运输带上，经裁边机锯成一定长度。在生产线的另一端由工人将板垛上的面板和背板紧密相对，合在一起放在运输机上，经锯裁后与芯板在生产线中部施胶处汇合在一起。相互垂直的两条传送带上各装一对夹板器，可夹住单板送到施胶位置。每对夹板器装有可伸缩的压杆，当单板被送到施胶位置时，压杆将单板压到下面的板垛上，夹紧器松开，回到起始位置。接着开始施胶，挤胶器用不锈钢制成，装在一个跑车上，在往复运动中施胶，板垛不动。

这条生产线每日三班生产，日产可达 697m³（按板厚 9.35mm 计算），接近一台 36 层热压机的生产能力。如配制 1525mm×1525mm×4mm 胶合板的板坯，两个工人每小时可组坯 250 张，劳动时间消耗为每人 0.85h/m³。

5 拓展知识

5.1 不对称结构胶合板

有些企业的胶合板产品，因为使用和成本的需要，采用不对称的结构。有的采用不对称树种的单板，也有的采用不对称厚度的单板。但无论采用什么结构，只要能使各层单板应力综合后达到平衡，就可以生产出不变形的胶合板产品。另外，各层涂胶量也可不同，厚单板的涂胶量要比薄单板的大，这样才能保证成品板的质量。

任务实施

---

1 任务实施前的准备

（1）班级学生分组：每6~8人一组。

（2）了解相关设备安全操作规程。

2 手工组坯

单板手工组坯与配套工序关系密切，手工组坯排板时，要按配套层数摆放单板，接缝要紧密，摆好齐边与齐头，避免叠芯和离缝，避免短尺现象。

（1）摆好齐边齐头 组坯时板坯也要有齐边、齐头，一般组坯在组坯台上操作（图3-13），组坯台相邻的两个边有相互垂直的两块固定挡板作基准靠板（即齐边和齐头靠板），摆单板组坯时，各单板都要紧靠齐边和齐头，裁边时以齐边和齐头作为基准紧靠在锯机的导板上，齐边和齐头加工余量较小，才能保证成品板各层单板完整不缺层。

无论干单板还是涂胶单板，每层单板都要做到一边一头齐，不允许齐边齐头有短尺现象（面、底板如果有轻微的短尺现象，可以兼顾齐边和齐头，即齐边挡板留出5~10mm的距离，裁边时齐边齐头要裁掉10mm左右的宽度，确保面、底板不缺边）；齐边和齐头要相互垂

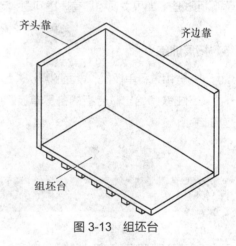

图3-13 组坯台

直；单板摆放组坯后，其规格尺寸必须大于成品板5~10cm，这是保证裁边后各层单板都完整、不缺层的必要条件。

（2）避免叠芯和离缝 叠芯和离缝也叫重叠和离缝，都是针对碎单板而言。叠芯就是组坯时两张单板的边部重叠在一起，离缝即同一层的两张单板边部之间有一定的间隙。

组坯时，各层中单板之间的缝隙要尽可能小，至少要达到工艺允许的范围内。窄小单板条应摆放在板坯的中间位置，避免在搬运和热压机装板过程中单板条掉下或错位而出现叠芯和离缝现象。

产品等级不同，衡量叠芯和离缝的参数也不同，某些产品要求不是很严格时，允许≤1mm的重叠和离缝。生产地板基材时，原则上不允许有叠芯和离缝现象。

有时采用短尺的单板也容易出现叠芯和离缝现象，如果配套工序没有挑出短尺单板，在组坯时应及时挑出。

（3）去掉单板垃圾、保证板面干净　在组坯过程中，发现有单板垃圾，要及时清理，避免产生重叠开胶现象。面、底板的正面不能沾上胶，避免造成板面污染出现透底现象，也避免冷压后两板坯相互粘接和热压时黏热压板现象。

涂胶的橡胶手套要保证不把胶沾到面、底板的正面，除第一张板坯和最后一张板坯，中间过程的面、底板应该是面–底板一起拿起，一方面避免弄脏板面，另一方面也提高组坯效率。

（4）注意松紧面　紧面也叫光面，是单板旋切时的正面，板面上有凹坑；松面也叫毛面，是单板旋切时的背面，板面上有凸起的包。摆板时，要按照配套的顺序拿取，严格区分涂胶板与干板的正、反面，不能随意翻转单板，保证单板松紧面的对称一致，避免造成板子变形。

排板时发现有漏胶的单板，应通知涂胶工停止送板，及时补胶，漏掉的补片应及时补胶并对好。

（5）不排错层　摆板时，各板坯层数不能多少不一，不得出现多层、少层现象，每一张板坯摆完后，要加一小单板条作为与下一张板坯分隔的依据，也便于统计组坯数量。

（6）加放垫板　组坯板垛到一定高度时，要加入工作垫板，避免因板坯之间的水分太多，造成板坯过分不平整。一般组坯每隔 300～500mm 高度，就需要加放一张工作垫板。

（7）及时收板　熟练摆板工摆一垛板的排板时间不超过 60～90min。应及时收板进预压机，避免时间过长造成胶黏剂预固化，影响胶合板产品的胶合强度。

（8）板垛标号　每垛板坯都要标明台号和进机时间，作业现场温度高时收板间隔时间短，温度低时间隔可长些。如果发现组坯有质量问题，可根据台号追溯板坯来源，有利于管理和提高产品质量。

■ **拓展训练**

1. 分组进行单板松、紧面的辨认。

2. 由教师给出胶合板的各层单板厚度要求，各组设计用非均层单板涂胶组坯的工艺，进行配套训练。

 任务 3.4　预压与预压后修补

工作任务
----

1. 任务书

按生产指令单的质量要求，完成组坯单板的预压和冷修。

2. 任务要求

（1）确定组坯台收板的合理时机。

（2）按工艺要求计算预压机的表压力。

（3）正确操控预压机，设定表压力，明确预压周期、时间，进行板坯的装板、预压、卸板操作。

（4）根据标准检验预压板坯的质量。

（5）进行板坯的冷修。

3. 任务分析

预压（又称冷压）工序是将组坯的单板在常温下冷压成型。其意义是：在修整板坯的面板和底板的叠芯和离缝缺陷时，可以随意翻板而不散坯；向热压机送板时各层单板不错位，以保证产品质量；方便向热压机快速送板，避免最下胶层提前固化并提高热压机效率。

如果生产三层胶合板，采用整张单板组坯，可以不经过预压而直接进行热压。

预压是介于组坯和冷修之间的工序，之所以进行预压，是因为组坯的单板不是整张，规格、层数也较多。为了保证胶合板产品质量，获得较好的预压效果，应该及时到组坯台收板进预压机，还要根据冷修工序的待修板坯的数量决定板坯出机的时间。

预压机操作手应该掌握板坯的最佳装板时间，根据涂胶单板上胶的黏稠状况适时装板；应能根据工艺要求计算表压力，根据生产作业环境控制预压时间。预压板坯的规格是毛坯尺寸，计算表压力时应准确估算板坯面积。

4. 材料、工具、设备

（1）原料：杨木单板组坯后得到的板坯、胶带、冷修胶黏剂。

（2）设备：冷压机、叉车、冷修工作台。

（3）工具：美工刀、直尺、卷尺、橡胶手套。

引导问题

---

1. 板坯预压有何意义？
2. 影响预压效果的因素有哪些？
3. 板坯预压的工艺要求是什么？
4. 常用的预压设备及技术参数是什么？
5. 怎样计算预压时的表压力？
6. 预压后的板坯为什么还要再次修补？怎样修补？
7. 复习单板整修及相关标准内容。

相关知识

---

1 板坯预压的意义

板坯在进入热压机之前，先放入冷压机中在室温下将板坯加压，靠胶的初黏性使单板黏合在一起，这个过程称为预压。

采用预压生产方式有利于产品质量的提高，可以减少热压过程中的辅助时间，缩短热压周期，提高热压机的生产率；使板坯运输和装卸方便，便于运用机械装卸板，能降低工人劳动强度；可减小热压板间距和垫板运输设备，节约能源。

为了适应预压工艺要求使胶黏剂具有一定的初黏性，要对胶黏剂进行改性。酚醛树脂胶陈化后黏度很大，可直接满足预压要求。脲醛树脂胶则需改性，可加入适量填料如小麦粉、豆粉等，或在合成时加入适量聚乙烯醇进行改性。

2 板坯预压工艺

预压工艺条件随树种、胶的性能不同而有异。目前国内使用的聚乙烯醇改性脲醛胶，板坯陈化时间20~40min，压力0.8~1.2MPa，加压时间10~30min。预压机内板坯的数量以允许间隙内能够装满一次或几次热压机为宜。

在人造板生产中，通常说的单位压力即板子单位面积所承受的压力的大小，这对应过去所称的压强，由预压或热压工艺要求来决定。预压的单位压力一般小于或等于热压时的单位压力。为方便对预压机或热压机的压力操控，需要将已知的单位压力（常简称压力）换算为表压力。计算公式如下：

$$P = \frac{P_1 \times F}{K \times n \times A} = \frac{4P_1 F}{K \times n \times \pi \times d^2} \qquad (3-1)$$

式中： P —— 热压机（预压机）表压力（MPa）；

P_1 —— 板坯承受的单位压力（MPa）；

A —— 油缸面积（cm^2）；

d —— 油缸直径（cm）；

n —— 油缸数量；

F —— 板坯面积（cm^2）；

K —— 工作压力有效系数，通常取0.9~0.92。

预压周期是指将组坯完成的板坯送入预压机，到将板坯送出预压机能自由翻板的时间。一般脲醛树脂胶的预压周期为40~200min，采用酚醛树脂胶的预压周期为20~120min。

3 影响预压效果的因素

（1）胶黏剂的影响 胶合板的预压效果与所用胶种和胶黏剂的质量有很大关系，采用酚醛树脂胶要比脲醛树脂胶的预压时间短。胶黏剂的质量主要是受制胶工艺和配方的影响，如果胶黏剂黏度大，预压周期就较短，黏度小，预压周期就长。

生产胶合板用的脲醛树脂胶除了要选择合理的配方和工艺外，一般还需要加入一定数量的聚乙烯醇，以提高胶黏剂的初黏性。

环保胶的预压周期要比一般胶的预压周期长，就是说，胶黏剂中的游离甲醛对预压效果影响很大。游离甲醛含量较高时，在固化剂的作用下，胶固化得快，预压时间就短；游离甲醛含量较低时，预压周期就相应延长。

（2）固化剂加入量的影响 调胶时加入的固化剂也是催化剂的一种，其目的是使胶黏剂继续进行缩聚反应，最终生成不溶、不熔的网状结构分子，这时的树脂才能有强度。预压就是要找一个胶黏剂既没有完全固化、又能将单板黏结在一起的时段，确切地说，找到胶黏剂的预固化期。

在同样条件下，施加的固化剂多，固化速度就快，预压效果就好，固化剂少，胶黏剂反应速度减慢，预压效果就不好，会出现散坯现象，无法进行后面的冷修工序。但如果固化剂过多，会使胶黏剂的固化速度太快，在没热压前胶黏剂就已经完全固化，这样会影响板子的胶合强度。

（3）面粉加入量的影响　调胶时加入的面粉，除了起填充作用外，还能提高胶黏剂的黏度，使胶黏剂变稠。加入的面粉多，板坯的预压周期就短，但面粉过多，会影响板子的胶合强度。

（4）布胶量的影响　布胶量大，预压效果好，布胶量小，预压效果就差些，但布胶量过大，胶黏剂带入的水分增大，单板中水分饱和时，反而影响预压效果。

（5）单板树种的影响　一般来说木质坚硬、纹理较细的硬杂木预压效果不如木质松软、纹理较粗的树种预压效果好，因为预压时，胶黏剂对硬杂木的润湿性能不好。

（6）单板含水率的影响　单板含水率高，预压时间就长，含水率低，预压时间就短。生产胶合板要求单板的含水率在 8%～12% 之间，既能保证预压效果，又能兼顾热压过程不产生放炮现象。

（7）单板厚度对预压的影响　预压周期随单板厚度的增加，时间变长。为了保证胶合板的胶合强度，厚单板的涂胶量要大于薄单板的涂胶量，涂胶量小的薄单板水分蒸发得快，预压效果就好、预压周期短，厚单板因为布胶量大，所以预压周期就长。

（8）环境温度的影响　板坯的预压效果也受生产现场温度的影响，如果温度高，有利于涂胶单板中水分的蒸发，预压时间就短；温度低时，预压周期就长。

（9）环境的湿度的影响　湿度大，空气中的水分多，涂胶单板中的水分蒸发不出去或蒸发得慢，要达到预期的预压效果，所需时间就长；湿度小，板坯中的水分蒸发得快，预压周期就短。

综上所述，在确定预压周期时，应该综合考虑各种因素，以达到预期的效果。预压机操作人员要通过实践摸索和总结经验。

对于某些预压效果不好的板坯，可以采取闭式陈放的方式，待涂胶板上的胶黏剂半干或有些黏手后再送进预压机，以缩短预压周期。

4 板坯预压设备

预压设备一般采用冷压机，有上压式和下压式两种，上压式装卸板方便，便于机械化操作，故最为常用。国内设计的预压机压板间隔高度（开档）为 1～1.5m，最大单位压力 1.5MPa，总压力 4500kN，压板宽 1400mm，长 2650mm。在配备预压机时，要与热压机相匹配，可采用两台预压机供应一台热压机的形式。

预压机一般由机架、固定横梁、活动横梁、进出板装置、油缸及液压系统、电控装置组成。表 3-7 为 BY814×8 预压机的性能及参数。

表 3-7　BY814×8 型预压机性能参数

性能指标	参　数
柱塞油缸	2 个 φ320mm
柱塞油缸行程	800mm
液压系统	手自动一体加微电脑控制
液压系统耐压	25MPa
主油泵	100∶100 双联叶片油泵
加压油泵	10mL/rev 柱塞油泵

性能指标	参　数
主电动机	7.5kW
加压电动机	5.5kW
预压机开档	1700mm
主机架尺寸	3360mm×1250mm×3960mm
上横梁	800mm
下横梁	800mm
主机架采用钢板厚度	30、22、12mm
活动横梁	2500mm×1250mm×400mm
活动横梁采用钢板厚度	22mm

5　预压后板坯的修补（冷修）

　　经过预压的胶合板板坯已经基本成型。由于胶黏剂具有初黏性，预压后的板坯中，单板与单板之间已经具有一定的黏结力。面、背板及芯层单板的轻微变形也已经整平。由于组坯预压以及面背板和芯层单板造成的缺陷已完全暴露出来，因此，预压后要根据国家标准进行半成品检验并及时修补（冷修），以减少胶合板缺陷，提高产品质量和等级，为生产优质胶合板创造条件。

　　冷修就是对板坯的面、背板上的叠芯、离缝、孔洞等单板缺陷进行修整，它是保证板面质量的关键环节。实践中也把这一工序叫"二修"，就是单板经过整理后第二次修整，也有的工厂叫"开补"，即将叠芯的部位用刀开掉，将离缝和孔洞用补片补全。

　　对预压板坯的面板、背板进行冷修，首先要掌握单板等级和标准，了解订单中面板、底板的板面质量要求，知道什么样的缺陷需要修补，其次是掌握单板整理的要领和方法。

　　冷修工序较简单，但是质量合格与否不易量化，虽然按照标准进行整修，还需要有一定的经验才能正确判断和操作。

　　上述各类缺陷修补后，可再进入预压机进行短时预压，也可以用橡皮锤锤击局部加压，或直接进入热压机。

6　拓展知识

6.1　层层修割工艺

　　随着木地板行业的兴起，胶合板工业中地板基材的生产占据了大量的生产份额，对产品质量提出更为严格的要求，产品的技术指标普遍高于普通胶合板。为了减少或避免叠芯和离缝，可采取层层修割的工艺，以达到无叠芯和离缝的现象。

　　方法为以最少的层数（两层或三层）组坯、冷压后，修割两个表面层的单板缺陷，然后再涂胶贴两层单板，冷压后再修割两个表面层的单板，通过多次重复，直至完成所有单板的组坯和预压，最后进行热压，这样生产出的胶合板很少有叠芯和离缝现象。

任务实施

1 任务实施前的准备

（1）班级学生分组：每6~8人一组。

（2）了解相关设备、工具安全操作规程。

2 收板

及时到组坯台收板，尤其作业温度高时，板坯边部风干得快，会影响预压效果，也影响胶合板成品边部的胶合强度。如果一垛板坯小于预压机的最小开档，可用其他板坯或垫板补充。板垛上面要加盖垫板，避免运输和进压机过程中板坯内的单板错位。

3 预压

先按照工艺单的单位压力，根据式（3-1）计算预压机的表压力，将表的压力指针调整到计算的限位。按动压板升起按钮，装板前将压板升起，用叉车或辊台将板坯垛送到预压机的进料辊上，板坯垛进预压机时，要保证板垛垂直、不偏、板坯与预压板平行。按动进板按钮，使板坯置于预压板下方，距压板四边的距离相等，以免造成预压机偏载而损坏。

按预压板下降按钮，记录预压时间、压力，以控制出板垛时间，并在板坯垛上用带颜色涂料标明组坯班组和台号，如发现质量问题，可以追溯质量责任。

板坯预压好后及时出板，按动按钮，使压板升起，如果发现预压未达到预期效果，可再闭合压板适当延长预压时间；如果因为下一道冷修工序工作量大，不能及时进行冷修，可以将预压好的板坯再放入预压机中，避免边部风干。

4 预压后板坯修补

（1）修割叠芯　叠芯缺陷超过订单面、背板质量要求的，冷修时要用刀割开，叠芯的大小判断要准确，修割要准确、恰到好处，不能割得过大。

（2）修补离缝　按照订单面、背板的质量要求，对于超过标准的离缝用单板条涂胶后补上，再用免水胶带固定；对于单板表面的孔洞、脱落死节等缺陷，用刀割出同样形状的单板片，涂胶后补好，再用免水胶带固定；采用的单板补条或补片要与面、背板厚度一致、颜色相近，补片不能大于孔洞，避免产生再次叠芯现象。冷修补片所用胶黏剂应与板坯所涂胶一致，避免胶黏剂的固化温度不一致导致开胶现象。冷修时小的孔洞可以不修补，热压后通过刮腻子即可填平。

（3）双面修补　冷修时，两人一组修一垛板坯。一人修完面板后，将板翻到另一垛上，另一个人修背板。在板坯翻动过程中，要清除板面的垃圾和杂物。

（4）凹陷、压痕　这类缺陷是由托板造成的，应更换或修补托板。

（5）垛齐　修补好的板坯要摆正码齐、齐边，不可随意摆放，冷修好的板坯应立即送到热压工序，进行热压。

（6）再冷压　如果热压机被占用或热压机生产效率低，冷修完的板坯不能马上进热压机，可将此板坯再进入预压机进行冷压（压力很小），或垛好放在避风处，避免板坯边部胶的固化程度加重。一般采用脲醛树脂胶，从调胶到进热压机的时间间隔不能超过 12h，如果采用酚醛树脂胶，调胶到进热压机的时间不能超过 24h。

■ 拓展训练

1. 记录不同含水率的单板涂胶组坯后的预压周期，并进行总结。
2. 用不同比例的调胶配比涂胶并组坯，记录预压时间和预压效果，进行对比总结。

任务 3.5　胶合板胶合

工作任务

---

1. 任务书
按照生产任务指令单中的规格质量要求，压制杨木树材胶合板。

2. 任务要求
（1）根据树种、胶种、板坯厚度、产品厚度、板坯含水率等因素制定热压工艺，合理确定工艺参数并画出热压工艺曲线。

（2）练习热压板温度调整和校准的方法。

（3）按规程检查、调整热压机，为胶压做好准备。

（4）按既定的工艺要求完成相关压力、温度、时间仪表的设定。

（5）操作热压机完成胶压操作，保证热压过程按工艺要求准确实施。

3. 任务分析
本任务是将板坯装入热压机中，通过加热、加压使胶黏剂充分固化，制成强度较高的胶合板的过程。热压是胶合板生产中的最关键工序，它直接影响胶合板的胶合强度和产量。

在热压过程中，热压压力、热压温度、热压周期是影响产品质量的关键工艺参数，要从以下几个方面加以控制：

（1）热压温度的确定　热压温度主要根据胶黏剂的种类确定，重点掌握脲醛和酚醛树脂胶的温度选择，还要考虑单板含水率的因素。

（2）热压压力的选择　热压压力过大，板坯的压缩率太大，原料成本增加；压力过小，板子胶合强度减小，影响产品质量。应按照工艺要求控制压力在合适的范围内，操作中要根据单位压力计算热压机的表压力。

（3）热压周期的确定　热压周期主要根据板坯厚度、单板含水率、胶种、热压温度及热压压力等因素确定，该过程比较复杂，在实践中应对每一实施工艺及时总结经验，通过检验产品质量找出最合理的热压周期参数。

4. 材料、工具、设备
（1）原料：单板组坯后的杨木板坯（已预压）。

（2）设备：热压机、进出板架或升降台、叉车。

（3）工具：红外线温度测试仪、卸板推杆、扳手等维修工具、直尺、卷尺、手套。

<hr>

引导问题

1. 胶合板的胶合方法有哪些？各有何特点？

2. 分析胶合板的缺陷及产生原因。改进缺陷的措施有哪些？

3. 热压胶合过程可分为哪几个阶段？各有什么要求？

4. 热压时间、压力、温度如何确定？如何用热压工艺曲线来表示？

5. 什么是热压机的表压力？与胶合板承受的单位压力如何换算？

6. 胶合板的实际厚度为什么比热压前板坯的实际厚度小？

7. 有的热压工艺为什么要采用三段降压？

8. 针叶材单板有哪些胶合特点？厚板胶压有什么要求？

9. 某木业公司生产规格为 1220mm×2440mm×15mm 的胶合板，按工艺要求，生产胶合板的单位压力为 0.8MPa，用油缸直径为 400mm 的双缸热压机，热压时热压机的表压力应设定为多少？（毛坯板长和宽各留出 50mm 加工余量，压力有效系数取 0.91，计算结果保留一位小数。）

10. 设计用脲醛树脂胶生产胶合板表压力速查表：成品板规格为 1220mm×1830mm（毛坯尺寸宽边加 50mm，长度方向加 80mm），油缸直径为 400mm 的双缸热压机，单位压力从 0.6 到 2.0MPa，压力有效系数取 0.91。

<hr>

相关知识

1 干热法胶合工艺

按照单板含水率大小和是否对板坯进行加热，胶合方法可分为湿热法、干冷法和干热法三种。目前应用最普遍的是干热法。

干热法是将经过干燥后含水率为 6%～12% 的干单板经涂胶、组坯（预压）后在热压机中胶合的一种方法。板坯在热压机中经短时间加热便接近了热板温度，使胶合过程大为缩短，生产效率很高。胶合成品质量良好，力学性能比冷压的高，板的颜色与天然木材没有多大差别，耐水性高，板的内应力在采取一些工艺措施以后可以降到允许范围。单板的天然缺陷可通过修补来消除，以提高木材利用率。使用干热法胶合的板坯厚度应限制在 20mm 以下，热压时木材有一定压缩。

胶合板胶合应具备的条件是：胶黏剂对被胶合材料有良好的黏附性能；胶黏剂与单板能充分接触；在充分接触条件下胶层固化。

为保证产品质量，胶合工序要制定合理的胶合规程。下面对干热法作重点分析，湿热法和干冷法在"拓展知识"部分简单介绍。

干热法胶合是在多层热压机中进行的。使用带装卸板机的多层压机时，其工作程序是：首先将预压成型的板坯逐张装入装板架，然后通过装板机将一车板坯推入热压机中，压机闭合、升压，并在一定压力下

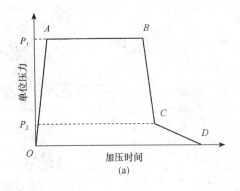

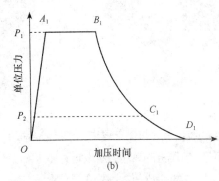

图 3-14　热压周期压力变化曲线

保持一般时间，待胶层固化以后开始降压，压机张开以后将板子卸到装板架中，这样便完成一个热压周期。采用手工装卸板时，直接将板坯装入热压机中，待热压结束后，再用手工将压制好的胶合板卸下。

整个热压过程即每个热压周期可以划分为三个阶段：第一阶段是装板、压机闭合和升压阶段；第二阶段是保压阶段；第三阶段是降压、压板张开和卸板阶段。通常所讲热压条件，是指第二阶段板坯胶合所需的条件（图 3-14）。

1.1 热压过程的第一阶段

此阶段是工艺辅助时间，为了提高热压机生产率和产品质量，要求这个阶段应以最快的速度进行，时间尽量缩短。板坯刚装入压机以后没有承受外来压力，靠近热压板的胶层升温很快，压机闭合和升压阶段板坯也是在没有充分接触下受热，如果在这种情况下胶层固化就达不到预期的胶合强度，这种固化称为提前固化。为了防止胶层提前固化，应限制装板时间。对于 0.5 ~ 0.9mm 厚单板组成的板坯，靠近热压板最近胶层升温到 100℃仅需 40 ~ 45s，所以一般工艺规程规定，制造合成树脂胶合板时，第一阶段时间不得超过 1min。用蛋白质胶时板坯含水率较高，时间可延长到 1.5min。目前，胶合板厂使用的压机多数带有装卸板机、快速闭合与升压装置，可使这一段时间减少到 20 ~ 30s，从而保证了产品质量，也使热压机生产率大大提高。对于旧式热压机，一是要尽量缩短装板时间，有些胶合板生产厂家使用进、出板架进行装、卸板，可以节省进板时间；二是为了缩短压机的闭合时间，在装板过 2/3 时就按下闭合按钮。

1.2 热压过程的第二阶段

热压周期第二阶段是保压阶段，热压工艺规程中规定的加压时间就是指这个阶段，是指从压力升到规定压力值时起，到开始降压时止的这一段时间。这个阶段的温度高低、压力大小、时间长短都要引起高度重视。

（1）热压温度　热压胶合中温度的作用主要是加速蛋白质胶的凝固或合成树脂胶的缩聚反应，以完成胶合作用，同时蒸发板坯中多余水分。每个胶种都有一定的固化温度，若热压温度低于它要求的固化温度，则胶合作用缓慢，热压时间延长，造成胶合强度降低，甚至产生脱胶等缺陷；若热压温度太高，则热压时间虽可以缩短，但板坯内温差较大，内应力也大，在同样压力条件下，板坯压缩率和变形也增大，并可能产生胶液分解及胶层变脆等现象。

板坯加热是靠热压板传递热量的，板坯加热温度用热压板温度表示。热压机一般采用蒸汽加热，热压板的温度一般低于加热饱和蒸汽 3 ~ 6℃。

温度的选择取决于胶种、单板的树种、胶合板的层数和板坯厚度。脲醛树脂胶合板热压温度为 105 ~ 130℃，酚醛树脂胶为 130 ~ 150℃，也有高温的，视工艺和装备水平而异。松木透气性较差，排出板坯内蒸汽比较困难，所以其热压温度要低于阔叶材的热压温度。板坯层数越多、板坯越厚，排出板内的蒸汽就越困难，所以热压温度要相对低些。

（2）单位压力　单位压力是指板坯单位面积上承受压紧力的大小，一般简称压力，其取决于树种、胶种、产品密度、单板质量、板坯面积和单板含水率等。硬材比软材韧性大，需采用较高的压力。胶种不同，胶黏剂的流动性不同，所采用的压力也不同。酚醛胶流动性比脲醛胶要差一些，所采用的压力要略高一些。单板表面粗糙、厚度偏差大、含水率低、压机压板不平或受到腐蚀时，应采用较高的压力。工程结构用胶合板要求密度大，制造时要采用较高的压力。我国生产普通胶合板的压力为 1.0～1.4MPa。

这个阶段的压力是指板坯保压阶段的平均压力，因为在高温高压下木材逐渐产生塑性变形，使板坯进一步密实，厚度逐渐减小，压力随之下降，为保证胶合面紧密接触，要用液压泵随时充压，以保证这个阶段热压工艺规程中所确定的压力，保证胶合板的胶合强度。

压力过大，板坯会产生过多的残余塑性变形，增加木材不必要的损失，还容易造成透胶。用较高的压力虽能得到好的胶合强度，但是板坯的压缩率增加了。如使用压力 1.0～1.2MPa 时，板坯压缩率为11%；而采用 1.5MPa 时，板坯压缩率为 14%，相当于增加了 3%的木材消耗。因此，原则上在保证产品所要求的胶合强度的条件下，应尽可能采用最低的单位压力。

在对板坯进行加压时，热压机压力表上指示的压力是液压压力，称为表压力。它表示液压油施加在油缸的柱塞横断面上的单位压力，而板坯所承受的单位压力并不等于表压力，它与表压力之间换算关系见式（3-1）。

（3）热压时间　保压阶段的热压时间是决定胶合板质量和压机生产率的重要因素之一，时间的长短取决于所使用的胶种、板坯厚度、板坯含水率、树种、热压温度及压力等因素。目前尚无准确的理论公式来精确地计算热压时间，一般通过实验方法确定，用成品每毫米厚度需要的热压时间作粗略估算，再根据胶合板胶合强度检验的结果加以校正。一般脲醛胶胶合板热压时间为每 1mm 厚板需要 0.5～1.0min，酚醛胶胶合板为 0.8～1.2min。

（4）热压第二阶段板坯内的变化　在热压周期第二阶段，板坯中存在着复杂的物理化学变化，如板坯温度升高、水分重新分布、木材被压缩、胶层固化等。现分述如下：

① 板坯温度变化　这个阶段板坯中单板与胶处于紧密接触状态，其温度迅速上升。升温速度取决于热压板温度、压力和板坯含水率。压板温度高，压力大，升温就快；板坯含水率高，所需热量就多，升温就慢。整个板坯各处的升温速度是不相同的，板坯边部由于散热快及水分蒸发需要热量，所以升温速度较慢。这个边缘部分宽度与热压温度和压力有关，当压力为 1.8～2.2MPa、温度 130～150℃时，桦木板坯边缘部分宽度为 150mm，松木为 125mm。板坯中部由于排气通路堵塞，水分滞留在中部将形成高温区。离热压板最远的胶层温度较低，在确定热压时间时应选升温慢、温度低的部位来考虑，即以板坯周边部位的胶层固化程度为准。

② 板坯中水分的变化及移动　板坯中水分来源于两个方面，一是单板中所含水分，二是胶液带来的水分。胶压过程中，随温度、压力的变化，板坯中水分发生一系列变化。压板闭合以后，在温度的作用下板坯水分开始扩散，重新分布。当板坯表层温度达到 100℃时，水分转化为蒸汽开始向低温的板坯中层移动，从而提高板坯中部含水率和温度。而板坯边缘部分水分强烈蒸发，这时温度并不升高，直到含水率很低时温度才逐渐提高。板子内部形成一定蒸汽压，根据资料介绍，在离板坯边缘 75～100mm处，压力为 1.8～2.0MPa、温度在 106～108℃时，板内蒸汽压力达 0.03～0.04MPa。随木材压实，蒸汽更不易排出，温度上升到 113～115℃，蒸汽压力相应提高到 0.07～0.08MPa。板坯周边部分木

材逐渐被压实，排气通路堵塞，板坯中部形成的蒸汽压力各处是相等的。压力大小是由热压温度所决定的，多层胶合板坯热压终了时，温度为 120℃时蒸汽压力为 0.15～0.17MPa，150℃时蒸汽压力为 0.35～0.40MPa。

③ **木材的压缩**　木材在加热加压的情况下能产生塑性变形。热压时，木材逐渐被压缩。板坯在压力作用下产生的压缩称为总的压缩，由弹性压缩和塑性压缩所组成。卸压以后板坯一部分压缩可以恢复，这部分压缩称为弹性压缩，不能恢复的那部分压缩称为塑性压缩。热压后塑性压缩量与板坯厚度之比的百分数称为压缩率。板坯压缩率与热压温度、压力、时间、树种、板坯含水率、单板厚度等因素有关。板坯压缩情况如图 3-15 所示（实验条件：单板含水率 5%～8%，板坯含水率 22%～26%，单位压力 2MPa，板坯厚度 17.6mm，加热温度 110～115℃）。

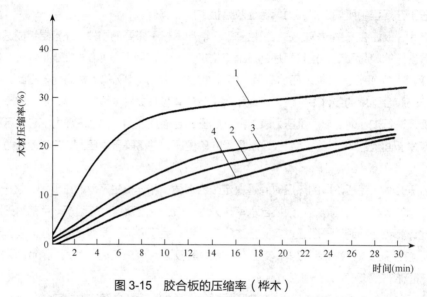

图 3-15　胶合板的压缩率（桦木）

1. 机内压缩率　2. 平均压缩率　3. 表板压缩率　4. 中层板压缩率

随着板坯温度的提高、压力的加大和时间的延长，板坯压缩率相应加大。软材或含水率高的木材比硬材或含水率低的木材压缩率要大些。薄单板制成的胶合板比厚单板的压缩率要大一些。同一间隔的板坯外层比中层压得要实一些，板坯越厚这个差别就越大。如果长时间受高温作用，这个差别反而会减少。这是因为在热压作用下，在整个厚度方向上塑性趋于一致。

（5）单张和多张加压工艺　压制胶合板时，可采用单张加压和多张加压两种形式，即热压机每个间隔放一张或多张胶合板坯进行加压。

早期生产胶合板的热压机多在 15 层以下，采用手工装卸板坯。为提高压机生产率，采用多张加压工艺，如压制 3mm 厚的胶合板时，每个间隔要装 3～5 张板坯。这种制板方法的主要缺点是热压工艺不对称。胶合板含水率和强度不易得到保证，板面易出现压痕与产生黏板，胶合板容易翘曲，装卸板也很困难，不易实现连续化作业。

随着胶合板制造技术的进步、设备的改进，多数大型胶合板厂已采用单张加压工艺。单张加压可在一定程度上克服多张加压板坯温度不对称、应力不均衡、产品易变形等缺点，热压周期缩短，质量大为提高。采用这种工艺，要求压机层数多、辅助时间短。单张加压生产的胶合板，板面平整、光滑，胶合强度均匀一致，产品质量较好。

（6）不同胶种的胶合

① 蛋白质胶　用蛋白质胶制造胶合板时，应注意两点：一是其凝固温度较低，在 75～80℃；二是胶的水分含量较高，豆胶干物质含量仅有 30%～35%，血胶 13%～15%。为了蒸发掉板坯中多余的水分，可选用高于蛋白质胶凝固的温度，但不可太高，否则会破坏胶层的形成。胶合时加热温度可控制在 95～120℃。由于板坯含水率较高，在热压前后的工艺上应采取相应措施，如板坯陈化时间要适当、热压温度要适宜、降压时要缓慢、卸压以后要有足够的冷却时间使水分充分排除等。具体工艺条件见表 3-8。

表 3-8　蛋白质胶胶合板热压条件

胶　种	胶合板厚度（mm）	每个间隔张数	温度（℃）	时间（min）		
				胶　压	降　压	保　温
豆胶	3	4	115～120	14	2	—
	4	3	115～120	13	2	—
	5	2	115～120	12	2	—
	6	2	105～110	14	2	2
	9	1	105～110	12	2.5	2
	12	1	105～110	15	2.5	3
	19	1	105～110	25	2.5	5
血胶	3	3	115～120	16	2	—
	4	2	115～120	12	2	—
	5	2	95～105	14	2	—

注：单位压力 1.2～1.4MPa，树种为椴木、水曲柳。

② 脲醛树脂胶　脲醛树脂胶是一种固化速度快的胶种。热压过程中，板坯在温度和压力作用下液体胶黏剂流动，润湿胶合表面，水分向周围扩散，胶的聚合度增高，黏度增加，最后形成网状结构和木材牢固地胶合在一起。脲醛胶的热压温度不能太高，一般为 110～130℃范围，温度过高时胶黏剂在水和温度作用下会产生热分解而使胶合力下降。脲醛胶胶合板卸压以后要很好冷却，排出多余水分和降温，这类胶合板若长时间在 85℃以上的条件下堆放，胶层会产生热分解现象。脲醛胶胶合板单张加压热压条件为：压力 0.8～1.2MPa，温度 105～120℃，时间为每 mm 板厚 0.5～0.7min，3mm 胶合板降压时间为 15s，5mm 板为 50s，多张板加压工艺条件见表 3-9。

表 3-9　脲醛树脂胶胶合板热压条件

树种	层数	胶合板厚度（mm）	每个间隔张数	压力（MPa）	温度（℃）	时间（min）	
						加压	降压
椴木	3	3	3	1.0～1.2	105～110	9	1.5
	5	5	2	1.0～1.2	110～120	11	1.5
	7	7	1	1.0～1.2	105～110	8	2

树种	层数	胶合板厚度（mm）	每个间隔张数	压力（MPa）	温度（℃）	时间（min）	
						加压	降压
水曲柳	3	3	2	1.2～1.4	110～120	6	1.5
	5	5	2	1.2～1.4	110～120	11	2
	5	6	1	1.2～1.4	105～110	7	1.5
	7	9	1	1.2～1.4	105～110	9	2
	9	10	1	1.4	105～110	11	2.5
	9	12	1	1.4	105～110	13	3
	9	18	1	1.4	105～110	21	3
	9	20	1	1.4	105～110	22	3.5
	5	12	1	1.4	105～110	15	3
	7	16	1	1.4	105～110	18	3
	7	19	1	1.4	105～110	21	3.5
	13	25	1	1.4	105～110	26	4
桦木	3	3	2	1.3	110～120	6	1.5
	5	5	2	1.4	105～110	10	1.5

注：胶合时不加垫板。

③ 酚醛树脂胶　酚醛树脂胶聚合度较低，形成胶层能力较差。因此，早期生产的酚醛胶胶合板，芯板涂胶后要进行干燥，在干燥过程中，树脂进一步聚合，并蒸发胶中的部分水分，形成胶膜，然后再组坯热压。这时胶层温度在 55～60℃时开始软化，80℃时融熔，在温度和压力作用下木材产生塑性变形，胶合表面紧密接触，胶黏剂流动，湿润胶合表面，树脂开始从第一阶段向第二和第三阶段反应，最后形成网状结构。

经改性的酚醛树脂胶成膜性能有所改善，芯板施胶后可不干燥，但板坯陈化时间要长一些，以防止胶液渗入木材过多，影响胶合强度和产生透胶现象。在热压过程中，树脂固化率达 65%～70%时，干状胶合强度已达最高值；达 80%～85%时，湿状胶合强度可达最大值。所以胶合工艺上规定，当树脂固化率达 65%～70%时即可降压，卸板后把胶合板密堆起来，靠胶合板潜热使树脂固化率提高到 85%以上，这样可以提高热压机生产能力。芯板涂胶后不干燥的热压工艺条件见表 3-10。

表 3-10　酚醛树脂胶胶合板热压条件

树　种	层　数	胶合板厚度（mm）	每个间隔张数	压力（MPa）	温度（℃）	时间（min）	
						加　压	降　压
桦木	3	3	4	1.2～1.9	130～140	14	1.5
	5	5	2	1.2～1.3		12	2.0
水曲柳	3	3	4		130～140	14	1.5
	5	5	2			14	2.0
	9	19	1			20	3.5
	7	9	1	1.4		9	2.0
	9	12	1			13	2.5
	11	13	1			14	3.0
桦木	3	3	3	1.3	130～140	14	1.5
	5	5	2	1.3		14	1.5

注：胶合板厚度每增加 0.8～1.0mm，加压时间增加 1～1.2min。

（7）针叶材单板的胶合特点　针叶材单板的胶合特点是由下列原因造成的：针叶树材的排气能力比阔叶树材差；针叶树材心材和边材的排气能力和含水率不一样；年轮中春材和夏材的结构不同。

针叶树材的构造特点使旋出的单板比较粗糙，因此耗胶量比桦木单板大 10% 左右，板坯的含水率也相应增加。针叶树材单板的规定含水率不应大于 5%，所用的胶黏剂应该具有较大的浓度和黏度。

针叶材的特点决定了针叶树材板坯的胶合温度不应高于 120℃。温度超过 120℃时，由于板坯中水分气化加剧和排气性能差，会增加开胶和鼓泡的数量。

针叶树材单板的压缩率较大，因此胶合的压力应限在 1.5～1.7MPa 范围内。针叶树材单板的排气性能差，也使得降压第二阶段的时间相应延长（分段降压）。

（8）胶合厚板的胶压特点　胶合厚板的压制特点之一是，胶合压力要加大到 1.9～2.2MPa。由于压力大，板坯的压缩率也大，因此板坯的厚度也必须大于胶合压力为 1.8～2MPa 时所用的板坯。桦木单板的压缩率和干缩率为板坯厚度的 19%。

根据胶合厚板厚度的不同，有两种不同的胶合条件：在热压机中冷却和不在热压机中冷却。在热压机中冷却的方法适用于厚度大于 20mm 的情形。冷却的方法是：板厚 20～25mm，宜空气冷却；板厚 25mm 以上，宜水冷却。

对于不冷却的热压机，装板坯和升压的时间不应超过 90s，第二阶段卸压的时间应增加到 5～10min。

采用空气冷却的方法时，在热压结束前 5～10min 停止给汽，并通过热压板向周围环境散发热量而降低温度。空气冷却使热压时间增加了 3～7min。降压过程与普通胶合板的胶合工艺相似。

采用水冷的方法时，在热压结束时同时向所有热压板送冷水。用水冷却的时间，从热压板温度降到 80℃时算起，应为：板厚 25～30mm 不少于 10min；板厚 30～40mm 不少于 13min；板厚 40mm 以上不少于 15min。

制造厚度大于 20mm 的厚板时，宜用第二种胶合工艺，即分段降压或平衡降压的工艺。胶合好的成品厚板堆成密垛，放置 24h，使板内含水率达到均匀，内应力得到消除。

1.3　热压过程的第三阶段

热压周期第三阶段是降压、压板张开和卸板阶段，这是热压的最后过程。降压过程的操作应特别小心，因实践证明，很多缺陷都在此时发生。原因是由于板坯在较高温度的作用下，中部有相当压力的水蒸气和过热水存在，在前一个时期因为受热压板的限制，水蒸气不能大量外溢，如突然减压，则板坯内会产生急剧的压差，使水蒸气剧烈地膨胀和过热水疾速地气化。减压速度越快，压差越大，所以当热压板的外压力和板坯内的蒸汽压力之间的平衡遭到突然破坏时，会造成严重的后果，如合板分层、表板破裂、鼓泡等等。为确保降压过程中不发生质量问题，在实际生产中可采用两种方法降压：一是缓慢降压直到压板张开；二是分段降压。整个热压周期压力变化如图 3-14 所示。

分段降压的过程如下：

降压第一阶段：在未开始降压以前，外部压力高于内压力很多，刚开始降压时可快速从最高压力降至"平衡压力"。所谓平衡压力，即热压板对板坯的压力与板坯内的蒸汽压大致相等的压力（约 0.3～0.4MPa）。合板在此时进行干燥，蒸汽缓慢地排除，不致产生缺陷。降压时间一般为：树脂胶胶合板 10～15s；蛋白质胶 15～20s；湿法血胶 120～180s。

降压第二阶段：从平衡压力降到压力为 0，这一阶段压力下降要缓慢，胶合板中的蒸汽应徐徐排出，这样胶层不至于在蒸汽压力下被破坏，即要求降压速度保持在与合板中蒸汽排除速度基本一致。降压时间一般为：树脂胶三层胶合板 35~45s，五层胶合板 80~90s；蛋白质胶三层胶合板 1.5~2min，多层胶合板 2.5~3min；湿法血胶三层胶合板 2.5~3.5min，多层胶合板 4.0~6.0min。

最后，从压力为零到压板全部张开。由于此时是在无压下解除对合板的最后约束，所以可用最快的速度进行。由于全部消除了外压力，合板中的大部分水分是在这一阶段排出的，如干热法可失去水分 6%~8%。由于水分大量蒸发，此时温度下降。合板卸出后进行冷却，还有少量水分在空气中借合板中的余温缓慢地排出。

对于酚醛胶厚胶合板，要采取如下措施：合板卸出后不立即冷却，而是叠堆起来，让剩余水分不立即排除，而在合板内部经过较长的路程移至边缘排出，借以达到等湿处理的目的，使水分在合板中均匀分布，避免变形。同时，可利用合板中的余热使胶黏剂进一步固化。

国外一些厂家为了减少板坯压缩，采用提早降压方法。一种方法是压机达到最高压力、板坯压缩到预定厚度以后停止补压，靠木材塑性变形缓慢降压到 0.7MPa 以上，这段时间占整个胶合时间的 85%，然后用 15%的时间降压到 0.4~0.5MPa，最后卸压；第二种办法是当板坯压缩到预定厚度以后，用 25%时间分 2~3 段降压到 0.4~0.5MPa，在这个压力下保持 15%的时间，然后再卸压。用提早降压方法板坯压缩率最高可减少 3.5%，会收到明显的经济效益。

2 胶合板的缺陷分析

2.1 胶合板的缺陷及产生的原因

2.1.1 胶合缺陷

（1）胶合强度低　胶合板胶合强度低于标准的规定值。其原因是：胶黏剂质量不好；热压条件没有控制好，如热压温度低、压力不足或热压时间短；单板含水率高；胶量不足；单板质量差；陈化时间不当等。

（2）木破率低　胶合板木材破坏率（简称木破率）低于标准的规定值。产生的原因是胶合强度低，使用的胶黏剂质量不符合要求。有时热压温度低、压力不足或热压时间短，单板含水率高、质量差，陈化时间不当等也会使其木破率低。

（3）鼓泡或开胶　鼓泡是指降压时板坯内水蒸气破坏胶合板的结构，在板面上形成隆起的气泡，有时伴随震耳的响声。如板坯破坏完全是在胶层，可看作是开胶。有时两种缺陷难以确切分开。这类缺陷产生的原因是：降压太快；热压时间不足；单板含水率过高或涂胶量过大；涂胶时有空白点或单板上有夹杂物、粘污；透气性差的松木胶合板热压温度过高等。

（4）边角开胶　胶合板边角部未胶合在一起，出现开胶现象。造成这种缺陷的原因是：涂胶单板陈化时间过长，边角部胶已干涸并失去活性；边角缺胶；胶黏剂质量低，胶合强度差；单板质量差，厚度不均；每个间隔里的板坯边角未对齐，装板时板坯放得歪斜，受压不均；压板边角磨损造成压力不足，或压板变形、压板板面温度不均等。

2.1.2 结构缺陷

（1）胶合板翘曲　胶合板产生翘曲变形，板面不平整。若将板水平放置，可通过对角线观察到其翘曲程度。该缺陷产生原因是：表、背板含水率不一致；不同树种单板搭配不合理、违犯对称原则；单板有扭转纹；个别热压板温度不够；堆放处不平整等。

（2）芯板叠层离缝　胶合板的芯板条边部叠合在一起或离开较大缝隙，在板面出现明显的条痕和不平。出现这种缺陷的原因是：人工用零片排芯时，预留缝隙过大或过小；装板时芯板错位；零片边部不齐、有裂口或荷叶边等。

（3）缺边少肉　合板表背板和芯板尺寸不足，出现缺边。其原因是：涂胶组坯时没有做到"一边一头齐"；表、背板规格小，排布不正；合板之间边部粘连或粘垫板等。

2.1.3 外观缺陷

（1）透胶　胶黏剂透过胶合板，在板面上出现胶痕的缺陷。其原因是：胶液太稀；涂胶量过大；单板背面裂隙太深；单板含水率过高；陈化时间不足；板坯过大等。

（2）板面变色　胶合板面出现不正常颜色。其原因是：胶液的碱性或酸性太强，木材单宁含量高；湿单板夏季不及时干燥，板面起霉斑；热压板漏水等。

2.2 改进缺陷的措施

胶合板胶合过程中缺陷形式很多，要使成品合格率高，必须认真对待每一个生产环节，正确掌握全部工艺规程。为方便查找起见，现将造成各种缺陷的原因及改进措施归纳列表，见表3-11。

表3-11　胶合过程中产生缺陷的原因和改进措施

缺陷名称	产生原因	改进措施
开胶、边角开胶	1. 胶黏剂变质 2. 胶层固化不足 3. 胶料水分太多 4. 边角胶提前固化 5. 单板含水率过高 6. 边角缺胶 7. 降压速度太快 8. 每格合板坯边角未对齐，或板坯装压机时歪斜、受压不均 9. 单板厚度不一致 10. 热压板温度太低或部分温度不均 11. 压板变形和腐蚀造成边角压力低 12. 高压泵达不到压力或不能保压	1. 更换胶黏剂 2. 延长胶压时间 3. 提高干物质含量 4. 减少闭合或陈化时间 5. 提高干燥质量，加强单板水分检测 6. 涂胶时加以注意 7. 降压操作要缓慢放气、排除水分 8. 装板时应注意操作，放正板坯，达到各部位受力均匀 9. 检查单板旋切质量和剪切质量 10. 检查热压板及供气情况 11. 检查修理或更换热压板 12. 检查高压泵或更换
鼓泡或局部脱胶	1. 芯板涂胶后含水率大，降压速度太快 2. 涂胶时局部夹有碎片或杂物 3. 树脂缩合反应程度不够 4. 热压时间不足	1. 降压时要注意，压力降到平衡压力时应缓慢降压、放气、排除水分 2. 注意检查板面清洁和涂胶质量 3. 检查胶质量 4. 延长热压时间
胶着力低不符合标准规定	1. 胶黏剂变质 2. 热压时间不足或压板温度不够 3. 单板含水率过高 4. 涂胶量不足或胶有泡沫 5. 胶的黏度太小，渗入木材太多 6. 高压不足或压力表失灵 7. 单板旋切质量差，背面裂隙深和毛刺沟痕多，胶层缺胶	1. 检查更换 2. 增加热压时间或提高压板温度 3. 检查干燥质量，单板含水率为8%～12% 4. 注意检查涂胶量及辊筒转速 5. 检查胶的质量，提高胶黏度 6. 检查压机是否漏油，检查或更换压力表 7. 改进旋切质量减少裂隙度，提高光洁程度

缺陷名称	产生原因	改进措施
木破率低	1. 胶黏剂质量不好 2. 热压时间、温度不够 3. 单板含水率过高 4. 涂胶量不足或胶有泡沫 5. 高压不足或压力表失灵 6. 单板旋切质量差，背面裂隙深和毛刺沟痕多，胶层缺胶	1. 检查质量 2. 增加热压时间或提高压板温度 3. 检查干燥质量，单板含水率为8%～12% 4. 注意检查涂胶量及辊筒转速 5. 检查压机是否漏油，检查或更换压力表 6. 改进旋切质量减少裂隙度，提高光洁程度
芯板叠层离缝	1. 芯板未整张化，手工排芯时，芯板零片涂胶后膨胀间隙掌握不准确 2. 装板时芯板移动错位 3. 芯板边部不齐直 4. 芯板边部有荷花叶或裂口	1. 掌握芯板涂胶后的膨胀率，留出适当间隙，涂胶芯板陈放适当时间 2. 装板时注意装得平稳，勿使芯板移位 3. 涂胶前芯板边部要齐直，提高剪切质量 4. 提高旋切质量和干燥质量，加强芯板修理
板面叠层离缝	1. 拼缝单板裂口或脱胶开缝 2. 修边头黏合胶纸脱胶	1. 提高拼缝质量 2. 提高单板修补质量
板面透胶	1. 胶液太稀 2. 涂胶量太大 3. 单板背面裂隙太深 4. 单板含水率太高 5. 热压板压力过大	1. 提高胶液黏度 2. 调整胶辊间隙、降低涂胶量 3. 调整压尺高度、刀门间隙 4. 降低含水率，控制在8%～12% 5. 检查压机压力表
板面变色	1. 胶液的碱性或酸性太强 2. 热压板漏水 3. 湿单板夏季不及时干燥，板面起霉斑	1. 检查胶液酸碱度 2. 修理或更换热压板 3. 湿板及时干燥，含水率控制在12%以下
表芯板缺边"少肉"	1. 单板尺寸不足，排芯偏斜或装板时移动位置 2. 中板或芯板宽度不够或边部小条及补片脱落 3. 合板之间边部粘连或粘垫板	1. 注意排芯组坯操作和装板操作 2. 芯板组坯时尽量把补片小条排放在中间位置 3. 揭开时注意用铲刀分离
板面压痕	1. 垫板表面凸凹不平 2. 垫板表面粘有胶块或杂物 3. 单板碎片或杂物夹入层间 4. 热压板粘有碎单板片	1. 检查修理或更换垫板 2. 检查垫板，清除干净 3. 组坯时注意清除 4. 应经常检查清理
合板太薄太厚或厚薄不均，超出公差规定	1. 每格压合板张数过多，中间和边部压缩率不一致 2. 单板旋切厚度不均 3. 合板坯厚度计算不准确或热压压力过大	1. 减少每格张数，改为两张一压，最好一张一压 2. 检查旋切机精度和旋切质量 3. 调整板坯厚度搭配，调整压力
合板翘曲	1. 表、背板含水率不一致或各部位不一致 2. 组合板坯时，面、背板正反方向不对 3. 不同树种单板搭配时，对称层厚度或树种性质不一样 4. 单板有扭转纹理 5. 热压板温度不均或太低 6. 合板堆放不平	1. 用含水率测定仪检查各部位含水率，控制一致 2. 组坯时注意面、背板紧面朝外 3. 采用不同树种搭配时，对称层宜采用同一树种和厚度 4. 不旋切扭转原木 5. 检查蒸汽管道和压板温度 6. 堆放时底架垫平

3 热压设备

3.1 热压机的性能及选择

热压机是胶合板生产的主要设备之一，胶合板生产能力主要取决于热压机的生产率，因此，热压机的性能及选择对胶合板生产有着十分重要的意义。

热压机的类型很多，根据热压机的工作方式，可分为周期式和连续式压机；根据压制产品的形状，可分为普通压机和成型压机；按板面压力大小，可分低压、中压和高压压机；按其结构，可分为立柱式和框架式、单层和多层压机；按装板方式，可分为横向装板和纵向装板压机。此外，热压机还可按装板方法、幅面大小、油缸的数目等进行分类。

一般 15 层以下的多层热压机属于简易热压机，由热压机、油泵液压系统和手工装卸板的升降台组成，它闭合时，是从下向上由热压板依次推动闭合，工厂也称之为递推式闭合热压机；25 层以上的多层热压机通过连杆让所有热压板能快速同时闭合，由自动装卸板机、热压机、蓄压器和油泵油路系统、进出板辊道等组成，装板后，开动闭合按钮，热压机所有压板同时闭合，此类热压机多用于刨花板和中密度纤维板的热压过程，也有用于胶合板生产的。

热压机都是下压式的，即油缸自下向上加压，其由机架、柱塞油缸、热压板及导热蒸汽管道或油管道组成，加压方式是由下面的油缸顶着最下层热压板向上依次闭合，最后闭合上热压板；而打开热压板的顺序却相反，先打开最上层热压板，依次打开，直至最下层热压板。

生产胶合板的热压机大部分是 15 层的多层热压机（16 块热压板），也有 7 层结构的，7 层热压机多用于二次贴面热压加工。15 层以上的热压机大部分有同时闭合机构，而且闭合快。板坯直接接触热压板，靠热传导传递热量，4 英尺×8 英尺热压机的热压板厚 40~50mm，宽 1400mm，长 2650mm，内有孔道可通加热介质（饱和蒸汽或热水、导热油）。

热压机的技术性能主要是指热压机的压力（总压力、单位压力）、工作层数（单层、多层）、幅面规格（1050mm×2000mm、1150mm×2250mm、1400mm×2650mm、1650mm×2650mm 等）、加热介质压力、闭合方式、装板方法等。

不同品种胶合板对压机的性能有不同的要求。热压机的选择，要根据胶合板的品种、规格及生产能力来确定。如从压力方面考虑，普通胶合板、人造板二次加工贴面装饰用低压压机，板面压力为 1~1.8MPa；航空胶合板，选择板面压力为 2~2.5MPa；船舶胶合板、木材层积材，选择高压热压机，板面压力为 15~16MPa。热压机压板的幅面尺寸，决定了胶合板的规格尺寸，选择热压机时，要根据生产最大规格尺寸的胶合板来确定。企业的生产规模、生产能力也是选择热压机的重要依据。此外也要考虑企业的实际情况。比如是以油作为加热介质，还是以饱和蒸汽作为加热介质，或者是用热油加热等。

3.2 热压机常见的故障及排除方法

热压机常见故障及其发生原因、排除方法见表 3-12。

表 3-12　热压机常见故障、发生原因及排除方法

故障现象	产生原因	排除方法
热压机不能按预定速度闭合	1. 总阀失灵，自动回油 2. 低压泵不送油，蓄压器送油阀未打开或气压太低 3. 管路破裂或接头脱开	1. 检查总阀回油情况并进行检修 2. 检查低压泵、蓄压器阀门和气压并进行维修 3. 检查管路并进行维修

故障现象	产生原因	排除方法
热压机不能达到预定的高压	1. 总阀、高压单向阀或管路单向阀封闭不严，产生漏油 2. 高压泵失灵，压力上不去 3. 高压安全阀弹簧压力调整偏低，自动回油 4. 管路漏油	1. 检查各阀门并进行维修 2. 检查高压泵的活塞与阀门 3. 检查高压安全阀，调整压力 4. 检查管路并进行维修
不能在预定的时间内保持一定范围内的压力	1. 高压泵失灵，压力上不去 2. 油缸密封圈漏油 3. 活塞（中空的）或油缸有砂眼，渗漏油液	1. 进行检修 2. 调整或更换密封圈，检查活塞表面腐蚀情况和压环是否压紧 3. 检查活塞的上端是否有渗漏出来的油，检查油缸外面是否有渗漏，进行修补或更换
升压较慢或上升时间歇跳动	1. 油缸内有空气 2. 低压或高压泵吸入空气 3. 蓄压器气压不足或存气量不足	1. 打开油缸的放气螺丝，放出空气 2. 检查油泵吸油情况，加以纠正 3. 检查蓄压器的气压和存气量
几个油缸柱塞上升不一致	1. 上升迟缓的活塞的密封圈压得太紧 2. 密封圈尺寸不对	1. 松开该活塞的密封圈压环 2. 更换尺寸不对的密封圈
热压板温度达不到预定值	1. 热压板内积水 2. 热压板蒸汽通道堵死	1. 检查蒸汽疏水阀，排出冷凝水 2. 检查温度上不去的预压板

4 拓展知识

4.1 湿热法胶合工艺

湿热法是旋切的单板未经干燥（含水率在 60%~120%）的情况下，即进行涂胶热压的一种胶合方法。这种制板方法由于用的是湿单板，胶压后含水率很高，所以合板要进行干燥；湿单板不能很好地修补和胶拼，不利于合理利用木材，产品等级率不高；单板在湿状下胶合来不及收缩，内应力很大，成品容易翘曲和龟裂，只能生产低档胶合板。所以目前湿热法在胶合板生产中已很少采用。

湿热法生产胶合板，许多方面和干热法相似，如在温度和压力作用下板坯温度上升、水分重新分布、木材压缩、胶黏剂凝固等。但由于使用的是湿单板，因此具有一些特点，如芯板涂胶以后闭合陈化时间较长，夏季需 1.5~2.0h，冬季需 3~4h；热压时间长；由于板坯含水率很高，卸压时要排出大量水蒸气，所以要缓慢降压；卸压后胶合板含水率仍在 35%‑40% 之间，需进一步干燥。湿热法热压条件见表 3‑13。

表 3-13　湿热法热压条件

胶合板厚度 （mm）	每个间隔张数	温度（℃）	时间（min）	
			加　压	降　压
3	9		30	10
4	8	120~145	30	10
6	4		30	12
8	3		27	12

注：胶种为血胶，树种为椴木，压力 1.2~1.3MPa。

4.2 干冷法胶合工艺

干冷法是将干燥到含水率为 6%～12% 的单板涂胶后，在室温下（18～20℃）加压，使胶层缓慢固化的一种胶合板生产方法。用这种方法胶合板厚度不受限制，而且板坯厚度对胶合时间也没有影响，胶合时间长短是由胶种决定的。胶合板的含水率由单板含水率和胶液固体含量决定，如果超过允许值，要进一步干燥。冷压法生产的胶合板质量良好，能保持木材天然颜色，板的内应力很小，木材压缩不多，可以使原料消耗量降低 8%～10%，强度也能保证，对透气性较差的树种冷压更为合适。由于没有热压工段，可以缩短工艺过程，从而节省劳动力，大幅度减少电力消耗。但干冷法的耗胶量较大，生产率较低。此法适用于缺乏热压设备的小厂或家具生产中，大规模胶合板生产很少采用，其工艺条件见表 3-14。

表 3-14　干冷法制造胶合板的工艺条件

参　数	参数值	说　明
压力（MPa）	1～1.3	压力超过这一范围时，会将胶层中的胶液过多地挤出
涂胶量（g/m²）	130～150	涂胶量较大是为了填平单板表面的微观不平处，因为冷压时木材塑性小，将它们压平的程度有限
保压时间（min）	2 倍于树脂活性期	例如加有 1% 氯化铵的 M-70 树脂，其活性期为 1h，则保压时间为 2h
环境温度	上述保压时间的环境温度为 20℃	车间内温度降到 10℃，保压时间增加 2～3 倍
压缩率	1～1.5	由于木材的塑性小，故压缩率小。但是冷压的板坯垛很高，这一压缩率已足以补偿板坯和压板的不平度
胶合板含水率	胶合板平均含水率比单板平均含水率高 2%～3%	在冷压过程中，板坯内的水分实际上不排出，只是在板坯体积上重新分配
要求胶层强度	如胶合板要存放一定时间后才加工，胶层强度可为 20%；如胶合后立即送去加工，则胶层强度应达到 50%～70%	胶层在冷压后经过几小时或几昼夜才达到最终强度

干冷法使用的是干单板，在室温下进行胶合，所用的胶种主要是豆胶。这种方法生产过程大致如下：在木制压板上组坯，板坯堆到一定高度后，为使其压力均匀，加一张隔板，整个板垛高度达到 1m 后，再在上边加一张压板。陈化一定时间后推入冷压机中加压，单位压力为 1.2～1.4MPa，然后将板垛在加压情况下固定起来，保持 8～9h，待胶凝固后卸垛，然后分开压好的每张胶合板。这时板子含水率高达 25%～30%，需进一步干燥。

为了降低胶中的树脂消耗，可以加入占树脂重量 20% 以下的建筑石膏作填充剂。为防止石膏沉积到涂胶辊上，胶液必须经过发泡成为泡沫胶。发泡剂可采用血粉，用量为树脂重量的 0.5%，在 300r/min 的速度下进行搅拌。发泡后胶的密度为 500～600kg/m³。

干冷法胶合时，可采取树脂和固化剂分开涂施到单板上的办法来加快胶的固化过程。为此，可以使用作用比较强烈的固化剂，如 10% 的草酸溶液。但要注意，强烈的固化剂会使单板强度降低 10%～35%，也会使长期存放的胶合板降低强度。

4.3 压力速查表

热压过程中，产品种类不同、材质和规格不同，则其压力就有差别。为方便热压机压力调整，工艺技术部门应根据各种产品的规格、所需的压力及每台热压机的技术参数，按式（3-1）计算出不同的表压力，汇总在一起制成压力速查表，作为操作手指导文件张贴在热压机旁，热压机操作手根据产品的制造指令单或产品转送单，就可迅速确定采用多大压力进行热压。压力速查表示例见表3-15。

表 3-15　压力速查表

订单号	胶种	产品规格（mm）	油缸直径及数量	单位压力（MPa）	表压力（MPa）
	脲醛胶	1220×2440	400mm×2	0.8	11.2
	脲醛胶	1220×2440	400mm×2	0.9	12.6
××					
	脲醛胶	1220×2440	400mm×2	1.9	26.6
	脲醛胶	1220×2440	400mm×2	2.0	28.0

还可以变化规格或油缸直径，再设计其他形式的压力速查表。

任务实施

1　任务实施前的准备

（1）班级学生分组：每6~8人一组。

（2）了解相关设备、工具的安全操作规程。

2　热压板温度的调整和校准

生产实际中，随热压机温度表的感温系统在热压板中的位置不同，热压板的实际温度与温度表的显示有差别；热压机采用不同的导热介质，热压板与温度表的温差也不同。通常采用饱和蒸汽作加热介质时，热压板的温度低于温度表显示温度 3~6℃，如果采用导热油作加热介质，热压板温度要低于温度表显示温度 5~10℃。

热压机两侧各有两根进汽总管路，一侧管路供应奇数层热压板的蒸汽，另一侧管路供应偶数层热压板的蒸汽，而温度表只装在一侧管路上（蒸汽出口），所以，热压过程中温度表显示的只能代表其感温装置所在的那一侧的温度，另一侧进汽管路所供汽的热压板的温度无法显示。使用厂家可以自己在另一侧装温度表，将两块温度表对照来加以控制。

在热压过程中，经常用红外线温度测试仪测试每块压板的温度，以检查压板温度与温度表显示值的差距。如压板之间温度相差很大，有两种原因造成：一是加热管道阀门开启程度不适当，应进行调整；二是热压板加热管路可能有堵塞现象，也包括压板内部管路，需要拆卸压板进行清理。

生产过程中，应该经常检测热压板的温度误差，以确保热压温度的真实性和准确性，避免因热压板温度过低造成胶合板质量缺陷。

3　热压操作规程

3.1　开机前准备

（1）开机前必须对热压机进行系统检查：液压油位是否适当（液位标尺 1/2 为宜），各连接部件外观是否完好和紧固，压机内部是否清洁、无异物。

（2）液压泵开启试压时，应检查各油缸、液压油管、液压站控制阀、液压泵有无异响和泄漏。

（3）压机升温。开启电源，开启加热管道阀门升温，调整温控装置到工艺要求的温度，一般以导热油作为加热介质的热压机，升温需要 1h 多，如果以饱和蒸汽作为加热介质，温度上升得较快。热压时要达到工艺要求温度才能装板。

有些热压机装有可控温的电磁阀，调整好温度范围后，可以自动控制温度。

（4）压力和时间的确定

① 热压压力是靠油泵来提供的，压力是通过电接点压力表的上限和下限指针来控制的。一般上限设定为计算的表压力，下限比上限低 1~2MPa，当压力达到规定的压力时（表针触及到上限时），油泵即停止加压，当压力降至下限值时，油泵启动加压。

一般的热压机有两个或三个电接点压力表，可以调节二次保压或三次保压的压力，方法同上。

② 可通过调节时间继电器来控制保压时间，有的热压机有一次保压和二次保压控制装置，如果只有一个时间控制装置，可采取手动控制二次保压时间。

3.2 装板

（1）如果手工装板，将冷修好的板坯通过辊台推到热压机前的升降台上，一定要齐边先入热压机。

（2）如用采用进板架装板，先将板坯装入进板架上，待温度升到要求的温度后可装板。

（3）装板时，要将板坯装在热压板的中间位置，不能装偏，避免压机偏载造成损坏。

（4）垃圾清理：无论是手工装板还是用进板架装板，发现板面上有单板碎屑或垃圾，要及时清理掉，如热压板上黏有杂物也要及时清理，避免热压后板子产生压痕。

（5）装板时要戴手套以防烫伤手。板坯放在升降台上，两操作手站在板坯垛的两侧，从下向上依次装板（脚踩升降台控制开关，升降台从下向上升起），装板速度要快。

（6）发现有错位的单板，要及时摆正，避免造成叠芯和离缝现象。

（7）采用多层热压机，装板速度要快，避免最下层板未加压前胶层已固化，影响胶合板的胶合强度。

3.3 压机闭合

（1）按动压机闭合按钮，热压板从下面向上升起，装板后要及时闭合压机，避免最下层板胶层开胶。

（2）如果采用递推闭合式热压机，为了节省装板时间，有经验的操作工可装板到 2/3 板坯数量时按下闭合按钮，压机边闭合、边装板，此时千万要注意安全，避免最后压板闭合时挤到手指，新操作手不能采取此方法操作。

（3）如果采用同时闭合热压机，压机闭合速度较快。不能把薄厚不均的板坯放在一起热压，如将要停产前的最后一炉板的板坯数量不能完全充满压机，可用工作垫板代替板坯装入空压板之间，避免压板受力不均而造成压机损坏。

3.4 热压

热压过程中，油泵有需要加压和停止加压过程，要注意油泵的补压有无声响，以判断是否正常补压。

3.5 卸板

（1）卸板时，按动压板下降按钮，一个操作手从上向下依次卸板（脚踩升降台控制开关，升降台从上向下降落），用专用推杆将板子向后推，推过热压板中心线，推板时用力要适当，避免将板边损坏。另两名操作手将热板坯抬下垛好，也可以采用出板架卸板。如果采用同时闭合热压机，都采用进、出板架进行装板和卸板。如果需要趁热刮腻子，可直接送往下道工序进行刮腻子操作。

（2）压板张开卸板时，操作人员要离开热压机前后两侧的位置，以避免板子放炮伤人。

■ 拓展训练

按下列产品要求制订胶合工艺参数并与本任务比较：产品规格 1220mm×2440mm×20mm，胶种为 UF（固体含量 58%），板坯经预压，含水率为 10%，树种为马尾松。有条件的可进行热压实施，根据产品质量提出改进措施。

任务 3.6 裁　边

任务描述
---

1. 任务书
将本项目热压后的胶合板按成品规格要求进行裁边。

2. 任务要求
（1）按热压后胶合板的厚度、树种和规格要求来检查、调整纵横裁边机。

（2）按操作规程完成裁边操作。

3. 任务分析
裁边也叫锯边，就是用锯将毛边板锯成符合订单要求的规格尺寸的成品板的过程。裁边采用纵横联合自动锯边机，板坯的毛边约 50mm，裁边时将齐边靠在裁边锯的导板（也叫靠山）一侧，齐边一侧留少量的余量，目的是要保证裁边后四边单板都不缺芯。

4. 材料、工具、设备
（1）原料：本项目热压后的胶合板、三层胶合板（用于拓展训练）。

（2）设备：纵横裁边机、叉车、升降台。

（3）工具：扳手等维修工具、直尺、卷尺、手套。

引导问题
---

1. 成品冷却和热堆放的目的是什么？7

2. 胶合板裁边有哪些要求？裁边余量一般为多少？

3. 为什么裁边要先纵裁后横裁？

4. 裁边产生的主要缺陷有哪些？产生的原因是什么？如何改进？

5. 锯片的锯齿对裁边的质量有哪些影响？锯片的主要参数有哪些？锯片的维护应注意什么问题？

6. 叙述裁边机的结构和工作原理。

7. 硬性材、软性材胶合板裁边时，各应注意哪些问题？

8. 进料速度对裁边质量有哪些影响？

相关知识

刚生产出来的胶合板是毛边板，板面很粗糙，为使其幅面尺寸和板面粗糙度符合质量要求，胶压以后的胶合板要进行后期处理。胶合板后期处理与加工，是指对从热压机中卸出的板子进行裁边、砂光、检验、分等及修补等处理加工过程。胶合板后期处理与加工，是胶合板生产中的非主要生产环节，但对提高胶合板的质量、扩大其用途和应用价值有重要的实际意义。

1 胶合板的冷却和热堆放

热压后的胶合板如果不经冷却马上砂光，除了板子变形外，也会损坏砂光机。普通胶合板由于厚度小，散热快，可不进行专门的冷却处理，一般采取自然堆放冷却，在冷却过程中，将重物压在胶合板上面，使板子平衡水分，避免因单板应力释放造成板子变形。此外，冷却还有利于降低游离甲醛含量。

使用酚醛树脂胶黏剂制造的胶合板，为了提高生产率，利用热压板材的余热进行热堆放，促使胶黏剂进一步固化交联，以提高其胶接性能并缩短热压时间。

2 裁边的目的和要求

裁边就是将毛边的板子锯成符合规格尺寸要求的成品的过程。

单板生产时，为了保证胶合板幅面尺寸符合规定要求，一般要留有裁边余量，所以压合后的胶合板都比规定尺寸略大一些，通过裁边这道工序，去掉加工余量。

裁边余量越小，对提高木材利用率越有利，这与胶合板的幅面尺寸、板坯的组合技术、裁边技术、设备性能等都有关。一般裁边余量为胶合板面积的10%或更小一些。操作技术比较熟练、机床精度比较高时，可压缩裁边余量。一般情况下胶合板的裁边余量为50~60mm。

裁边过程包括裁边和截断。对于小幅面的毛边板，按规格尺寸要求裁掉余量和参差不齐的板边即可，使之成为边缘整齐的矩形板。对于大幅面板子，在裁边的同时还要按规格尺寸要求截断，使之成为符合要求的小规格板。

裁边要求：裁完边的板子必须四边平直整齐，裁口要光滑，无明显锯路，不得出现毛刺、烧焦等缺陷。其长、宽尺寸偏差不得出现负值，边缘不直度和直角偏差不得超过国家标准的允许值。硬材胶合板崩边不能超过允许偏差，边面不许有压痕和污染，应尽量减少焦边现象等。

裁边顺序为：先纵向裁边，后横向裁边，这是因为先锯纵边时，若有一点偏差，可以在锯横边时矫正过来；反之，若先锯横边时有一点偏差，则纵锯时非但无法矫正过来，而且偏差还会越来越大。

3 裁边设备

裁边设备为纵、横联合裁边机,纵向裁边机和横向裁边机互呈 90°设置(图 3-16)。切削刀具为硬质合金镶齿的圆锯片,锯普通胶合板时,可采用一般碳素钢圆锯片。纵、横裁边机各有两个圆锯片,锯片直径一般为 150~350mm。锯片直径不能太大,否则锯切时会产生摆动,使边缘不平整。锯齿越细,裁口越平滑。圆锯片有纵切锯、横切锯和混合型。由于胶合板层与层之间的纤维互相垂直,只有混合锯才能满足锯切要求。混合型圆锯片的齿形如图 3-17 所示,齿形参数及应用范围见表 3-16,每个圆锯片都由单独电动机驱动,圆锯的间距可调,以适应不同规格尺寸产品的裁边要求。裁边机上设有吸尘罩,通过气力吸尘装置将锯屑吸走。横锯的进料装置有挡块,纵锯的进料装置无挡块,但在一侧有导板(也称靠山),进料时板子的齐边应紧靠导板,并以此为基准完成裁边。进料机构有辊筒式和履带式,前者结构简单,托辊倾斜安装,板子在托辊上运输时,有一个向导板方向的分力,使板子始终沿着导板一侧前进。但辊筒加工精度要求较高,如调整不好,容易出现弧形边,不适合加工厚板(容易振动、使锯口不平整)。履带式进料平稳,夹紧力大,齐边精度高,应用较广,其进料机构的上下送料压辊(履带)间的间距可调整,以适应不同厚度成品的裁边要求。

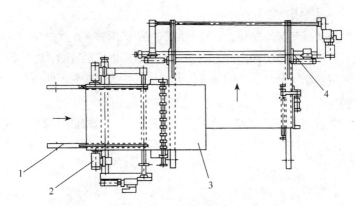

图 3-16 纵、横联合裁边机平面布置图

1. 纵向裁边机 2. 进料机构 3. 板子 4. 横向裁边机

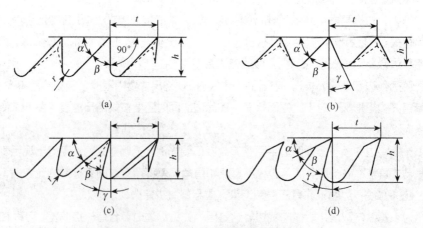

图 3-17 圆锯片的齿形(混合型)

表 3-16　圆锯片齿形参数及应用范围

性 能		混合齿形锯齿（图 3-17）			
		（a）	（b）	（c）	（d）
角度值（°）	γ	0	−20～−30	5～10	5～10
	β	45～50	45～55	50	55～60
	α	45～50	55～65	30～35	25～30
	δ	90	95～105	80～85	80～85
	φ	30	20	30	30
齿数		60、80、100	60、80、100	100	60、80、100
齿深 h		（0.6～0.9）t	（0.6～0.9）t	（0.6～0.9）t	（0.6～0.9）t
齿槽圆弧半径 r		（0.1～0.15）t	（0.1～0.15）t	（0.1～0.15）t	（0.1～0.15）t
应用范围		纵向锯边和软材胶合板纵横向锯边	纵向锯边和硬材胶合板纵横向锯边	塑料贴面板锯边	胶合板纵横向锯边和其他材料加工

4 胶合板裁边常见缺陷及其产生原因与改进方法（表 3-17）

表 3-17　胶合板裁边缺陷、原因及改进方法

缺陷名称	产生缺陷的原因	改进的方法
合板板边弧形	1. 进料机构二面履带或辊筒对胶合板施加压力不一致 2. 裁边时，胶合板有一边夹锯	1. 调整压力 2. 检查锯口，换锯片
锯边后两边不平行	1. 胶合板未锯边前翘曲过大 2. 锯片位置固定不牢 3. 锯片薄或直径过大	1. 合板压平后再锯边 2. 停机检查锯位及调整 3. 换锯片
夹锯或烧锯	1. 合板锯边时进料速度太快 2. 锯片锯齿拨料太窄，齿槽开的太小、太浅 3. 锯片转数太低，锯片直径小 4. 两个锯片不平行 5. 合板过厚、过硬	1. 调整进料速度 2. 换修锯齿 3. 调整切削速度，换锯片，及防止皮带打滑 4. 调整锯位，检查平行度 5. 选用适当蒸煮软化工艺
胶合板锯边后锯口如斧劈状、锯口粗糙不平	1. 锯片安装偏心 2. 锯齿高度不同，不在同一圆周上 3. 锯片本身不平整，翘曲，旋转时抖动 4. 进料速度太快 5. 锯齿切削刃不锋利 6. 锯片有飞齿，拨料不正确	1. 检查锯片安装状态 2. 检查锯片，锉齐锯齿，正确修理锯片 3. 纠正锯齿拨料 4. 降低进料速度 5. 刃磨锯齿 6. 改进拨料方式
胶合板板边毛刺或破碎	1. 锯片锯齿已磨损不锋利 2. 胶合板压的不紧，锯割时压力不足 3. 锯片拨料太大或有飞齿 4. 胶合板含水率太低太干	1. 重锉锯片，更换锋利锯片 2. 调整压紧装置 3. 检查锯片 4. 检查合板含水率
锯口歪斜弯曲	1. 挡板安装不正确 2. 锯片中部发软抖动	1. 纠正挡板位置 2. 换锯片，将锯片重新整平
跳跃式切割	锯齿高度不同，不在同一圆周上	锉齐锯齿，正确地锉修锯齿

5 拓展知识

5.1 胶合板接长

由于船舶制造的特殊需要，船舶胶合板的规格较大，一般热压机幅面不能满足要求，因此，船舶胶合板一般均需接长加工。可采取分段压制法，在胶合板端头用斜形搭接、胶拼接长等方法加工。合板接长是将需要搭接的部位用专用铣床加工成斜面。要求搭接面紧密接触，不得有间隙，在搭接面上涂布酚醛树脂胶，干燥处理后，用窄板式热压机热压胶合。船舶胶合板搭接加工如图 3-18 所示。

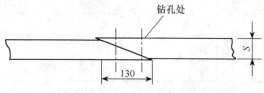

图 3-18 船舶胶合板搭接加工示意（S 为厚度）

搭接热压胶合工艺条件：热压温度 140～150℃，单位压力 2.5～3.0MPa，热压时间 12min。

采用常温固化剂的酚醛胶作搭接胶黏剂时，可先用中温（80～100℃）热压，让溶剂充分挥发后，再升高温度和加较高压力，以保证胶合质量。为了防止热压过程中搭接口产生位移，可在板边两侧锯边，在加工余量部位钻孔，并加上竹销钉固定。钻孔时，搭接斜口板尖要稍高出板平面 0.25～0.40mm。船舶胶合板搭接斜面的强度检验方法，参照胶合板抗拉强度测定方法进行。

任务实施

----

1 任务实施前的准备

（1）班级学生分组：每 6~8 人一组。

（2）了解相关设备、工具安全操作规程。

2 裁边前的准备工作

（1）首先检查圆锯片锯齿，要求齿尖在一个圆周上，偏差在 0.1mm 以下，所有锯齿的齿形、齿距应相同，以免切削时各齿受力不均，造成锯片破裂和产生振动。锯齿要有良好的切削刃，不能有蓝变退火和扭转齿尖。

（2）检查除尘系统是否运转正常。

（3）开车前应根据板子厚度调整进料器，使压紧力适当。

（4）按成品规格调整锯片之间的距离，留出 0.3mm 锯路加工余量，再调整导板，使之与两锯片平行，齐边齐头一侧可减小裁边尺寸，另一侧相应加大尺寸，以减少次品。

（5）开机时先锯两张合板，检查板边质量和长宽及对角线尺寸，并将一张反过来与另一张对合，检查板边是否平直，根据检查结果对导板和锯片进行再调整。每次换锯片时，也应照例进行检查。

（6）上锯片时必须拧紧螺母，不许有松动现象，以免由于锯片运动轨迹不一，造成合板尺寸不准或边部锯口不平直。

3 裁边操作规程

（1）胶合板在裁边前要先经冷却。为了保证锯边质量，减少废次品，裁边要求先锯纵边后锯横边，且胶合板的齐边与纵锯的导板应对齐。

（2）顺序合板锯边时必须单张入锯，严禁多张入锯。

（3）操作人员送板入机时，人要站在正中，两手拿板对准锯口，平稳送入机内，等胶合板正直带入裁边机后，方可松手。

（4）锯纵边与锯横边操作人员要互相配合，发现配合不协调或锯切出现问题应迅速停机，以免连续损坏合板。

（5）要掌握适当的锯切速度。一般合板越厚，进料速度越慢，进料速度加快，则锯片转速也相应提高。进料速度过快易造成边角破损和焦边，锯切厚板时尤其如此。

（6）在纵向锯切时，必须先检查合板正反面，看面、背板是否倾斜，以放在适当位置进行锯割。

（7）经常检查锯出合板的尺寸是否正确，有无崩边、缺肉与毛刺等缺陷，若有应及时换锯或调整，以确保合板边角完好。

■ 拓展训练

对三层胶合板进行裁边操作，掌握厚度不同时如何调整进料速度和锯片转速，检查裁边质量，并与已完成的任务进行比较，总结经验。

任务 3.7 砂 光

任务描述

1. 任务书

将热压（裁边）后的杨木胶合板砂光至指定厚度。

2. 任务要求

（1）砂光后厚度为 12mm，表板厚度不小于 1mm；

（2）经砂光后，除去表板胶纸带；

（3）正确安装砂带；

（4）调整和操作砂光机，完成砂光任务；

（5）能正确分析处理砂光中出现的质量问题，并采取措施。

3. 任务分析

这里说的砂光，就是将热压后的不同厚度的板子通过砂光使厚度达到工艺要求的误差范围内，进而用细砂带对板子进行精砂或抛光，以提高板子表面光洁程度。

热压后的胶合板由多层单板组成，每层单板厚度都可能存在偏差，可能恰巧组成一张板坯的单板都是正公差，也可能组成一张板的单板都是负公差，那么热压后，两张板厚度会相差很多，定厚砂光就是使厚度不一致的板子变成厚度一致或公差在允许范围内的板子，以便进行二次贴面。定厚砂光的关键技术是对两面等厚砂光，采用双面砂光机比较容易操作，采用单面砂光机，以要做到双面等厚砂光，难度较大。

如果采用单面砂光机，砂光时用画对角线的方法将每张板子找平，以保证两面砂削量相等。

4．材料、工具、设备

（1）原料：本项目裁边（未裁边）后的胶合板。

（2）设备：宽带砂光机、叉车、升降台。

（3）工具：扳手等维修工具、千分尺、直尺、画线笔、手套。

引导问题

1. 成品砂光的目的是什么？有哪些要求？常用的砂光机有哪几种？
2. 简述砂光机的工作原理。
3. 简述砂光机的种类和特点。
4. 砂光常见的缺陷及改进方法有哪些？

相关知识

1 砂光的目的和要求

成品裁边后（或裁边前），要进行板面光洁处理。过去胶合板曾采用刮光机进行刮光处理，目前这种板面处理方法已很少使用。对板面进行砂光处理，是胶合板生产中的最后一道重要工序。

成品砂光的主要目的是：减小板子的厚度偏差，消除板面缺陷，使板子厚度均匀、表面光滑平整，便于使用和进行表面装饰。

热压后的胶合板都存在程度不同的厚度偏差，板面上也存在许多缺陷，如胶纸条、污迹、板面沟痕等。采取板面砂光处理工艺，可消除板面缺陷，使板面坚实、平滑，同时使整张板子的厚度偏差减小。

裁边后的胶合板，无论是否已经过冷却处理，都不宜马上砂光。因为此时板内尚有余温，含水率也未完全均衡，立即砂光会使板面粗糙，也容易变形。况且，板面砂光过程中，砂带与板面摩擦会产生热量，若板面温度较高，加上砂光过程中的摩擦生热，将使砂带过热，容易使砂带变松、砂粒脱落，从而影响砂带的使用寿命和板面砂光质量。特别是辊式砂光机，这种现象更明显。因此，成品在砂光前，应平整堆放 48h 以上。

砂光余量根据产品类型、产品厚度、厚度公差及产品用途等来确定。胶合板的双面砂光余量一般不超过 0.3mm。砂光的最佳磨削速度是 25～30m/s。砂光时胶合板温度不应超过 40℃。

根据设备性能和产品质量的要求不同，有的工厂采取先裁边后砂光的工艺，有的工厂采取先砂光后裁边的工艺。如果裁边锯性能较好，锯片齿数在 100～120 齿，或产品对砂光出现啃头扫尾缺陷要求比较严格，可采用"先砂后裁"工艺，即先砂光后裁边；如果裁边锯性能不是很好，砂光机性能较好，可采用"先裁后砂"工艺，即先裁边后砂光，此时需注意进板送料时要连续进料，如果间歇进料就会出现啃头扫尾现象。

2 砂光设备

砂光机的类型较多，有辊式砂光机和宽带式砂光机两大类。有的仅能进行单面砂光，有的可同时进行双面砂光；有的宽带式砂光机仅有一个砂架，而有的设六个砂架。

宽带式砂光机比辊式砂光机性能优越。第一，砂光质量好。宽带式砂光机的砂带散热情况良好，可以提高磨削速度，使加工出的板子表面平滑，厚度公差小；而辊式砂光机的磨削速度不能太高，否则砂带温度高，不仅使粉尘黏附在砂粒上，影响磨削质量，而且影响砂带的使用寿命，严重时还可能引起砂带崩裂或木粉着火。第二，生产效率高。宽带式砂光机的磨削量大，可达 0.5mm（辊式砂光机仅有 0.2mm），因此，它的进料速度快，可以提高生产率。第三，砂带的使用寿命长，更换较为方便，能缩短非生产时间。

2.1 双带单面宽带式砂光机

这种砂光机为上带式砂光机，有两个砂架，第一个砂架上装有粗砂带，磨削量较大，对胶合板表面进行粗砂（图 3-19）。第二个砂架上装有细砂带，磨削量较小，对胶合板表面进行精砂。砂带在磨削时还作轴向窜动，以消除磨削时在成品表面上留下的沟痕。该砂光机粗、细砂带的磨削速度分别为 25m/min 和 18m/min，进料速度为 6~40m/min。进料速度不能太快，否则砂带温升过高，容易损坏，且会在砂粒上黏附木粉，使磨削效率下降。

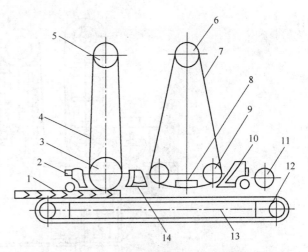

图 3-19　双带单面宽带式砂光机

1. 胶合板　2. 前压板　3. 粗砂辊　4. 粗砂带　5. 粗砂带张紧辊
6. 细砂带张紧辊　7. 细砂带　8. 磨垫　9. 细砂辊　10. 后压板
11. 刷辊　12. 进料运输带　13. 进料平台　14. 中压板

一台上带式砂光机只能对人造板进行单面砂光，一台上带式砂光机和一台下带式砂光机组合使用，可实现人造板双面一次性砂光。否则，采用一台砂光机必须分两次才能完成胶合板的双面砂光。

2.2 三带单面宽带式砂光机

三带砂光机（图 3-20）可用于胶合板表面砂光，每次只能对一个表面砂光。这种砂光机有三个砂架，第一个砂架用于粗砂，砂带粒度为 40~60 号，磨削量大，可达 0.5~0.8mm，用于控制板子的厚度；第二个砂架用于细砂，砂带粒度为 60~80 号，磨削量较小，一般为 0.4~0.7mm，能提高板面的平整度；第三个砂架用于精砂，砂带粒度为 100~120 号，要求高时可达 150~180 号，磨削量更小，仅有 0.10~0.13mm，能使板面光滑平整。砂带的粒度可根据产品类型和质量要求选择。为减少板面起毛和沟痕，砂带在纵向磨削的同时，还要做轴向窜动。这种砂光机运用了气控托板，能使板子受到均匀的压力，以提高板面的光洁程度。

三带单面宽带式砂光机的进料速度为 18~60m/min，砂带运行速度可达 1100m/min，使用压力 0.07~0.14MPa，磨削压力为 36~77MPa。砂光质量与进料速度、砂带粒度和砂带运行速度等因素有关。进料速度低，磨削量大，磨削均匀；砂带粒度号越高，磨削量越小，但磨削均匀；砂带运行速度高，单位时间内磨削次数多，磨削量也大，板面光洁程度高。

2.3 四带双面宽带式砂光机

四带双面宽带式砂光机（图 3-21）由四个砂架组成，同时完成胶合板的双面砂光。四个砂架均为三角形结构。两个粗砂架置前，上下对称布置，砂带粒度 40 号，对胶合板两表面进行粗砂，可控制板子厚度，多用于定厚砂光；两个细砂架排后，前后错开布置，砂带粒度 80 号，对胶合板两表面进行精砂，可提高板子平整度。粗砂带与板面几乎成线接触，而细砂带与板面基本上成面接触，以保证精细砂光。粗、细砂带在砂磨的同时均作有规律的轴向游动，以防止板面砂出沟痕。

这种砂光机为无级调速进料，进料速度为 0～30m/min，最大磨削量 1.5mm，砂带线速度约为 26m/s，砂光板厚度 2.7～200mm。

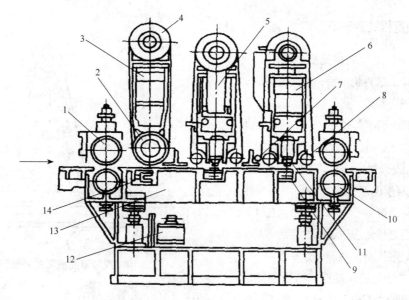

图 3-20　三带单面宽带式砂光机

1、10. 进料辊筒　2. 接触辊　3、5、6. 砂架　4. 张紧辊　7. 喷气驱尘装置
8. 导辊　9. 托板　11. 压带器　12. 电动机　13. 工作台　14. 气控托板

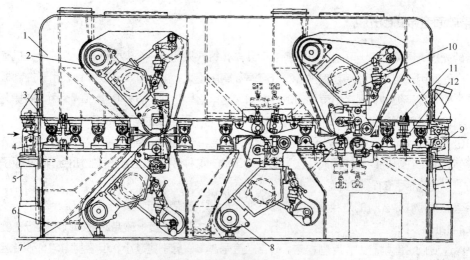

图 3-21　四带双面宽带式砂光机

1. 上机架　2. 上粗砂砂带架　3. 压紧辊　4. 进料辊筒　5. 调整油钢　6. 下机架　7. 下粗砂砂带架
8. 下细砂砂带架　9. 刷尘辊　10. 上细砂砂带架　11. 拉紧螺栓　12. 定位螺栓

四带双面宽带式砂光机的生产率高，适用于较大规模的厂家。

3 宽带砂光机砂光中常见质量缺陷、原因及改进方法（表 3-18）

表 3-18　宽带砂光机砂光中的缺陷、原因及改进方法

缺陷种类	原因或改进方法
被砂过的胶合板在进料端较厚	接触轮太高所致
砂光胶合板在出料端较薄	前压力杆太低所致
砂带被磨光粉嵌塞太快、太多	砂粒太细 磨削量太大 木材含油脂量高或木材太湿 除尘系统对木屑粉尘吸力不够 胶合板表面脏物及胶料多
薄木贴面胶合板在砂磨时，薄木易于砂穿	台面的调正未达到浮动状态 浮动位置调正过紧 压力杆太低 压力杆未予固定
在砂去胶合板表面胶纸带时，连同表板被砂穿	原因是胶合板在胶压（或拼缝）时，胶纸带压进单板很深以致在砂磨时砂纸首先砂磨表板，然后才砂去胶带纸 修正或更换传送带 将传送带略为收紧 清除弹簧辊上黏附的杂物
砂光表面出现波浪纹	修正或更换传送带 将传送带略为收紧 清除弹簧辊上的黏附杂物
板面砂光不均	系进料压辊太低，应稍稍提高进料压辊
发现机器本身跳动	抬高辊筒 更换较硬的或刚性较好的压辊 校正机器基础 检查传动轴联轴节是否松动 更换砂带
砂光后胶合板在厚度上出现斜势	校正台面水平度 调正锁紧装置 检查胶合板本身厚度有否斜势
砂光后胶合板表面留下划痕	砂带的砂粒中嵌入杂物
砂带有断裂现象	减低砂磨时的压力
气垫系统失灵使砂带断裂	停机换带 净化处理压缩空气

4 拓展知识

4.1 针叶树材胶合板的砂光特点

针叶材（落叶松、松木等）胶合板由于木材中树脂含量较多和木材节子硬度较大，因而砂光作业比较困难。最困难的是砂光松木胶合板。松木胶合板中所含不溶解于水的树脂会在砂光作业时裹住磨料，结果，砂带在磨损（磨粒变钝和脱落）之前就会由于磨粒不能接触木材而失去加工能力。从三辊筒砂光机的使用实践中得知，每安装一次砂纸，仅能砂光幅面 1525mm×1525mm 的落叶松胶合板 300～400 张或松木胶合板 40～60 张，单位砂光长度相当于 1000～1200m 和 120～180m。

所谓单位砂光长度，是指砂光机纵轴方向每米长度砂带所砂光的胶合板表面长度米数。砂光表面的长度计算到砂带丧失实际磨削能力为止。辊筒砂光机的砂纸长度按辊筒圆周计算，宽带砂光机的砂带长度按砂带本身的长度计算。

磨粒涂附密度为正常涂附密度 50%～70% 的砂带，对加工针叶材胶合板尤其是松木胶合板最耐用。原因是磨粒之间有较大的空隙可以容纳析出的树脂，所以不妨碍磨料与木材接触。

生产试验表明，单晶刚玉砂带砂磨落叶松板的使用寿命相当于 5000m/m，砂磨松木胶合板的使用寿命相当于 1900m/m。

宽带砂光机使用 50% 磨粒的单晶刚玉砂带时，每换一次砂带可以加工约 10000～15000m 落叶松胶合板或 5000m 以上的松木胶合板。砂光针叶树材胶合板，建议采用 50～32 号粒度的砂带。

- -

任务实施

- -

1 任务实施前的准备

（1）班级学生分组：每 6～8 人一组。

（2）了解相关设备、工具安全操作规程。

2 砂带的安装和使用

胶合板砂光用的砂带制成 20～100m 的卷状材料。

（1）辊筒砂光机安装砂带的方法　如图 3-22 所示，将砂带沿螺旋线绕到辊筒上（螺旋状卷法）或沿母线卷到辊筒上并固定在纵槽中（平卷法）。

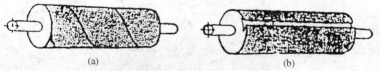

图 3-22　辊筒砂光机砂纸安装方法

（a）螺旋状卷法　（b）平卷法

第一种方法使用得比较普遍，因为此法可以利用宽度小于辊筒长度的砂纸，而且不破坏辊筒的平衡。砂光机的砂削辊筒一般长度为 750～2500mm，辊筒的直径一般为 250～350mm。辊筒是钢制的，辊筒的表面必须贴一层 4～6mm 厚的呢绒或毛毡，呢绒或毛毡边部互相拼合的位置必须在辊筒螺旋槽的中心。砂纸缠绕之前，将事先校准的样板从砂纸卷上切下。切下的砂纸从背面略加以湿润后，在重压下放置 20～40min，然后用砂纸夹紧箍，将它固定在辊筒的一端，并逆辊筒的旋转方向沿着螺旋线紧密地缠到辊筒上，再用砂带夹紧箍固定在辊筒的另一端并逐渐拉紧。砂带的搭接位置必须在辊筒的螺旋槽上。

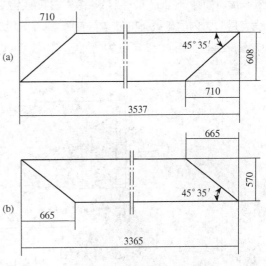

图 3-23　砂带（a）与毛毡（b）裁剪尺寸

现介绍一种带自动张紧的螺旋形卷绕砂辊（图 3-24），先将砂带与毛毡按图 3-23 的尺寸裁剪好，升起砂光机的上压筒，调好胶黏剂，将毛毡贴在砂辊筒 9 上，要求表面平整无起伏现象。然后松开螺钉 1，拧紧螺钉 2，使其弹簧块偏左，将砂带 10 有尖角的一端挂在销钉 4 上，使在夹紧箍 11 下面的砂带 10 确实靠在砂辊筒 9 上。用同样的方法可以卡紧另一端。在使用过程中砂带可能伸长而产生松弛，这时张紧装置在扭力弹簧 8 的作用下自动张紧，保证砂带不产生褶皱与松脱。图 3-24 所示为这种砂辊的结构。缠好的砂辊如图 3-25 所示。

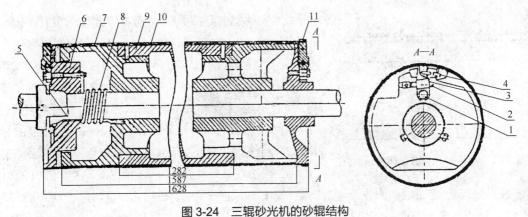

图 3-24　三辊砂光机的砂辊结构

1、2. 螺钉　3. 拉簧块　4. 销钉　5. 固定套　6. 活动盘　7. 毛毡
8. 扭力弹簧　9. 砂辊筒　10. 砂带　11. 夹紧箍

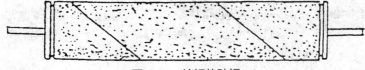

图 3-25　缠好的砂辊

图 3-26 所示为一种新型的精砂辊。该砂辊是在钢筒与砂纸之间覆一层单胞海绵，即海绵内气泡各自互相独立，不相通，就像海绵由成千上万的气室组成，其回弹性能好，故能保证工作表面的砂削精度。该砂辊的砂纸是采用独特的二重缠绕法，将砂纸剪成锐角 53° 的平行四边形，其宽度等于砂辊

的长度，如图 3-26（b）所示。将其在海绵上绕上两圈，两端用胶带固定即可。这种方式缠绕砂辊的优点是：①内层砂纸上的砂粒嵌在外层砂纸的背面，使砂粒不易脱落；②双层绕法不出现离边，可以防止海绵垫层受损；③砂纸的内外层可以掉换使用，不会造成浪费；④换砂纸筒简便迅速。

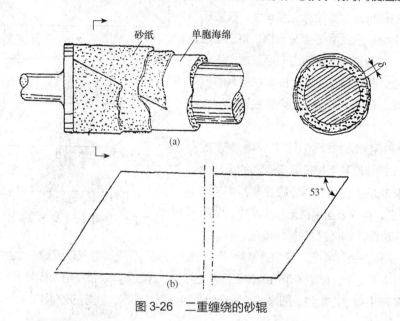

图 3-26 二重缠绕的砂辊

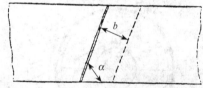

图 3-27 宽带砂光机砂带接合示意图

辊筒砂光机使用的砂纸是用纸或综合型的材料作基体。用布作基体的砂纸，由于延伸性太大，不适合于辊筒砂光机。

（2）宽带砂光机安装砂带的方法 宽带砂光机上常用宽 1250～2650mm、长 2600～3810mm 的砂带。砂带的接合方法如图 3-27 所示。先将砂带按样板截断，然后将截好的砂带两端切成宽 b 为 50～65mm，$\alpha=45°\sim65°$ 的斜面。砂带两端的胶合宜使用聚氨基甲酸酯胶黏剂。用刷子将胶涂在斜面上。两端搭接后，先在 23℃±2℃ 的温度下放置 20～25min，再在 80～90℃ 温度下放置 1～1.5min。然后将该砂带放在压机中，在 23℃±2℃ 的温度和 0.35MPa 压力下，经 40～90s 完成胶合。

更换砂纸、砂带是很费工的工作，要求严，需要有很高的熟练程度和操作技能，必须按技术规范去做，才能既延长砂带的使用寿命，又能提高砂光质量。在安装砂带时要注意合理选择砂带的张紧力。张紧力太大容易使较细的砂带起皱而破坏，从而降低砂带的使用寿命。一般定厚砂光使用粗砂带时，张紧力可大些，精细砂光的细砂带张紧力宜小些；砂布带的张紧力可大些，砂纸带的张紧力宜小些。

3 砂光操作规程

（1）开机前检查 砂光机开机前，清理机台及工作现场，检查传送台及砂带轮之间有无障碍物，清除并用压缩空气吹净；检查三联件油雾器油量，放尽过滤器中的积水，气源压力应不少于 0.6MPa；检查输送带驱动减速器油量。确认三相 380V、50Hz 电源是否正常，确认砂带张紧（张紧气压值一般在 0.3～0.5MPa 之间调整），关好机门。打开总电源控制开关，接通气源及除尘阀。

（2）启动砂光机　根据要求设定控制面板各数据输入按钮。启动砂带机，按先后程序开动运转，砂光机工作高度，可由该机配有的自动定厚器自动调整，并可用手轮及各砂带轮组的微调装置协调，其砂削量应由小到大渐进调节，避免因砂削量过大损坏砂带及砂滚轴。

（3）砂光间隙调整　调整进料间隙，根据胶合板材质、厚度调节砂带及进给输送带速度。调节进给速度时，必须在电动机运转时进行，严禁停机后强行转动调节手轮。砂削量一般控制在 0.4mm 左右，最大砂削量为 0.8mm。进料间隙从大到小逐步调整，避免将板子砂薄。

砂光过程中，要经常用千分尺测量板子四角的厚度，砂光机上调整的砂光厚度只能作为参考数据，每砂光一遍，用千分尺测量一遍板子四边的厚度，经过长期实践，才能找出砂光机设定值与实际厚度的差值。在砂削宽度小于 600mm 的板子时，可靠输送带的左右两侧同时放入，避免集中使用砂带的某一段，以提高砂带利用率。

采用单面砂光机时，要从大向小逐渐调整砂架与下辊的间隙，砂光时，将板子一面的对角线画上有色线条，以便观察砂削量的多少，如果板子通过砂光机，板面有线条存在，证明此处有漏砂现象，可调小间隙（加大砂削量），待线条全部砂掉后，证明板面没有漏砂现象，再将间隙调小些。砂光板子的另一面时，方法相同。

（4）更换砂带　中途更换砂带时，必须关闭吸尘阀，并按砂带的运动箭头方向安装。

（5）机器保养　工作中因故停电，压在砂带轮下方的工件禁止强行拉出，当机器出现其他异常情况时，应马上停机检修。

工作完毕后，用控制程序关闭各电动机后关闭总电源、气源及吸尘阀，用压缩空气吹净输送带及机体内的粉尘砂屑。

■ 拓展训练

以小组为单位进行单面等厚砂光训练，每人一块胶合板，砂光后用卡尺测量板子的平均误差，比一比哪组平均误差小。

任务 3.8　胶合板分等与修补

任务描述
----

1. 任务书

结合项目生产指令单要求和国家标准对自制的胶合板进行分等，并对缺陷胶合板进行修补。

2. 任务要求

（1）根据国家标准确定自制的胶合板等级类别；

（2）根据用途调配修补腻子，并对分等后的胶合板进行修补；

（3）修补后重新按国家标准确认板子的等级。

3. 任务分析

胶合板分等的关键是对标准掌握的熟练程度和对缺陷类别的辨析，要通过实践不断总结经验，反复熟悉分等的标准；胶合板的修补要针对缺陷情况采取正确的方法。

4. 材料、工具、设备

（1）原料：本项目中砂光（或裁边）后的胶合板、修补胶黏剂、腻子。

（2）设备：修补工作台、叉车、升降台。

（3）工具：腻子刀、电熨斗、电动刨、砂纸、切纸刀、直尺、卷尺、扳手等维修工具、手套。

引导问题

1. 胶合板分等的依据是什么？为什么不通过检验物理、力学性能来分等？

2. 胶合板修补的内容和方法有哪些？

3. 调配腻子的主要原料是什么？各起什么作用？如何根据修补要求合理调配？

4. 2004 年实施的国家标准就普通胶合板外观分等技术条件对上一版本在哪些方面进行了修订？说明什么？

相关知识

1 胶合板外观分等

胶合板分等就是将所有胶合板按材质缺陷和加工缺陷分成不同等级。由于原料质量、操作水平及设备精度等种种因素的影响，制造出的胶合板不仅有等级差别，而且有合格与不合格之分。因此，要对产品进行分等。

合格的胶合板可分为不同的等级类别。不同种类的人造板，分成的等级类别不一样。合格的普通胶合板按可见的缺陷分为优等品、一等品和合格品三个等级。成品分等以后，并不是最后"裁决"，还必须通过成品检验来确定分等的有效性（成品检验内容见后续任务）。

分等检验后的合格产品，在板的背面加盖印章，按规定进行包装、运输和贮存。不合格产品要进行修补，以提高胶合板等级率。

胶合板分等是依据外观质量通过目测来完成的。胶合板的等级主要按面板上允许缺陷来划分，并对背板、内层单板允许缺陷加以限制。国家标准对每个等级的胶合板的外观质量都做了相应的规定。阔叶材胶合板材质缺陷，包括节子（针节、活节、半活节、死节）、夹皮、木材异常结构、裂缝、虫眼、排钉眼、孔洞、变色、腐朽等；加工缺陷，包括表板拼接离缝、表板叠层、芯板叠离、长中板叠离、鼓泡、分层、凹陷、压痕、鼓包、毛刺沟痕、表板砂透、透胶、污染、补片、补条、内含铝质书钉和板边缺损等。对于针叶材胶合板，材质缺陷还有树脂道、树脂漏等。在砂光以后，要由掌握国家标准、技术熟练的工人完成此项分等任务。在分等时，根据外观质量（即板面存在的缺陷情况）逐张进行检查，评出等级，并分类堆放。

2 胶合板的修补

胶合板的修补就是胶合板经过分等、检验后，对生产过程中形成的缺陷或单板修补时没有消除的遗留缺陷进行修理，目的是消除或减少胶合板表面缺陷，以提高或保持胶合板等级。

3 拓展知识

3.1 单板综合利用——三级料生产多层胶合板

单板旋切产生的薄厚不均的单板、瓦棱板、跳刀板、碎单板、单板分选过程中的等外板及单板整理过程中产生的碎单板，统称三级料。将单板旋切产生的三级料充分利用，与二级单板搭配组坯，制成多层胶合板或水泥模板，可以减少原料成本，提高木材的综合利用率，增加效益。主要生产环节如下：

（1）制作封边框　挑选窄长单板条作为封边框的长边，短尺的单板作为封边框端头封边条，同一层中碎单板厚度规格不能相差太大，封边条宽 80mm 左右，按照胶合板的规格留出加工余量，封边框外围尺寸符合 1220mm×2440mm 成品板的毛坯尺寸，以满足裁边的要求，确保裁边后板边不露碎单板。用胶带将封边条黏合起来，制作成碎单板层的封边框。如图 3-28 所示为封边框的制作。

（2）面、底板及短芯板涂胶　因三级料组成的单板层不便涂胶，故面板、底板、短芯板要分别施胶。面、底板涂胶采取面与底合在一起单面涂胶方法，涂胶后摆放在组坯台上。短芯板双面涂胶。

（3）组坯　每隔一层摆一层三级料，碎单板条摆放在封边框内，相邻两层纹理方向相同的碎单板接缝不能重叠，即不能在相同位置接缝，要长短搭配。图 3-29 与图 3-30 所示分别为组坯的第二层和第四层碎料的摆放方法，如果有第六层的话，摆法相同。涂胶短芯板及一次组坯面、底板可用二级料，短芯板按照多层板的层数配套规格单板，最好将 1270mm×640mm（四拼板）单板与 1270mm×840mm（三拼板）单板混合使用，如图 3-31 所示。

组坯时，要尽量利用废料，不拘一格，只要是相邻两层碎料板接缝不在同一处即可，还可以使用更

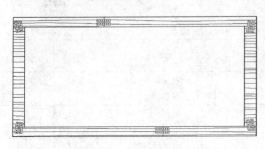

图 3-28　组坯封边框

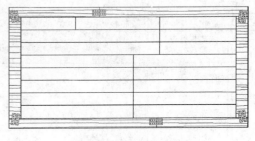

图 3-29　组坯第二层

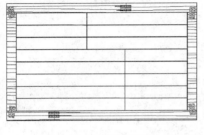

图 3-30　组坯第四层

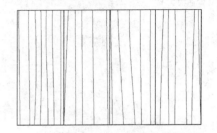

图 3-31　过胶短芯板或面、底板

（4）合板胶合　采用此法制作水泥模板时，可采用塑料膜覆膜热压。首先用酚醛树脂胶对板坯热压胶合，酚醛胶的热压温度为125~150℃，采用较大的热压压力；覆膜热压时，先铺一张厚塑料膜（大约3~5mm厚），将胶合后的板子表面涂酚醛树脂胶，有胶的一面接触塑料膜，再对另一面涂胶并铺好塑料膜，热压后将覆拿开，会看到棕色的亮光板面。模板边可用醇溶性酚醛胶或油漆涂刷。有些企业为了减少生产成本，也用脲醛树脂胶制作覆膜板的素板，然后刷酚醛树脂胶。

任务实施

1 任务实施前的准备

（1）班级学生分组：每6~8人一组。

（2）了解相关设备、工具安全操作规程。

2 普通胶合板外观分等

国家标准对每个等级胶合板的材质缺陷和加工缺陷作了最小允许范围的规定，一般通过目测胶合板上的缺陷来判定其等级。

2.1 允许缺陷

（1）以阔叶树材单板为表板的各等级普通胶合板的允许缺陷见表3-19。

表3-19　阔叶树材胶合板外观分等的允许缺陷

缺陷种类		检量项目	面板			背板
			胶合板等级			
			优等品	一等品	合格品	
（1）针节			允许			
（2）活节		最大单个直径（mm）	10	20	不限	
（3）	半活节、死节、夹皮	每平方米板面上总个数	不允许	4	6	不限
	半活节	最大单个直径（mm）	不允许	15（自5以下不计）	不限	
	死节	最大单个直径（mm）	不允许	4（自2以下不计）	15	不限
	夹皮	单个最大长度（mm）	不允许	20（自5以下不计）	不限	
（4）木材异常结构		—	允许			
（5）裂缝		单个最大宽度（mm）	不允许	1.5椴木0.5	3椴木1.5南方材4	6
		单个最大长度（mm）		200南方材250	400南方材450	800南方材1000
（6）虫孔、排钉孔、孔洞		最大单个直径（mm）	不允许	4	8	15
		每平方米板面上个数		4	不呈筛状不限	

缺陷种类	检量项目	面板			背板
		胶合板等级			
		优等品	一等品	合格品	
（7）变色	不超过板面积（%）	不允许	30	不限	
		注：① 浅色斑条按变色计； ② 一等品板深色斑条宽度不得超过 2mm，长度不得超过 20mm； ③ 桦木除优等品板外，允许有伪心材，但一等品板的色泽应调和； ④ 桦木一等品板不允许有密集的褐色或黑色髓斑； ⑤ 优等品和一等品板的异色边心材按变色计。			
（8）腐朽	—	不允许		允许有不影响强度的初腐象征，但面积不超过板面积的1%。	允许有初腐
（9）表板拼接离缝	单个最大宽度（mm）	不允许	0.5	1	2
	单个最大长度为板长（%）		10	30	50
	每米板宽内条数		1	2	不限
（10）表板叠层	单个最大宽度（mm）	不允许		8	10
	单个最大长度为板长（%）			20	不限
（11）芯板叠离	紧贴表板的芯板叠离 单个最大宽度（mm）	不允许	2	8	10
	每米板宽内条数		2	不限	
	其他各层离缝的最大宽度（mm）		10		—
（12）长中板叠离	单个最大宽度（mm）	不允许	10		—
（13）鼓泡、分层	—	不允许			
（14）凹陷、压痕、鼓包	单个最大面积（mm²）	不允许	50	400	不限
	每平方米板面上个数		1	4	
（15）毛刺沟痕	不超过板面积（%）	不允许	1	20	不限
	深度不得超过（mm）		0.2	不允许穿透	
（16）表板砂透	每平方米板面上（mm²）	不允许		400	不限
（17）透胶及其他人为污染	不超过板面积（%）	不允许	0.5	30	不限
（18）补片、补条	允许制作适当且填补牢固的，每平方米板面上个数	不允许	3	不限	不限
	累计面积不超过板面积（%）		0.5	3	
	缝隙不得超过（mm）		0.5	1	2
（19）内含铝质书钉	—	不允许			
（20）板边缺损	自公称幅面内不得超过（mm）	不允许	10		
（21）其他缺陷	—	不允许	按最类似缺陷考虑		

（2）以针叶树材单板为表板的普通胶合板的允许缺陷见表3-20。

表3-20　针叶树材胶合板外观分等的允许缺陷

缺陷种类	检量项目	面板			背板
		胶合板等级			
		优等品	一等品	合格品	
（1）针节	—	允许			
（2）活节、半活节、死节	每平方米板面上总个数	5	8	10	不限
（2）活节	最大单个直径（mm）	20	30（自10以下不计）	不限	
（2）半活节、死节	最大单个直径（mm）	不允许	5	30（自10以下不计）	不限
（3）木材异常结构	—	允许			
（4）夹皮、树脂道	每平方米板面上个数	3	4（自10以下不计）	10（自15以下不计）	不限
	单个最大长度（mm）	15	30	不限	
（5）裂缝	单个最大宽度（mm）	不允许	1	2	6
	单个最大长度（mm）		200	400	1000
（6）虫孔、排钉孔、孔洞	最大单个直径（mm）	不允许	2	6	15
	每平方米板面上个数		4	10（自3mm以下不计）	不呈筛孔状不限
（7）变色	不超过板面积（%）	不允许	浅色10	不限	
（8）腐朽	—	不允许		允许有不影响强度的初腐象征，但面积不超过板面积的1%	允许有初腐
（9）树脂漏（树脂条）	单个最大长度（mm）	不允许	150	不限	
	单个最大宽度（mm）		10		
	每平方米板面上个数		4		
（10）表板拼接离缝	单个最大宽度（mm）	不允许	0.5	1	2
	单个最大长度为板长（%）		10	30	50
	每米板宽内条数		1	2	不限
（11）表板叠层	单个最大宽度（mm）	不允许		2	10
	单个最大长度为板长（%）			20	不限
（12）芯板叠离	紧贴表板的芯板叠离 单个最大宽度（mm）	不允许	2	4	10
	紧贴表板的芯板叠离 每米板宽内条数		2	不限	
	其他各层离缝的最大宽度（mm）	10			—

缺陷种类	检量项目	面板			背 板
		胶合板等级			
		优等品	一等品	合格品	
（13）长中板叠离	单个最大宽度（mm）	不允许	10		—
（14）鼓泡、分层	—	不允许			—
（15）凹陷、压痕、鼓包	单个最大面积（mm²）	不允许	50	4 00	不限
	每平方米板面上个数		2	6	
（16）毛刺沟痕	不超过板面积（%）	不允许	5	20	不限
	深度不得超过（mm）		0.5	不允许穿透	
（17）表板砂透	每平方米板面上（mm²）	不允许		400	不限
（18）透胶及其他人为污染	不超过板面积（%）	不允许	1	不限	
（19）补片、补条	允许制作适当且填补牢固的，每平方米板面上个数	不允许	6	不限	
	累计面积不超过板面积（%）		1	5	不限
	缝隙不得超过（mm）		0.5	1	2
（20）内含铝质书钉	—	不允许			
（21）板边缺损	自公称幅面内不得超过（mm）	不允许		10	
（22）其他缺陷	—	不允许	按最类似缺陷考虑		

（3）限制缺陷数量，累积尺寸或范围应按胶合板面积的平均每平方米上的数量进行计算，胶合板宽度（或长度）上缺陷应按最严重一端的平均每米内的数量进行计算，其结果应取最接近相邻整数中的大数。

（4）表板上可以看到的内层单板的各种缺陷，不得超过每个等级表板的允许限度。紧贴面板的芯板孔洞直径不得超过 20mm；因芯板孔洞使一等品胶合板面板产生凹陷时，凹陷面积不得超过 50mm²；孔洞在板边形成的缺陷，其深度不得超过孔洞尺寸的 1/2，超过者按芯板离缝计。

（5）普通胶合板的节子或孔洞的直径，系指最大直径和最小直径的平均值，节子或孔洞的直径，按节子或孔洞轮廓线的切线间的垂直距离测定。

（6）公称幅面尺寸以外的各种缺陷均不计。

2.2 拼接要求

（1）优等品的面板应使用旋切光洁的单板，板宽在 1220mm 以内的，其面板应为整张板或用两张单板在大致位于板的正中进行拼接，拼缝应严密。优等品的面板拼接时，应适当配色且纹理相似。

（2）一等品的面板的拼接应密缝，木色相近且纹理相似，拼接单板的条数不限。

（3）合格品的面板及各等级品的背板，其拼接单板条数不限。

（4）各等级品的面板的拼缝均应大致平行于板边。

2.3 分等操作要求

（1）熟记、熟背胶合板分等有关国家标准，准确地把好胶合板等级关，正确地分等；

（2）及时发现胶合板制造中加工缺陷，并分析原因，立即与有关工段联系，以减少损失；

（3）能修补的等级品胶合板，尽量挑选出来进行修补，以提高合板等级率；

（4）认真做好分等后的记录与数量统计。

3 胶合板的修补

3.1 胶合板的修补要求

（1）对死节、孔洞和裂缝等缺陷，应用腻子填平后砂光进行修补。

（2）补片和补条应采用与制造胶合板相近的胶黏剂进行胶黏。补片和补条的颜色和纹理以及填料的颜色，应与四周木材适当相配。

3.2 胶合板的修补方法

（1）裂缝　窄小的裂缝用腻子填补；缝宽的用木条填补，并用胶粘牢和刨、砂光。

（2）边、角脱胶　用树脂胶或用与胶合板使用的相同胶填入粘牢。

（3）胶层鼓泡　鼓泡缺陷分等时，多用木段敲击胶合板的办法来发现，敲击声音如有闷声则为鼓泡、脱胶或黏合不牢。将鼓泡处用小刀割开，填入少量胶，用冷压或热压粘牢。

（4）脱落节孔　小孔洞用腻子填充，大一些的进行挖补，需用相同颜色的单板块刷胶粘补牢固。

（5）板面局部不光　用手工（或电动）刨子刨光或用砂纸打磨。

3.3 刮腻子

刮腻子也叫刮灰或刮土，是对板坯冷修时无法修补的小孔洞、小裂缝、热压时产生的压痕进行修补。刮腻子可以在热压之后马上进行，也可以待板子凉下来再进行，要根据生产进度、胶合板所用胶种和腻子来决定。

3.3.1 腻子的调配

（1）修补裂缝使用的腻子（裂缝在 2mm 以下）

① 配方（按重量计）：碳酸铅 26 份，菱苦土（氧化镁）26 份，木粉（砂光木粉）25 份，干酪素胶（标准筛 80～90 号）18 份，黄染料（黄土子，根据木色调节使用量）2.5 份，氨水（浓度 25%～30%）2.5 份，水 90～100 份。

② 调制：把碳酸铅、菱苦土、木粉、干酪素胶、染料等加入到乳钵内用力搅拌均匀后，将氨水用水稀释，再倒入乳钵中用力搅拌即成。

（2）修补裂口的腻子

① 配方（以重量计）：脲醛树脂胶（脱水胶）300 份，氯化铵 3 份，粉状白垩粉 700 份，黄颜粉 2 份。

② 调制：将氯化铵与黄颜粉同时加入到树脂中搅拌均匀，再加入到粉状白垩粉内，继续搅拌至均匀，成为膏体即可使用。

如果趁热刮腻子，可选用脲醛树脂胶或乳白胶调和，其他情况用乳白胶调和，胶料加入的多少视腻子的黏稠度确定。为了防止刮腻子后板面塌陷，腻子应调得黏稠些，但太稠不易刮平。也有用骨胶进行调配的，采用骨胶要将水与骨胶同时加热，待骨胶熔化后再进行调和。向腻子中加入砂光粉，可以节省原料成本，也有利于板子二次贴面时与面材的黏合。

根据二次贴面面材的颜色，调腻子时，加入与面材颜色相近的木材颜料，以避免贴面后透出腻子的白色。

3.3.2 刮腻子的方法

刮腻子时，与冷修类似，两个人一组，其中一人刮板子的一面后，将板子翻到另一垛板子上，由另一人刮另一面。用腻子刀取一些调好的腻子放在托板上，用腻子刀在托板上刮取少量腻子，抹在板面需要腻补的地方，将腻子刀倾斜轻刮过去（腻子刀与板面夹角小于 45°），再将腻子刀稍立起加压压实（腻子刀与板面夹角大于 45°）。要领是：填平、压实、不留腻疤。

■ **拓展训练**

按下列组合调配腻子：

① 采用滑石粉、石膏粉与乳白胶调配腻子，比例自定；

② 采用滑石粉、木粉与乳白胶一起调配腻子，比例自定；

③ 采用滑石粉、石膏粉、木粉与乳白胶一起调配腻子，比例自定；

④ 采用滑石粉、石膏粉、木粉与脲醛树脂胶一起调配腻子，比例自定；

⑤ 采用滑石粉、石膏粉、木粉骨胶一起调配腻子，比例自定；

⑥ 采用滑石粉、石膏粉、木粉与乳白胶、脲醛树脂胶一起调配腻子，比例自定。

将调好的腻子分别刮在有缺陷的板面上，观察修补效果，总结以上各种配方的优缺点，找出最佳配方。

任务 3.9 胶合板成品检验

工作任务
---

1. 任务书

按国家标准对制作的成品胶合板进行产品质量检验。

2. 任务要求

（1）对产品规格尺寸进行检验，判定是否合格；

（2）按国家标准规定的必测项目，对产品物理力学性能进行检验，判定产品含水率、甲醛释放量、胶合强度是否合格及所属级别；

（3）检验产品的密度、浸渍剥离性能；

（4）比较各组的检验结果，分析在检测过程中哪些环节或操作可能存在问题；

（5）根据成品规格尺寸、物理力学性能检验的结果，综合分析产品生产中存在的问题，提出解决问题的措施。

3. 任务分析

国家标准对行业的发展有引领和指导意义，完成本任务时首先要熟知相关的国家标准，严格按标准执行检验任务；其次要熟悉相关仪器设备的工作原理和使用规程，特别要熟悉化学实验的基本知识，对实验数据和结果能进行分析、判断和运算整理。

4. 材料、工具、设备

（1）原料：本项目中的成品胶合板。

（2）设备：空气对流干燥箱[（40~200）℃±1℃]、万能圆锯机、精密裁板锯、木材万能实验机。

（3）工具：手锯条、金属支架、水槽、分光光度计、天平（感量0.01g、0.0001g各一台）、手动电锯、游标卡尺（精度0.1mm）、三角板、画线笔、砂纸、角尺（两个成直角的臂长1000mm±1mm，且在1000mm处精确至0.2mm）、直尺（长度至少与板长相等，精度1mm）、钢板尺（精度至少0.5mm，用于偏差测量）、钢卷尺（读数精度为1mm）、螺旋测微仪（有直径为16mm±1mm、平整且相互平行的圆形测量表面，精度为0.01mm）、手套、小口塑料瓶（500、1000mL各4只）。

（4）玻璃器皿：

碘价瓶，500mL，4~10只；

碘价瓶，50mL，6只；

单标线移液管，25、50、100mL各4支；

棕色酸式滴定管，50mL，2支；

棕色碱式滴定管，50mL，2支；

量筒，10、20、100、250、1000mL各4支；

干燥器，直径为24cm，容积9~11L；

表面皿，直径为12~15cm，10片；

容量瓶，1000、2000mL各6只；

棕色容量瓶，1000mL，4只；

带塞三角烧瓶，50、100mL；

烧杯，100、200、500、1000mL各6只；

棕色细口瓶，1000mL，4只；

滴瓶，100mL，4只；

玻璃研钵，直径10~12cm，1只；

结晶皿，直径120mm，高度60mm。

（5）化学试剂：

碘化钾（KI），分析纯；

重铬酸钾（$K_2Cr_2O_7$），优级纯；

硫代硫酸钠（$Na_2S_2O_3 \cdot 5H_2O$），分析纯；

碘化汞（HgI_2），分析纯；

无水碳酸钠（Na_2CO_3），分析纯；

硫酸（H_2SO_4），密度$\rho = 1.84g/mL$，分析纯；

盐酸（HCl），$\rho = 1.19g/mL$，分析纯；

氢氧化钠（NaOH），分析纯；

碘（I_2），分析纯；

可溶性淀粉，分析纯；

乙酰丙酮（$CH_3COCH_2COCH_3$），优级纯；

乙酸铵（CH_3COONH_4），优级纯；

甲醛溶液（HCHO），浓度35%~40%。

引导问题

1. 胶合板成品检验包括哪几方面内容？国家标准规定的检验项目有哪些？

2. 胶合板规格尺寸检验包括哪些项目？国家标准规定的指标是什么？

3. 常用的胶合板物理性能指标有哪些？如何测定和计算？国标规定项目是什么？指标是多少？

4. 胶合板甲醛释放量的测定方法有哪些？国标规定采用什么方法？测定原理是什么？分为哪些级别？

5. 影响含水率、甲醛释放量、胶合强度的因素有哪些？

6. 国标对胶合强度指标如何规定？根据不同树种、厚芯结构、胶合强度测定时的木材破坏率、非正常破坏，如何判定产品是否合格？

7. 胶合板成品的包装、标志、标签、贮存和运输有哪些要求？

相关知识

---

1 成品检验

胶合板进行质量检验是根据国家有关标准规定进行的，成品检验包括规格尺寸检验、外观质量检验和物理力学性能检验三个方面。

规格尺寸检验的内容包括厚度公差、幅面公差、边缘直度公差、垂直度公差和翘曲度。

外观质量检验包括的内容较多，不同的产品有不同的要求，在合板分等时已经进行了逐张检查。

物理力学性能检验包括的项目较多，且不同的产品，物理力学性能的检验项目是不同的。物理力学性能检验属于破坏性检验，必须先将样板锯成小试件方能检验。具体检验方法可参考 GB/T 17657—1999《人造板及饰面人造板理化性能试验方法》。

在胶合板生产中，要经常对分等的板子进行检验，一般每班都要检验一次，主要是检验物理力学性能。

在成品入库、质量监督及成批拨交时，要按照规格尺寸、外观质量和物理力学性能三个方面进行检验。检验时，按照国家标准规定的抽样方法和抽样数量从成品中随机抽样。经检验全部项目合格，则判定该批产品为合格品，否则，以不合格产品论处或降等处理。

胶合板出厂时，应具有生产厂质量检验部门的产品质量鉴定证明书，注明胶合板的批号、树种、类别、规格、等级、胶合强度、含水率和甲醛释放量级别等。

胶合板外观质量检验与胶合板分等方法相同（见任务 3.8），以下主要学习规格尺寸检验和物理力学性能检验。

1.1 胶合板规格尺寸检验

检验的项目有：厚度公差、幅面公差、边缘直度公差、垂直度公差和翘曲度。其中公称厚度在6mm

以下的胶合板不检验翘曲度。

（1）胶合板的幅面尺寸按表 3-21 规定。胶合板长度和宽度公差为 ±2.5mm。

表 3-21　胶合板的幅面尺寸　　　　　　　　　　mm

宽　度	长　度				
	915	1220	1830	2135	2440
915	915	1220	1830	2135	—
1220	—	1220	1830	2135	2440

注：特殊尺寸由供需双方协议。

（2）胶合板厚度公差应符合表 3-22 规定。

表 3-22　厚度公差　　　　　　　　　　mm

公称厚度（t）	未砂光板		砂光板（单面）	
	每张板内的厚度允差	厚度的允差	每张板内的厚度允差	厚度的允差
2.7，3	0.5	$+0.4$ -0.2	0.3	± 0.2
$3<t<5$	0.7	$+0.5$ -0.3	0.5	± 0.3
$5\leq t\leq 12$	1.0	$+(0.8+0.03t)$ $-(0.4+0.03t)$	0.6	$+(0.2+0.03t)$ $-(0.4+0.03t)$
$12<t\leq 25$	1.5			

注：有特殊要求由供需双方协议。

（3）胶合板边缘直度公差为 1mm/m。

（4）胶合板垂直度公差为 1mm/m。

（5）公称厚度自 6mm 以上的胶合板翘曲度：优等品不超过 0.5%，一等品不超过 1%，合格品不超过 2%。

1.2　胶合板的物理性能

（1）胶合板的密度　胶合板的密度是指平均密度，一块试件的密度是指所测试件的质量与体积之比，用下式计算：

$$\rho = \frac{m}{a \times b \times h} \times 1000 \qquad (3-2)$$

式中：ρ —— 试件的密度（g/cm³）；

$\quad\quad m$ —— 试件的质量（g）；

$\quad\quad a$ —— 试件的长度（mm）；

$\quad\quad b$ —— 试件的宽度（mm）；

$\quad\quad h$ —— 试件的厚度（mm）。

胶合板的密度是一项非常重要的性能指标，它几乎影响到胶合板所有的物理、力学性能。一般胶合板的密度越大，它的强度越高，握钉力越大，但机械加工越困难。反之，密度越低，吸声性及隔热性越好，容易加工，但强度也越低。

影响胶合板板密度的因素是多方面的，主要因素有木材材种、施胶量和热压压力。

材质较软的木材可塑性大，热压时能使被胶结物之间接触更紧密，形成的胶合力较好。软材具有良好的压缩性，在热压过程中可以压得更实一些。因此，在同样热压条件下，用针叶材制成的板比用阔叶材制成的板密度高一些。

胶黏剂的密度大于木材，且随着施胶量的增加，使被胶结物之间的结合点增加，板子中的孔隙减少，同时，因施胶量增加而提高了板坯的含水率，木材的塑性增加，容易压实。因此，随着施胶量的增加，会使密度变大。

热压压力也会影响到人造板的密度，压力越大，被胶结物之间接触的越紧密，形成的板子密度也越大。

（2）胶合板的含水率　胶合板的含水率有两种表示方法：绝对含水率和相对含水率，前者是指水分占绝干物质重量的百分比，后者是指水分占全部重量的百分比。一般用绝对含水率表示，即试件干燥前后重量之差，与干燥后绝干重量之比，计算公式如下：

$$W = \frac{m_0 - m_1}{m_1} \times 100 \tag{3-3}$$

式中：W——试件含水率（%）；

m_0——试件干燥前质量（g）；

m_1——试件干燥后质量（g）。

胶合板的含水率系国家标准必测项目。胶合板出厂时的含水率应符合表 3-23 规定。

表 3-23　胶合板的含水率规定值　　　　　　　　　　　　%

胶合板材种	Ⅰ、Ⅱ类	Ⅲ类
阔叶树材（含热带阔叶树材） 针叶树材	6～14	6～16

（3）胶合板的甲醛释放量　国内胶合板生产使用的胶黏剂主要是脲醛树脂，其成品会释放游离甲醛。据资料介绍：空气中只要含有 $0.1mg/m^3$ 的甲醛，就可以闻到它的气味；当浓度达到 $2.4 \sim 3.6mg/m^3$ 时，眼、鼻、喉都将受到刺激；长期工作和生活在甲醛气体含量过高的环境中，可能导致多种疾病。在日益重视环境保护的背景下，人造板甲醛释放量成为关注的焦点，自然也是衡量产品质量的重要指标。我国大量出口的胶合板，多次因甲醛释放量问题而招致反倾销。但从甲醛释放机理可知，完全消除人造板制品中的甲醛释放现象是不可能的，关键是控制它的释放量。国家标准规定甲醛释放量为质量检验必测项目。

室内胶合板的甲醛释放量应符合表 3-24 的规定。

表 3-24　胶合板的甲醛释放限量　　　　　　　　　　　　mg/L

级别标志	限量值	备　注
E_0	≤0.5	可直接用于室内
E_1	≤1.5	可直接用于室内
E_2	≤5.0	必须饰面处理后可允许用于室内

影响甲醛释放量的因素很多。树脂合成过程中甲醛与尿素的摩尔比越低，甲醛释放量越低。但摩尔比的降低，容易改变胶的某些性质，甚至会影响胶合强度。胶合板的施胶量降低，施胶材料的含水率降低，都可降低板子的甲醛释放量。在热压过程中提高热压温度和延长热压时间，会使成品的甲醛释放量降低。合理使用固化剂和加入"捕醛剂"（如尿素、氨等），也会降低甲醛释放量。此外，原料的不同也会造成板子的甲醛释放的不同，云杉板的甲醛释放量远远低于橡木板。

胶合板的甲醛释放量测定方法有穿孔法、干燥器法、气候箱法等，我国胶合板标准规定采用干燥器法。

甲醛释放量干燥器测定法原理是：

第一步：收集甲醛——在干燥器底部放置盛有蒸馏水的结晶皿，在其上方固定的金属架上放置试样，释放出的甲醛被蒸馏水吸收，作为试样溶液。

第二步：测定甲醛浓度——用分光光度计测定试样溶液的吸光度，由预先绘制的标准曲线求得甲醛的浓度。

甲醛释放量穿孔法测定原理是：

第一步：穿孔萃取——将游离甲醛从试件中全部分离出来，分为两个过程。首先将溶剂甲苯与试件共热，通过液–固萃取使甲醛从板材中溶解出来，然后将溶有甲醛的甲苯通过穿孔器与水进行液–液萃取，把甲醛转溶于水中。

第二步：测定甲醛水溶液的浓度。一是用碘量法测定，在氢氧化钠溶液中，游离甲醛被氧化成甲酸，进一步再生成甲酸钠，过量的碘生成次碘酸钠和碘化钠，在酸性溶液中又还原成碘，用硫代硫酸钠滴定剩余的碘，即可测得游离甲醛含量；二是用光度法测定，在乙酰丙酮和乙酸铵混合溶液中，甲醛与乙酰丙酮反应生成二乙酰基二氢卢剔啶，在波长为 412nm 时，它的吸光度最大。

最后，代入公式计算试件的甲醛释放量。

1.3 胶合板的力学性能

胶合强度是胶合板胶合质量的重要指标，为国家标准必测项目。胶合强度是指胶合板试件承受平行于板面的拉力作用时，胶层抵抗剪切破坏力的能力（图 3-23）。胶合强度的确定包括抗剪强度和木破率。

胶合强度按下式计算：

$$X = \frac{P}{b \times l} \qquad (3-4)$$

式中：X——胶合板试件的胶合强度（MPa）；

P——试件的破坏载荷（N）；

b——试件断面的实际宽度（mm）；

l——试件断面的实际长度（mm）。

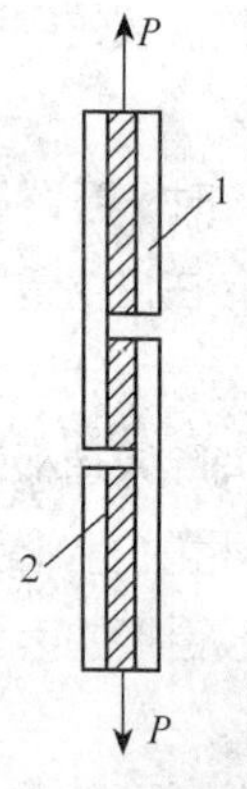

各类胶合板的胶合强度应符合表 3-25 的规定。

对用不同树种搭配制成的胶合板的胶合强度指标值，应取各树种中胶合强度指标值要求最小的指标值；其他国产阔叶树材或针叶树材制成的胶合板，其胶合强度指标值可根据其密度分别比照表 3-25

图 3-32　胶合强度测试示意图
1. 试件　2. 胶层

树种名称或木材名称或国外商品材名称	类 别	
	Ⅰ、Ⅱ类	Ⅲ类
椴木、杨木、拟赤杨、泡桐、橡胶木、柳桉、奥克榄、白梧桐、异翅香、海棠木	≥0.70	≥0.70
水曲柳、荷木、枫香、槭木、榆木、柞木、阿必东、克隆、山樟	≥0.80	
桦木	≥1.00	
马尾松、云南松、落叶松、云杉、辐射松	≥0.80	

所规定的椴木、水曲柳或马尾松的指标值，其他热带阔叶树材制成的胶合板，其胶合强度指标值可根据树种的密度比照表 3-25 的规定，密度自 0.60g/cm³ 以下的采用柳桉的指标值，超过的则采用阿必东的指标值，供需双方对树种的密度有争议时，按 GB/T 1933—2009《木材密度测定方法》的规定测定。

影响胶合强度的主要因素有木材树种、胶合板含水率、单板质量以及胶黏剂的种类等。

一般来说，用阔叶材制造的胶合板强度比针叶材板高，因为阔叶材的密度一般比较大。环孔材单板旋切时容易产生厚度不均匀现象，早晚材相差很大的针叶材也同样产生这种情况，这对胶合强度将产生不利的影响。从胶合强度看，最理想的胶合板用材是结构密实细致的树种。胶合强度随胶合板含水率的增加而下降，其下降值随着胶黏剂的种类不同而有很大差异。一般胶合板生产中，使用的是耐水性胶黏剂（如脲醛树脂），而在有特殊用途要求时才使用高耐水性胶黏剂（如酚醛树脂）或非耐水性胶黏剂（如蛋白类胶黏剂）。锯切与刨切单板，在制造过程中的变形较小，板面裂隙也少，尤其锯切单板质量最好，但由于加工困难，只在特殊要求下使用。旋切单板在加工过程中，单板背面产生较多的裂隙，降低了单板的横向强度。单板越厚，产生的裂隙越大。这些都不同程度地影响胶合强度。不同的胶黏剂与木材有不同的黏附力，同时胶黏剂本身的内聚力也有差异，因而有不同的胶合强度。胶黏剂耐水性的差异，使胶合板的干强度和湿强度有显著的不同。耐水性越强，其湿强度也越高。如用酚醛树脂胶制造的胶合板，在沸水中煮沸后仍能保持一定强度。耐水性能差的胶黏剂制造的胶合板仅能经受短时间的温水浸泡，如血胶胶合板。胶合板的结构、密度及生产工艺条件与上述各影响因素相互作用，都不同程度地影响着胶合板的胶合强度。

2 胶合板的包装、标志、标签和保管

2.1 胶合板包装

经过检验分等后的胶合板应按不同类别、树种、规格、等级、甲醛释放量级别和表面加工情况分别包装。打包时应注意上下最外面两张板要面板朝内。

出口板包装：按照出口包装标准。打包时上下应用等外胶合板覆盖，四周用木框护边，还必须用钢带包装成小捆或大捆，捆扎牢固，出口板每件包装张数应按有关规定执行。

内销板包装：一般采用简易包装法，用木板或草席护边，上下用废胶合板覆盖，用草绳、合成纤维绳等捆牢。

大捆包装是最先进的包装方法，它可以大大提高劳动生产率，降低包装材料消耗，方便货物的保存

运输。随着装卸作业机械化水平的提高和自动包装机的应用，大捆包装重量可提高到每件 1500～2500kg。

2.2 胶合板标志

（1）在每张胶合板背板的右下角或侧面用不褪色的油墨加盖表明该胶合板的类别、等级、甲醛释放量级别、生产厂代号、检验员代号及生产日期的标记。

（2）等级标记用 ⟨优⟩、△、合格 分别代表普通胶合板的各个等级。

（3）甲醛释放量级别分别用 E_0、E_1 和 E_2 标示。

2.3 胶合板标签

每包胶合板应有标签，其上应标明生产厂名、地址、品名、商标、产品标准号、规格、树种、类别、等级、甲醛释放量级别、张数和生产日期等。出口胶合板标示文字、树种名称等用英文。

2.4 胶合板的贮存保管和运输

胶合板应存放在有供暖设备的库房中，对存放时间超过 3 个月的胶合板，发货前还要检查含水率，如含水率超过允许界限，应干燥到合乎要求。

存放库房要求用砖瓦结构或钢筋混凝土结构，水泥地面。堆放要考虑便于装卸，要设置通道供装载机带货物运行。应将胶合板合理地按牌号、等级、层数和尺寸大小堆放。

保管和运输注意事项：库房保持干燥，防止潮湿，以防胶合板变色、霉变；谨防火患，预备防火器材，增强防火意识；进出库手续完备，账目清楚；要用清洁、干燥及带篷的运输工具运输胶合板；胶合板在运输和贮存过程中，要防止搬运时人为和机械损伤。

3 拓展知识

3.1 胶合板的其他物理性能

胶合板的物理性能是表征板子质量好坏的重要指标，包括颜色、外观质量、密度、吸水性、吸湿性、膨胀性、吸音性、隔音性、导热性、耐火性、耐腐性及甲醛释放量等。

板面颜色取决于树种、胶黏剂类型、树皮含量及热压工艺等因素。对于经过饰面处理的人造板，该项性能已显得不那么重要。从外观衡量，胶合板应该板面光滑平整，翘曲度小，四边平直，厚度均匀，无开裂、压痕、鼓泡等缺陷。

3.1.1 胶合板的吸水性、吸湿性及膨胀性

人造板对水的性质，系指它的吸水性、吸湿性及吸水、吸湿后的膨胀变形情况。

（1）吸水性　胶合板直接与水接触或浸泡在水中，吸收水分的能力称为吸水性。胶合板的吸水性通常用吸水率来表示，是指将胶合板试件浸泡于一定温度的水中，经过一段时间后试件吸收水分的重量与试件原重量的百分比。用下式计算：

$$\Delta W = \frac{m_2 - m_1}{m_1} \times 100$$

式中： ΔW ——胶合板的吸水率（%）；

　　　m_1 ——试件浸泡前的质量（g）；

　　　m_2 ——试件浸泡后的质量（g）。

胶合板的吸水性与板的密度、树种、胶黏剂的种类、施胶量以及是否加入防水剂等有关。

胶合板的密度对短时间的吸水性影响很大，密度大的板材孔隙度小，增加了水分进入人造板内的难度，不利于毛细管的吸入和渗透作用，使板内水分提高得缓慢。因此，板的密度越高，短时间的吸水性越小。

施胶量增加，胶合板的吸水性能下降。其原因之一是由于胶黏剂覆盖木材表面，堵塞水分通道所致；原因之二是由于木材间的紧密接触减少了水分能够进入板内的孔隙。施加不同的胶黏剂，对板的吸水性影响也是不同的，这主要取决于胶黏剂的耐水性。一般施加合成树脂的板子要比施加蛋白质胶的板子耐水性好。此外，板的吸水性还与水温及浸水时间等因素有关。

就整块胶合板来看，板面和边缘吸水性差异很大，板面的吸水性远小于板子端部的吸水性。另外，板面质量也影响胶合板的吸水性。

（2）吸湿性　胶合板从空气中吸收水蒸气的能力称为它的吸湿性。通常用吸湿率来表示，即板内所吸收蒸汽的重量与板子重量的比值，计算公式如下：

$$W' = \frac{m_1 - m_0}{m_0} \times 100$$

式中： W' ——胶合板的吸湿率（%）；

　　　m_0 ——试件吸湿前的质量（g）；

　　　m_1 ——试件吸湿后的质量（g）。

胶合板的吸湿性取决于板的密度、施胶量、防水剂以及空气的温度和相对湿度等因素。

板的密度越大，它的孔隙度就越小，水蒸气进入的难度就越大，因此，它的吸湿性也就越小。施胶量越大，板的吸湿性越小，且与所施加胶黏剂的种类有关。防水剂的加入，能使板的吸湿性降低。在一定的温度下，随着空气相对湿度的升高，板的吸湿性增加。胶合板的吸湿性还与板子质量及是否对板子进行板面处理、封边等因素有关。

胶合板的吸水和吸湿机理是不同的，但均能引起板子的变形，且后者比前者更为严重。为此，在人造板制造过程中，必须考虑板子的耐水性能，以提高板子的尺寸稳定性、产品耐久性和使用可靠性。

（3）胶合板的膨胀性　胶合板吸水或吸湿后，内部水分的变化只是一种现象，而其后果是水分的增加将导致人造板膨胀变形，甚至会影响胶合强度。因此，胶合板的膨胀性是一项重要指标。

胶合板的膨胀性系指：胶合板吸水或吸湿后膨胀变形的性质。膨胀性通常用膨胀率来表示，即胶合板膨胀后增大的尺寸与原尺寸的百分比。

胶合板在使用过程中，主要受水蒸气作用，且吸湿后水分直接进入细胞壁，引起纤维的膨胀，从而导致人造板膨胀变形。但吸湿作用周期长，测定吸湿后的膨胀率较麻烦。因此，测定吸水膨胀率是最常用的方法。吸水膨胀主要体现在厚度方向上，为此，按国家标准测定其吸水厚度膨胀率即可。吸水厚度膨胀率可用下式计算：

$$D = \frac{h_1 - h_2}{h_2} \times 100$$

式中：D——吸水厚度膨胀率（%）；

   h_1——试件吸水后的厚度（mm）；

   h_2——试件吸水前的厚度（mm）。

胶合板同木材一样，随着含水率的变化，均有湿胀干缩的性质。木材的湿胀干缩存在着显著的各向异性，即弦向、径向、纤维长度方向的比分别为 20：10：1。而胶合板则不同，胶合板中相邻层单板的纤维互相垂直，且由于胶黏剂的作用，不仅使板子各个方向的湿胀干缩差异减小，而且还使其湿胀干缩性得到改善。木材湿胀干缩的恢复能力较强，湿胀后的木材在干燥时几乎能恢复到原有的尺寸。但胶合板则不能，原因是经过加热加压制成的板子，内部材料受挤压变形，存在着一定的内应力，在胶黏剂的胶合力束缚下，尚不能得以释放。当胶合板吸水或吸湿后，木材塑性增加且胶结力受到一定程度的破坏，内应力释放而膨胀变形。因此，胶合板重新干燥时不能恢复到原来的尺寸。

影响胶合板膨胀性的因素是多方面的。胶合板的密度对膨胀性影响很大，这是由于密度大的板子孔隙度小，吸湿后应力的释放仅有部分扩散到板内的孔隙中去，而其他部分则体现为板子的膨胀变形。但当密度超出一定限度后，随着密度的增加，板子的孔隙度将变得越来越小，使其吸湿性明显减小，因此，板子的膨胀性将会在短时间吸湿时，不会随密度的增加而增大。施胶量的增加，使胶合板中木材的吸湿通道减少，同时也限制了胶合板的膨胀变形，因此，施胶量增加，会使板子的膨胀率减小。胶合板的表面质量也直接影响板材的膨胀率，板材的表面越致密，水分进入的阻力越大，它的膨胀率也就越小。此外，胶合板的生产方法和加工过程也影响板的膨胀率。一般热压过程中采用周期加压比连续加压所制成的板的膨胀率要低一些。另外，据资料介绍，胶合板的含水率也对厚度膨胀率有影响，含水率高的人造板，厚度膨胀率反而降低。

胶合板膨胀变形是一个很严重的缺陷，它影响到板的使用性能，因此，在制造板子的过程中，要采取一定措施，提高产品的耐水性，以增加产品的尺寸稳定性，扩大用途。

3.1.2 声学性能

胶合板的声学性能包括隔音性和吸音性。

（1）隔音性 人造板的隔音性，系指它的隔音能力，即声音在人造板中的传递性质或声波在胶合板中的阻力。隔音能力可用板子两侧音强之差来表示，以 dB 作计量单位。如：用胶合板作为建筑隔墙，如果声源一侧的音强为 80dB，另一侧的音强为 30dB，则说明所使用的胶合板隔音能力为 50dB。

作为建筑材料，人们希望胶合板有足够的隔音能力。板的厚度和密度增大，隔音能力提高。因此，作为建筑隔墙用胶合板，选用密度大的厚板较好。胶合板在建筑用材料中做成双层结构部件，内衬隔音材料，其隔音效果更好。

（2）吸音性 胶合板的吸音性，系指它的消声能力，即声波作用于胶合板表面时被转化为其他形式能量的能力。吸音性一般用吸音率来表示，即材料吸收的音能占原有音能的百分比。

胶合板应具有良好的吸音性，特别是作为室内装修材料，具有良好的吸音性，能使人感到工作、生活环境的优雅，有助于提高生活、工作质量。

胶合板的吸音性与其密度密切相关，板的密度越小，它的孔隙度则越大，声波在这些孔隙的空气中传播摩擦生热，被吸收的音能越多，因此，低密度板的吸音效果好。胶合板的吸音效果还与板子表面的粗糙度及表面孔眼有直接关系。板子表面越粗糙，吸音效果越好；在板子表面钻孔，能显著提高人造板的吸音能力。人们选用表面打孔或铣槽的板材，作为会议室和娱乐场所的墙壁、天棚的装饰材料就是这个道理。

应该说明的是，一种材料的隔音能力强，其吸音能力不一定强。胶合板的吸音性和隔音性都较好。

3.1.3 导热性

胶合板传导热量的能力，称为它的导热性。通常用导热系数来表示，即板子单位厚度上温度变化1℃时，单位时间内通过单位面积的热量 $[kJ/(m^2 \cdot h \cdot ℃)]$。导热系数的大小，反映材料的隔热和保温性能的好坏。

作为建筑材料，人们希望胶合板的导热系数低一些，以便在冬季减少室内热量的损耗，在夏季降低室外高温的影响。胶合板的导热系数比木材低。

胶合板的导热性受多种因素影响，其密度就是一个重要因素。胶合板内的孔隙中充满着空气，空气的导热能力为木材纤维的1/2。由此可见，胶合板的密度越大，它的孔隙度越小，导热能力就越强。空心人造板的保温隔热性优于实心人造板。在同样孔隙度的情况下，孔隙直径大、个数少的胶合板导热性强于孔隙直径小、个数多的板子。胶合板的导热性与板子的含水率密切相关，水的导热系数远大于木材，是空气的25～30倍。随着胶合板含水率的提高，板内孔隙中的空气越来越多地被水所代替，因此，板子的导热能力越来越增强。木材顺纹的导热能力是横纹的2倍，胶合板中相邻两层单板的纤维方向相互垂直，因此，胶合板的导热性介于木材顺纹和横纹导热性之间。减小胶合板的密度（空心板更好），降低板子的含水率，能提高产品的保温、隔热性能。

3.1.4 耐腐性

胶合板抵抗虫菌侵蚀的能力称为耐腐性。以重量损失的百分率来表示。

胶合板的耐腐性取决于胶黏剂的种类、木材材种和破坏者的类型。用蛋白质胶黏剂制成的板耐腐性最差；脲醛树脂胶人造板中含有一定量的游离醛，它的耐腐性强于木材；酚醛树脂胶胶合板中含有少量的游离酚，酚的毒性较大，因此，这种板的耐腐性是较高的。有些树种如落叶松、柏木等具有较强的耐腐性，有些树种如白松、白桦等耐腐性较差，因此，制造胶合板时所采用的树种不同，板的耐腐性也是不同的。为了提高胶合板的防腐性能，在生产过程中可以加入防腐剂。

3.1.5 阻燃性

胶合板的阻燃性是指它的抗火能力。可通过做耐火实验，测定它的重量损失百分率来评价板的阻燃性高低。计算公式如下：

$$G = \frac{m_0 - m_1}{m_0} \times 100$$

式中： G——耐火试件的质量损失百分率（%）；

m_0——实验前试件的质量（g）；

m_1——经过耐火实验后试件的质量（g）。

材料的阻燃性，又称为耐燃性，分为三个等级：易燃、难燃和不燃材料，木质材料属于易燃材料。由于胶合板内含有胶黏剂，故它的阻燃性高于木材，但仍属于易燃材料。在制造板子的过程中加入防火剂或对板面进行防火处理，可使板子的阻燃性能大为提高。

3.1.6 耐久（候）性

胶合板的耐久（候）性是指，在自然条件下，胶合板长期随环境变化而保持其原有性能的能力。

胶合板的耐久（候）性体现为木材性能的变化和胶黏剂性能的变化，且后者是主要方面。长时间承受恶劣的气候条件，胶层易老化，会逐渐失去胶合强度，缩短人造板的使用寿命。因此，作为室外用胶合板，最好选用耐候性好的酚醛树脂胶胶合板。

耐久（候）性试验，应在自然环境条件下进行，让试件经历春夏秋冬、风吹日晒、雨淋冰冻的长时间周期性作用才能得到结果，此过程一般需要几年甚至更长时间，这实际上是不便实施的。为此，可采用快速耐久性试验，即在室内采用高于自然的剧烈条件，对板子进行周期性作用，这样在几天到几十天内便可得到结果。

3.2 胶合板的其他力学性能

胶合板的力学性能是指胶合板抵抗外力的能力，包括静曲强度、弹性模量、胶合强度、比强度、结合强度、抗冲击强度、蠕变、硬度、耐磨性、握钉力、握螺钉力和加工性能等。

（1）胶合板的比强度　比强度是强度与密度的比值。该比值反映了某些运动构件材料的重要特性。

金属材料各向强度均匀一致，而木材和胶合板顺纹和横纹强度都有差异，因此，比强度应以顺纹的抗拉（或抗压）强度与横纹的抗拉（或抗压）强度之和与密度之比来表示。计算公式如下：

$$K = \frac{\sigma_1 + \sigma_2}{\rho}$$

式中：K——比强度；

ρ——密度（g/cm^3）；

σ_1——顺纹抗拉（或抗压）强度（MPa）；

σ_2——横纹抗拉（或抗压）强度（MPa）。

几种材料的比强度见表3-26。

表3-26　几种材料的比强度

材料名称	密度（g/cm^3）	破坏强度（MPa）		比强度
		顺纹	横纹	
桦木	0.63	175	8.2	290
松木	0.53	90.0	3.1	176
桦木胶合板（5层，6mm厚，干酪素胶）	0.74	80.2	59	188
水青岗胶合板（5层，5mm厚，酚醛胶）	0.74	91.5	66.5	214
钢	7.8	400	400	103
铝合金	2.75	230	230	167

注：表中木材和胶合板的含水率均为10%。

一般硬木的密度是钢材的1/8，软木约为钢材的1/15；而胶合板的密度约为钢材的1/9，比强度则是钢材的2倍左右。可见，在同样强度下，木材构件的重量要比钢材小得多。因此，胶合板被广泛地应用于飞机、轮船、车辆制造业。

（2）抗冲击强度　胶合板的抗冲击强度反映了产品抵抗动载荷破坏的能力。抗冲击强度高的胶合板，说明它的韧性好，反之脆性则大。胶合板在使用过程中，很多情况下要抵抗冲击载荷。如地板用材，除受静载荷作用外，还要受冲击载荷的作用。因此，要求胶合板具有一定的抗冲击强度。胶合板的抗冲击强度与材种、板厚、板的生产方式及是否贴面等因素有关。

（3）硬度　人造板的硬度是指抵抗其他不会产生残余变形物体凹入的能力。板的硬度主要取决于它的密度，尤其是人造板的表层密度。板的密度越高，它的硬度也越大。人造板的硬度还与胶种、含水率、是否采取强化措施等因素有关系。硬度值的大小还与压痕工具有关。

（4）耐磨性　胶合板的耐磨性是指板子抵抗磨损的能力。作为建筑用材，胶合板的耐磨性也是需要考虑的一项指标。胶合板的耐磨性主要取决于材种和板的密度，硬材胶合板的耐磨性大于软材；胶合板的密度越大，耐磨性越强。另外，板面装饰情况对人造板的耐磨性影响也很大，板面涂刷油漆或胶贴装饰材料后能有效地提高胶合板的耐磨性。如胶合板复合地板涂刷含有 Al_2O_3 的油漆后，其耐磨性非常好。

（5）机械加工性能　胶合板像木材一样，可以进行锯、刨、钻、铣、砂光、拼封、表面装饰等工艺加工。但由于板的密度、材种、厚度、幅面有差异，且板内含有不同的胶黏剂与添加剂，因此，加工的难易程度会有不同。

任务实施

---

1 任务实施前的准备

（1）班级学生分组：每6~8人一组。

（2）了解化学实验的基本常识和安全操作规程。

（3）玻璃器皿的准备：刷洗玻璃仪器时，先刷外面，后刷里面，以玻璃表面不挂水珠为准。某些仪器如滴定管、移液管及容量瓶等用毛刷无法刷到的玻璃仪器，可在内部干燥的状态下用洗液清洗，然后再用清水洗净，最后要用蒸馏水清洗两遍以上。

洗液的配制：重铬酸钾10g、浓硫酸175mL、水20mL，先用热水溶解重铬酸钾，待冷却后再加入浓硫酸，要慢慢将浓硫酸倒入水与重铬酸钾混合液中。待全部溶解，溶液呈棕红色，即可使用。如果洗液由于使用过程中有水分进入，颜色会变绿，可以在电炉上加热，蒸发水分，待洗液颜色变棕红色，即停止加热。

2 胶合板规格尺寸检验

（1）长度与宽度公差检验　长度和宽度的测量方法如图3-33，用钢卷尺距各板边100mm且平行于板边测量每张板的宽度和长度，精确至1mm。

以两个长度和两个宽度的算术平均值作为该张板的长度和宽度检验结果，精确至1mm。对照表3-21，公差在±2.5mm范围内则该胶合板判定为合格，否则为不合格。

（2）厚度公差检验　厚度的测量方法如图3-33，用测微仪测量图中圆圈所示的八个点的厚度。圆心距板边不小于20mm，精确至0.1mm。测量时，应缓慢地将测微仪的表面与板面接触。以各测量值的算术平均值作为该张板的厚度检验结果，精确至 0.1mm。根据板的公称厚度对应的公差范围进行对照（表3-22），判断该胶合板是否合格。

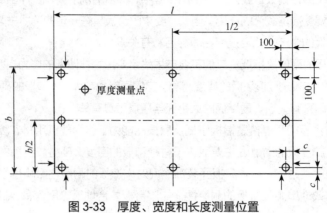

图 3-33 厚度、宽度和长度测量位置

b——宽度 *l*——长度 *c*≥20

（3）边缘直度公差检验 边缘直度的测定如图3-34所示，把直尺或钢卷尺侧边分别靠着四个板边，用钢板尺来测量直尺或钢卷尺侧边与板边之间的最大偏差，精确至 0.5mm。将测量偏差的较大值除以相应边缘的长度作为板的边缘直度检验结果，用"mm/m"表示，精确至 0.1mm/m，按板的长度和宽度分别表示。用最大的偏差与边缘直度公差进行对照，判断合格与否。胶合板边缘直度公差为 1mm/m。

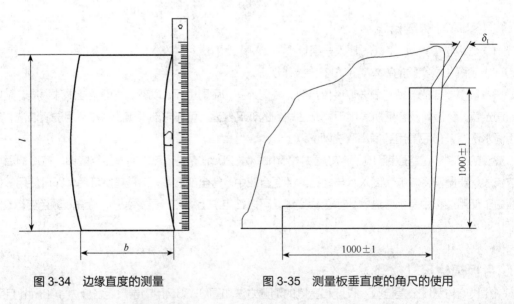

图 3-34 边缘直度的测量 　　图 3-35 测量板垂直度的角尺的使用

（4）翘曲度检验 将胶合板凹面向上并在无任何外力作用下放置在水平台面上，分别沿两对角线方向置金属直尺或绷紧线绳于板面，用测量仪器测量板面与直尺或线绳间最大弦高及对角线长度，精确至1mm，分别计算两对角线方向的翘曲度，取其中大者为该板的翘曲度，精确至0.1%，对照翘曲度限值判断该胶合板是否合格。翘曲度计算公式如下：

$$翘曲度 = \frac{板面最大弦高（mm）}{对角线长度（mm）} \times 100\%$$

翘曲度公差：公称厚度自 6mm 以上的胶合板翘曲度，优等品不超过 0.5%，一等品不超过 1%，合格品不超过 2%。

3 国家标准胶合板物理力学检验试件的制取

（1）试件截取　用大幅面锯机从每张供测试用的胶合板上截取半张（板长 915mm 或 1220mm 的板取整张），并按图 3-36 所示截取三组 400mm×400mm 的试样。

用万能圆锯机分别在每张板的三块试样上截取试件，截取试样或试件时，应避开影响测试准确性的材质缺陷和加工缺陷（如节子、涡纹、年轮割断、补块、拼缝等）。每张板上截取试件的数量见表 3-27。含水率及胶合强度试件数从三组试样上均取，甲醛释放量试件数从三组试样上按 6-7-7 片制取。

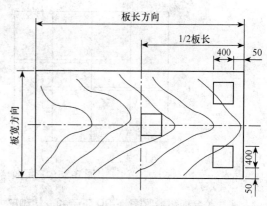

图 3-36　胶合板试样截取示意图

表 3-27　每张板的试件数量　　　　　　　　　　片

试验项目	胶合板层数				
	三层	五层	七层	九层	十一层
含水率	3	3	3	3	3
胶合强度	12	12	18	24	36
甲醛释放量	20	20	20	20	20

（2）试件制作　含水率试件的形状和尺寸不限，试件最小面积为 25cm^2；甲醛释放量试件从三组试样上，共锯制 150mm×50mm 试件 20 片，长、宽尺寸误差不得超过 ±1mm。胶合强度试件制作要求如下：

三层胶合板按图 3-37 所示的形状和尺寸锯割试件。表板厚度（胶压前的单板厚度）大于 1mm 的采用 A 型试件尺寸；表板厚度自 1mm（含 1mm）以下的采用 B 型试件尺寸。

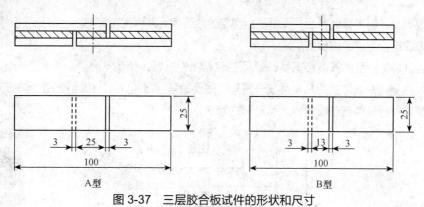

图 3-37　三层胶合板试件的形状和尺寸

用精密裁板锯的画线锯片对试件开槽，然后用手锯条进行修整。试件槽口深度应锯过芯板到胶层止，不得锯过该胶层。试件开槽时，应按胶合板的正（面板）、反（背板）方向锯制数量相等的试件（图 3-38），以确保测试受载时，一半试件芯板的旋切裂隙受拉伸，而另一半试件芯板的旋切裂隙受压缩。图 3-38 中 A—A 试件作加载测试时芯板内裂受拉伸，B—B 试件则受压缩。试件锯割应四边平直光滑，纵边与表板纤维方向平行。锯槽切口应平滑并与纵边垂直。

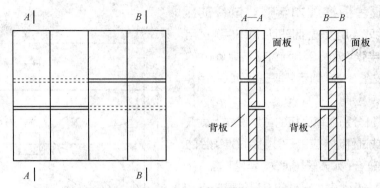

图 3-38　三层胶合板试件锯槽位置的配置

多层胶合板可参照图 3-39 所示的形状和尺寸锯割试件。试件的总数量应包括每个组的各个胶层，而且测试最中间胶层的试件数量应不小于试件总数量的 1/3。

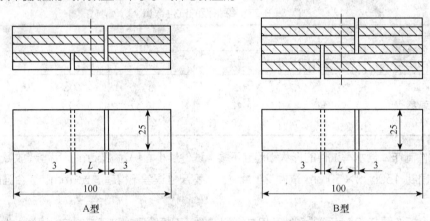

图 3-39　多层胶合板试件的形状和尺寸

A 型试件：$L = 25mm$　　B 型试件：$L = 13mm$

多层胶合板允许刨去其他各层，仅留三层测定胶合强度。试件锯割应符合上述三层板的规定，所留三层板的部位应符合上述多层板的规定。

胶合强度试件剪断面的长度和宽度锯割误差不得超过 ±0.5mm。

（3）试件编号　对截取的每块试件统一编号。试件编号一律用 1~2 位阿拉伯数字表示，在每块试件上标注清楚，每组试件要连续编号。编号形式为

试件类型编号根据测试项目确定，含水率试件编号为01，胶合强度试件编号为02，甲醛释放量试件编号为03。

（4）试件测量　测量点的数量和位置应符合有关标准对测量的要求。试件的长度和宽度测量用游标卡尺。测量时，游标卡尺应缓慢轻卡在试件上，卡尺与试件平面的夹角约为45°（图3-40），精确至0.1mm。测量胶合强度试件剪断面长度时，在试件两侧中心线处测量；宽度在剪断面两端部处测量，均取算术平均值，精确至0.1mm。

厚度尺寸的测量使用螺旋测微仪，将测微仪的测量表面缓慢地施加于试件，取各测量点的厚度平均值，精确至0.01mm。

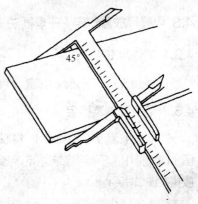

图 3-40　试件长度、宽度测量方法

4　胶合板物理性能检验

4.1　密度的测定

（1）试件的规格及数量：试件长、宽均为 100mm±1mm，每张板数量为三块。

（2）将试件在 20℃±2℃、相对湿度为 65%±5% 的条件下放至质量恒定，每隔 24h 称量一次，相邻两次质量差小于试件质量的 0.1% 即视为质量恒定。

（3）称量每一试件质量，精确至 0.01g。

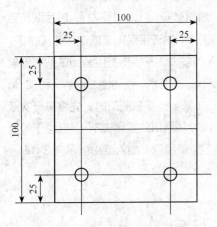

图 3-41　试件厚度测量位置图

（4）按图 3-41 所示测量四个点的厚度，取算术平均值，精确至 0.01mm。

（5）试件的长度和宽度在边长的中间位置测量，精确至 0.1mm。

（6）按式（3-2）计算每一试件的密度，计算三个试件的平均值作为一张板的密度，结果精确至 0.01g/cm³。

4.2　含水率的测定

（1）试件规格尺寸：国家标准对含水率试件形状和尺寸没有限制，要求面积不小于 25cm²，可制作试件长、宽分别为（100±1）mm。

（2）试件锯制后应立即称量，精确至 0.01g。如不能马上称重，应避免试件含水率在锯割到称量期间发生变化。

（3）试件放在温度（103±2）℃条件下干燥至质量恒定（前后相隔 6h 两次称量所得的含水率差小于 0.1% 即视为质量恒定），干燥后的试件应立即置于干燥器内冷却，防止从空气中吸收水分。冷却后称量，精确至 0.01g。

（4）按式（3-3）计算含水率，取三个试件的算术平均值作为该张板含水率值，精确至 0.1%。

（5）将计算结果与表 3-23 中的规定比较，以判定是否合格。

4.3 甲醛释放量测定（干燥器法）

4.3.1 试件尺寸

长 l＝150mm±2mm，宽 b＝50mm±1mm。

4.3.2 溶液配制及标定

（1）硫酸溶液（1mol/L）：量取 54mL 硫酸（ρ＝1.84g/mL）在搅拌下缓缓倒入盛有 500mL 蒸馏水的烧杯中（千万不能将水向硫酸中倾倒），然后倒入 1000mL 容量瓶中，加蒸馏水至刻度，冷却后放置在细口瓶中。

（2）氢氧化钠溶液（0.1mol/L）：称取 4g 氢氧化钠溶于 600mL 新煮沸而后冷却的蒸馏水中，待全部溶解后转至 1000mL 量筒中，用上述蒸馏水稀释至刻度，储于小口塑料瓶中（用玻璃瓶容易使瓶塞与瓶口黏结）。

（3）淀粉指示剂（1%）：称取 2g 可溶性淀粉，加入 10mL 蒸馏水中，搅拌下注入 200mL 沸水中，再微沸 2min，放置待用（此试剂使用前配制）。配制淀粉指示剂溶液时，不必太精确，可用量筒称量或粗天平称量即可。

（4）硫代硫酸钠［c（$Na_2S_2O_3$）＝0.1mol/L］标准溶液。

① 配制：在感量 0.01g 的天平上称取 26g 硫代硫酸钠放于 500mL 烧杯中，加入新煮沸并已冷却的蒸馏水至完全溶解后，加入 0.05g 碳酸钠（防止分解）及 0.01g 碘化汞（防止发霉），然后再用新煮沸并已冷却的蒸馏水稀释成 1L，盛于棕色细口瓶中，摇匀，静置 8～10d 再进行标定。

② 标定：重铬酸钾（$K_2Cr_2O_7$）要用称量瓶烘至恒重（烘时瓶盖半开，让水分蒸发），然后取出放在干燥器中冷却 2h（干燥器内的硅胶要呈蓝色）。用精度为 0.0001g 的天平采用减量法称取 0.10～0.15g（通过用称量瓶轻轻磕打碘量瓶瓶口的方法，控制药品加入的多少，不能将重铬酸钾试剂掉到碘量瓶外面），称量精确至 0.0001g。置于 500mL 碘价瓶中，加 25mL 蒸馏水，摇动使之溶解，再加 2g 碘化钾及 5mL 盐酸（ρ＝1.19g/mL），立即塞上瓶塞，液封瓶口（液封碘量瓶瓶口时，先将第一次液封碘量瓶瓶口上的蒸馏水通过转动瓶塞，让这部分水流进瓶中，以冲洗瓶口的残留试剂），摇匀于暗处放置 10min，再加蒸馏水 150 mL，用待标定的硫代硫酸钠滴定到呈草绿色，加入淀粉指示剂 3 mL，继续滴定至突变为亮绿色为止，记下硫代硫酸钠的用量 V。

标定硫代硫酸钠的浓度滴定时可参考使用表 3-28。

表 3-28　$Na_2S_2O_3$ 溶液浓度标定记录表

试样及试号	1	2	平均
$K_2Cr_2O_7$ 质量（g）			
KI（g）			
HCl（ρ＝1.19g/mL）（mL）			
$Na_2S_2O_3$ 标液初读（mL）			
$Na_2S_2O_3$ 标液终读（mL）			
$Na_2S_2O_3$ 标液实用（mL）			

计算硫代硫酸钠标准溶液的浓度（mol/L），由下列公式计算：

$$c(\mathrm{Na_2S_2O_3}) = \frac{G}{\dfrac{V}{1000} \times 49.04} = \frac{G}{V \times 0.4904}$$

式中：$c(\mathrm{Na_2S_2O_3})$——硫代硫酸钠标准溶液的浓度（mol/L）；

   V——硫代硫酸钠滴定耗用量（mL）；

   G——重铬酸钾质量（g）；

   49.04——重铬酸钾（$\frac{1}{6}\mathrm{K_2Cr_2O_7}$）摩尔质量（g/mol）。

（5）碘 [$c(\frac{1}{2}\mathrm{I_2})$，0.05mol/L] 标准溶液：在感量0.01g的天平上称取碘6.5g及碘化钾15g，同置于洗净的玻璃研钵内，加少量蒸馏水磨至碘完全溶解，也可以将碘化钾溶于少量蒸馏水中，然后在不断搅拌下加入碘，使其完全溶解后转移入1L的棕色容量瓶中，之后用蒸馏水涮几遍研钵，倒入烧杯中，再倒进1L的棕色容量瓶中，用蒸馏水稀释到刻度，摇匀，储存于暗处。

（6）乙酰丙酮溶液（体积分数0.4%）：用移液管吸取4mL乙酰丙酮于1L棕色容量瓶中，并加蒸馏水稀释至刻度，摇匀，储存于暗处。

（7）乙酸铵溶液（质量分数20%）：在感量为0.01g的天平上称取200g乙酸铵于500mL烧杯中，加蒸馏水完全溶解后转至1L棕色容量瓶中，再用蒸馏水涮几次烧杯，倒入1L棕色容量瓶中，并加蒸馏水稀释至刻度，摇匀，储存于暗处。

（8）甲醛溶液。

① 配制：把大约2.5g甲醛溶液（浓度35%～40%）移至1000mL容量瓶中，用蒸馏水稀释至刻度。

② 标定：量取20mL甲醛溶液与25mL碘标准溶液（0.1mol/L）、10mL氢氧化钠标准溶液（1mol/L）于100mL带塞三角烧瓶中混合。静置暗处15min后，把（1mol/L）硫酸溶液15mL加入到混合液中。多余的碘用0.1mol/L硫代硫酸钠溶液滴定，滴定接近终点时，加入几滴0.5%淀粉指示剂，继续滴定至溶液变为无色为止。同时用20mL蒸馏水做平行试验。甲醛含量按下式计算：

$$c_1(\mathrm{HCHO}) = (V_0 - V) \times 15 \times c_2 \times 1000/20$$

式中：$c_1(\mathrm{HCHO})$——甲醛含量（mg/L）；

   V_0——滴定空白液所用的硫代硫酸钠标准溶液的体积（mL）；

   V——滴定甲醛溶液所用的硫代硫酸钠标准溶液的体积（mL）；

   c_2——硫代硫酸钠溶液的浓度（mol/L）；

   15——甲醛（$\frac{1}{2}\mathrm{CH_2O}$）摩尔质量（g/mol）。

注：1mL 0.1mol/L硫代硫酸钠相当于1mL 0.1mol/L的碘 [$c(\frac{1}{2}\mathrm{I_2})$] 溶液和1.5mg的甲醛。

用标准硫代硫酸钠标定甲醛含量时，可参考使用表3-29。

表3-29 甲醛含量标定记录表

试样及试号	甲醛溶液（mL）			空白液（mL）		
	1	2	平均	1	2	平均
$\mathrm{I_2}$（0.1mol/L）标准溶液（mL）						
NaOH（1mol/L）标准溶液（mL）						

试样及试号	甲醛溶液（mL）			空白液（mL）		
	1	2	平均	1	2	平均
H_2SO_4（1mol/L）溶液（mL）						
$Na_2S_2O_3$ 标液初读（mL）						
$Na_2S_2O_3$ 标液终读（mL）						
$Na_2S_2O_3$ 标液实用（mL）						

③ 甲醛校定溶液：按上式中确定的甲醛含量，计算含有甲醛 15mg 的甲醛溶液的体积。用移液管移取该体积数到 1000mL 容量瓶中，并用蒸馏水稀释到刻度，则 1mL 校定溶液中含有 15 μg 甲醛。

④ 标准曲线的绘制：把 0、5、10、20、50 和 100mL 的甲醛校定溶液分别移加到 6 个 100mL 容量瓶中，并用蒸馏水稀释到刻度。然后分别用移液管取出 10mL 溶液，量取 10mL 乙酰丙酮（体积分数 0.4%）和 10mL 乙酸铵溶液（质量分数 20%），于 50mL 带塞三角烧瓶中，塞上瓶塞，摇匀，再放到 40℃±2℃ 的恒温水浴锅中加热 15min，然后把这种黄绿色的溶液静置暗处，冷却至室温（18~28℃，约 1h）。在分光光度计 412nm 处，用厚度为 0.5cm 的比色皿测定甲醛溶液吸光度（吸光率）。根据各种甲醛含量（0~0.015mg/mL 之间）吸光情况绘制标准曲线。斜率由标准曲线计算确定，保留四位有效数字。

为方便计算，可将数据填入表 3-30 中。

表 3-30　甲醛含量与吸光度记录表

容量瓶编号	1	2	3	4	5	6
甲醛溶液量（mL）	0	5	10	20	50	100
甲醛含量（mg/100mL）	0	0.75	1.5	3	7.5	15
吸光度						
斜　率						

将求得斜率填入上表中，计算算术平均值。也可以用最小二乘法公式求出方程的斜率。建立直角坐标系，以纵轴表示甲醛含量，横轴表示吸光度（吸光率），根据上表中的甲醛含量和测得的吸光度绘制甲醛标准曲线，如图 3-42 所示。

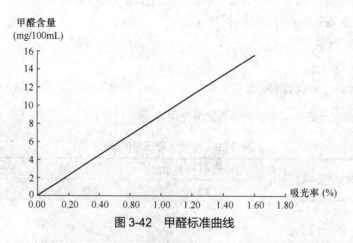

图 3-42　甲醛标准曲线

4.3.3 胶合板的甲醛收集

在直径为 240mm（容积 9~11L）的干燥器底部放置直径为 120mm、高度为 60mm 的结晶皿，在结晶皿内加入 300mL 蒸馏水，在干燥器上部放置已经固定好试件的金属支架（试件之间互不接触），测定装置在（20±2）℃下放置 24h，蒸馏水吸收试件释放出的甲醛，此溶液作为待测液。

收集甲醛时应注意以下事项：

（1）使用过的干燥器再使用前，要用水彻底清洗干净，晾干后再使用。

（2）锯制的试件要牢固地固定在支架上，避免试件掉进结晶皿的水中，往干燥器中放试件时，动作要轻，避免将试件上的杂物掉入水中。干燥器要用凡士林油密封，干燥器盖好后，用手抓起干燥器上盖时，能连同下面一同带起为达到密封要求。

（3）要在（20±2）℃室内温度条件下收集甲醛。

（4）收集好的待测液如果不马上检测，要装入带塞玻璃瓶中密闭保存。

4.3.4 甲醛含量的定量方法

量取 10mL 乙酰丙酮（体积分数 0.4%）和 10mL 乙酸铵溶液（质量分数 20%）于 50mL 带塞三角烧瓶中，再从结晶皿中移取 10mL 待测液到该烧瓶中。塞上瓶塞，摇匀，再放到（40±2）℃的水槽中加热 15min，然后把这种黄绿色的溶液静置暗处，冷却至室温（18~28℃，约 1h）。在分光光度计 412nm 处，用厚度为 0.5cm 的比色皿测定待测液的吸光度 A_s。蒸馏水的吸光度在此不用做，因为校对后的甲醛标准含量中，甲醛含量为零的吸光度即是蒸馏水的吸光度 A_b。

4.3.5 甲醛含量计算

$$c = f(A_s - A_b)$$

式中：c——甲醛含量（mg/L）；

$\quad\quad f$——标准曲线斜率（mg/L）；

$\quad\quad A_s$——待测液的吸光度；

$\quad\quad A_b$——蒸馏水的吸光度。

4.3.6 甲醛释放量结果表示

一张板的甲醛释放量是同一张板内所有试件甲醛释放量的算术平均值，精确至 0.1mg/L。按表 3-24 判定该胶合板甲醛释放量级别。

5 胶合板力学性能检验

5.1 胶合强度测定

（1）试件尺寸：试件长 100mm±1mm，宽 25mm±1mm。

（2）用卡尺测量试件剪切面的长度和宽度并记录。

（3）试件依其所属胶合板类别分别按下列条件处理。一般采用脲醛树脂胶生产的胶合板多数为 Ⅱ 类板，采用酚醛树脂胶生产的胶合板为 I 类板，采用三聚氰胺生产的胶合板为 I 类或 Ⅱ 类板。

① I 类胶合板：将试件放入沸水中煮 4h，然后将试件分开平放在（63±3）℃的空气对流干燥箱中干燥 20h，再在沸水中煮 4h，取出后在室温下冷却 10min。煮试件时应将试件全部浸入沸水中。

工厂生产中允许采用 3h 煮沸的快速检验方法，测得的结果乘以系数 0.9 作为产品检验的胶合强度值，但遇有供需双方争议，需对 I 类胶合板进行复检时，仍以 28h 煮烘循环法作为仲裁方法。

② II 类胶合板：将试件放入（63±3）℃的热水中浸渍 3h，取出后在室温下冷却 10min。浸渍试件时应将试件全部浸入热水中。

工厂生产中允许采用（63±3）℃热水浸渍 1h 的快速检验方法，测得的结果乘以系数 0.82 作为产品检验的胶合强度值，但遇有供需双方争议，需对 II 类胶合板进行复检时，仍以 3h 热水浸渍法作为仲裁方法。

③ III 类胶合板：将含水率符合要求的试件作干状试验。试件含水率应控制在 8%～12% 范围内。

（4）把处理过的试件两端夹紧于万能力学试验机的一对活动夹具中，使之成一直线，试件中心应通过试验机活动夹具的轴线。夹持部位与试件槽口的距离应在 5mm 范围内。

（5）以等速对试件加荷至破坏，加荷速度为 10MPa/min。记下最大破坏载荷，精确至 10N。

（6）结果表示：

① 木材破坏率：根据剪断面胶层破坏情况，用目测估计试件的木材破坏率，用百分比表示，估测精确至 10%。如试件为非正常破坏，则记录下其破坏特征（槽口折断、表板割裂、芯板剪断、表板剥离）。凡表板剥离面积超过剪断面积一半时，按木材破坏率进行估测，精确至 10%。一张或若干张板的木材破坏率取全部有关试件木材破坏率的算术平均值，精确至 1%。

② 试件的胶合强度计算：

A 型试件：

$$X_A = \frac{P_{max}}{b \times l}$$

B 型试件：

$$X_B = \frac{P_{max}}{b \times l} \times 0.9$$

式中：X_A、X_B——试件的胶合强度（MPa）；

P_{max}——最大破坏载荷（N）；

b——试件剪断面宽度（mm）；

l——试件剪断面长度（mm）。

③ 对厚芯结构胶合板试件的胶合强度，按上式计算后乘以表 3-31 规定的系数作为试件的胶合强度值。其中芯板与表板的厚度之比为单板的公称厚度之比。

④ 在试件胶合强度测定时，凡属槽口折断、表板割裂、芯板剪断和表板剥离等非正常破坏，做其胶合强度值统计时按以下规定处理：

a）如各种非正常破坏试件的胶合抗拉、抗剪强度值符合标准规定的指标最小值时，列入统计记录；如不符合规定的最小指标时，予以剔除不计。

b）因剔除不计的非正常破坏试件的数量超过试件总数的一半时，应另行抽样检验。

表 3-31　不同厚度比的胶合强度系数值

芯板和表板的厚度之比 t	系　数
1.50≤t＜2.00	1.2
2.00≤t＜2.50	1.4
≥2.50	1.6

⑤ 各种类别、各种规格的板材在制取试件过程或经湿处理后，如发现试件的任一胶层已开胶时，则试件的胶合强度值和木材破坏率按零计算，并列入统计记录。

（7）根据木材破坏率和胶合强度计算结果，依据表 3-25 和下列规定判定产品是否合格：

如测定胶合强度试件的平均木材破坏率超过 80% 时，则其胶合强度指标值可比表 3-25 所规定的指标值低 0.20MPa。

符合胶合强度指标值规定的试件数等于或大于有效试件总数的 80% 时，该批胶合板的胶合强度判为合格；小于 60%，则判为不合格。如符合胶合强度指标值要求的试件数等于或大于有效试件总数的 60%，但小于 80% 时，允许重新抽样进行复检，其结果符合该项性能指标值要求的试件数等于或大于有效试件总数的 80% 时，判其为合格；小于 80% 时，则判其为不合格。

5.2 浸渍剥离性能测定

（1）试件规格：试件长 75mm±1mm，宽 75mm±1mm。

（2）试验方法：

① 试件按其所属类别分别经下列条件处理：

a）I 类胶合板浸渍剥离试验：将试件放入沸水中煮 4h，取出后置于（63±3）℃的干燥箱中干燥 20h，然后将试件再在沸水中煮 4h，取出后再置于（63±3）℃的干燥箱中干燥 3h，煮试件时应将试件全部浸没入沸水之中。

b）II 类胶合板浸渍剥离试验：将试件放置在（63±3）℃的热水中浸渍 3h，取出后置于（63±3）℃的干燥箱中干燥 3h，浸渍试件时应将试件全部浸入热水之中。

c）III 类胶合板浸渍剥离试验：将试件浸渍在（30±3）℃的水中浸渍 2h，取出后置于（63±3）℃的干燥箱中干燥 3h，浸渍试件时应将试件全部浸入温水之中。

② 观察试件各胶层的分层和剥离现象，用钢板尺分别测量试件每个胶层各边的剥离或分层的长度。

（3）结果判断：以剥离或分层的长度表示，若一边的剥离或分层分为几段则应累积相加，精确至 1mm。累积剥离长度超过总边长的 1/3 即为不合格。

■ 拓展训练

胶合板产品结构设计

本能力训练系根据产品订单中胶合板产品要求的厚度和幅面，设计单板组坯的厚度和所用单板原料的厚度，根据单板厚度和幅面计算单板用量，再打入一定比例的余量，确定采购单板的数量。

1. 单板厚度的确定

（1）根据二次贴面的面、底板的厚度及其砂削量确定定厚砂光板的厚度；

（2）根据定厚砂光后板的厚度及砂削量，计算定厚砂光之前板子的厚度；

（3）根据定厚砂光之前板子厚度和热压的压缩率，计算未热压前板子的厚度（各层单板叠加的总厚度），一般压缩率取 7%~10%，压力大时，压缩率大，压力小时压缩率小，硬材压缩率小，软材压缩率大；

（4）根据板子未压缩的厚度设计单板的厚度和层数，可以是等厚均层单板，也可以是不等厚非均层单板。

进行单板厚度计算时，用 Excel 电子表格方式，将各格中设定好计算公式和采用的数值，最后示出单板的总厚度，见表 3-32。

表 3-32　单板厚度推算表

mm

订单号	单板总厚度	单板压缩率（%）	热压后厚度	定厚砂削量	定厚后板厚	面底板砂削量	面板厚度	成品厚度

然后根据单板总厚度、工艺要求和单板资源情况确定单板层数。

2. 单板幅面确定

根据订单要求的胶合板成品幅面，单板整理和拼接时，每层宽度方向留出 30~50mm 加工余量，长度方向留出 40~80mm 加工余量。

如果生产 1220mm×2440mm 的胶合板产品，可采用规格为 640mm×1270mm 的单板，每层需要四张单板拼接；如果采用 840mm×1270mm 单板，短芯板需要三张单板拼接，长中板需要三张单板裁开拼接，也可以用四张 640mm×1270mm 的单板拼接作为长中板，这样搭配比较合理，可避免相邻两层之间的单板出现缝隙重叠现象。

3. 单板用量计算

将胶合板产品数量换算成张数，根据张数及单板厚度和单板尺寸规格，计算所需要的单板数量，另外，再加 1%~5% 的质量不合格率和 1%~5% 的单板损耗率，最后求得的单板数量即是采购所用的单板数量，按照单板市场采购交易规则，可用每张单板的价格表示，也可将单板张数换算成体积，用每立方米单板的价格表示。

项目 4
特种胶合板生产

项目概述

特种胶合板是指除普通胶合板以外的其他种类的胶合板。其品种很多，各自具有特殊性能和用途。有的可以改善装饰性能，有的可作为工程结构材料。

全部由单板或单板与其他夹芯材料组成的特种胶合板，有航空胶合板、船舶胶合板、车厢胶合板、细木工板、夹芯胶合板、木材层积塑料板、阻燃胶合板、防虫胶合板、成型胶合板等；由竹材生产的特种胶合板，有竹材胶合板、竹编胶合板、竹帘胶合板等。

本项目着重学习细木工板（含实心细木工板、空心细木工板）、竹材胶合板、竹编胶合板、成型胶合板四种特种胶合板的生产过程及操作规程。

学习目标

1. 知识目标

（1）掌握特殊胶合板原料的特点、要求和选用，掌握常用特种胶合板生产工艺流程。

（2）了解实心细木工板的特点、类型和用途，掌握生产工艺流程。

（3）掌握实心细木工板芯板制造方法和工艺，掌握其胶压工艺。

（4）了解空心细木工板的结构，掌握空心细木工板的生产工艺。

（5）熟悉空心细木工板芯板制造工艺，掌握胶压的工艺要求。

（6）了解竹材胶合板的特点和用途，熟悉竹材胶合板生产工艺流程，熟悉竹材软化、展平、刨削加工、干燥、胶合等各工序的工艺要求、影响因素和特点，熟悉常用设备。

（7）熟悉竹编胶合板的制造工艺。

（8）了解弯曲胶合工艺的特点，熟悉模具的种类、结构和应用。熟悉弯曲胶合加压方法，掌握高频加热原理、特点及工艺要求。

2. 技能目标

（1）能用联合中板法制造板芯，能按照规程完成细木工板胶压操作和检验。

（2）能按规程制造蜂窝板芯板，并完成空心板的制造和检验。

（3）能进行原竹截断、去节和剖分，掌握相应设备的操作技能；学会竹材高温软化、展平、刨削、干燥、组坯、预压、热压等工序的操作方法，熟练掌握主要设备尤其是竹材胶合板专用设备的操作技能。

（4）能完成竹编胶合板的制造。

（5）能正确选用弯曲胶合所用脲醛树脂胶并进行调制；能按照单板弯曲胶合的生产工艺规程进行高频热压操作。

重点、难点提示

1. 教学重点

（1）实心细木工板和空心细木工板芯板的制造方法及工艺要求。

（2）特种胶合板专用设备的结构原理及操作。

（3）特种胶合板对原料的要求和选用。

（4）特种胶合板胶压操作规程。

（5）不同弯曲胶合部件模具的选择。异型胶合板的生产工艺过程及操作规程。

（6）竹材胶合板和竹编胶合板的生产工艺过程。

2. 教学难点

（1）细木工板板芯生产工艺及操作规程；

（2）不同弯曲胶合部件模具的选择；

（3）竹材胶合板设备及生产工艺；

（4）异型胶合板的生产工艺过程及操作规程。

 # 任务 4.1　实心细木工板生产

工作任务
---

1. 任务书

制作五层结构实心细木工板。

2. 任务要求

（1）用联合中板法完成芯板制作。

（2）完成胶压操作。

（3）对产品质量进行检验。

3. 任务分析

实心细木工板俗称大芯板，是具有实木板芯的胶合板。根据表面砂光情况将板材分为一面光和两面光两类型，两面光的板材可用做家具面板、门窗套框等部位的装饰材料。现在市场上大部分是实心、胶拼、双面砂光、五层的细木工板，尺寸规格为 1220mm×2440mm（4 呎×8 呎）。

本任务以常用的五层结构、杨木芯板为例，学习芯板的生产技术，掌握实心细木工板的生产工艺。

五层结构细木工板中间最厚一层为板芯，2、4 层为中板，最外两层为表板。板芯是由木板方经干燥处理以后，加工成一定规格的木条，由拼板机拼接而成。板芯的质量好坏对于细木工板尤为重要。胶合前对单板或芯板涂胶，板芯两面各覆盖两层单板组成板坯，板坯组合原则和胶合板相同，经热压或冷压胶合制成细木工板。

4. 材料、工具、设备

（1）原料：杨木板材、杨木单板、脲醛树脂胶、胶纸带、腻子原料。

（2）设备：平衡式圆锯或双头圆锯、拼板机、冷压机、热压机、调胶机、涂胶机、压刨、干燥窑、单板挖补机、裁边机、砂光机。

（3）工具：切纸刀、直尺、卷尺、钢板尺、画线笔。

引导问题

---

1. 什么叫做细木工板？用框图的形式绘出细木工板的生产工艺流程。
2. 细工板有什么特点？它的主要用途有哪些？
3. 细木工板板芯采用什么树种生产比较合适？
4. 细木工板的芯板制造方法可分为哪几种？各有什么优缺点？
5. 冷压胶合时对胶黏剂的要求是什么？
6. 细木工板组坯原则是什么？
7. 细木工板一次、二次开补的作用是什么？
8. 以使用脲醛胶为例，细木工板二次热压时的温度、压力、时间应符合什么要求？

相关知识

---

1 概述

细木工板是在芯板的两面覆盖一层、二层单板或一张三层胶合板，经胶压而制成的一种特种胶合板，目前它是应用很广泛的一种产品。细木工板表层材料的制造方法与普通胶合板相同，为此，本书仅介绍芯板制造和细木工板的胶合及加工。

1.1 细木工板的特点

（1）细木工板与实木拼板比较，具有板面美观、幅面大，节约优质木材，结构稳定、不易变形，力学性能好等优点。

（2）与刨花板、胶合板等其他人造板相比，细木工板也有下列显著优点：

① 生产设备简单、投资少，在年产量相同的情况下，细木工板厂的设备投资仅为胶合板厂的 1/4，为刨花板厂的 1/8 左右。

② 所需原料的要求较低。生产胶合板要用优质原木，而生产细木工板，仅需少量优质原木制造表层单板，而用小径木、加工剩余物等制造大量的芯条。

③ 耗胶量少，仅为同等厚度胶合板或刨花板的 50% 左右。能源消耗也较少。

④ 具有美丽的天然木纹，质轻、易于加工，有一定弹性，握钉力好。比刨花板和纤维板性能优越。

1.2 细木工板的类型和用途

根据芯板结构不同，可将细木工板分为实心细木工板和空心细木工板两大类。常用的芯板类型、制造方法及用途见表 4-1。

表 4-1　细木工板常用芯板类型、制造方法及用途

类　型	芯板结构	制造方法	用　途
实心细木工板	胶拼木条	用等厚度木条侧边涂胶拼合成板，夹紧后在热压机或干燥室中加热胶合	车厢、船舶装修的壁板和高级家具
	不胶拼木条	木条侧边不涂胶，靠上下面芯板涂胶胶合	用于家具工业、建筑壁板、门板
空心细木工板	格条空心板	用木条组成方格框架作细木工板中心层	用于门板、壁板、家具侧立板
	轻木芯材	用密度很轻的木材作芯材	用于航空工业

实心细木工板芯板，主要采用针叶树材及软阔叶树材制成，常用的材种有松木、杉木、桦木、椴木等。材质较软的树种易加工，制成细木工板后，密度较小，产品的尺寸稳定性较好。但材质不能过软（如杨木等），否则会导致产品强度太低。因此，采用材质过软的材种时应作特殊处理。这些材料均可采用木材加工厂的加工剩余物，但必须干燥，使木材含水率达到 6%～8%，以利于合板胶合。芯板厚度应为细木工板总厚度的 60%～80%，这样产品强度最大，形状稳定性最好。

实心细木工板生产工艺流程如图 4-1。

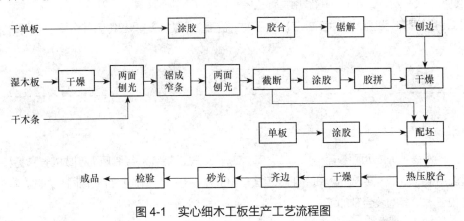

图 4-1　实心细木工板生产工艺流程图

2　对胶黏剂与芯板条的要求

常用的胶黏剂是脲醛树脂胶、水性异氰酸酯胶，为节约成本通常使用脲醛树脂胶，而如果从减少产品的甲醛释放量来考虑，则采用水性异氰酸酯胶更好。

细木工板芯板由芯板条制作而成。对芯板条的要求如下：

（1）芯条厚度　芯板的厚度加上制造芯板时板面刨平的加工余量。

（2）芯条宽度　芯条的宽度一般为厚度 1.5 倍，最好不要超过 2 倍（国标规定芯条宽度与厚度之比不大于 3.5），一些质量要求很高的细木工板芯条宽度不能大于 20mm，芯条越宽，当含水率发生变化时芯条变形就越大。

（3）芯条长度　芯条越长，细木工板的纵向弯曲强度越高，然而芯条越长，木材利用率越低。

（4）芯条的材质　芯条不允许有树脂漏、腐朽。

（5）芯板的加工　芯条使用胶拼机胶拼后，板面粗糙不平，通常采用压刨加工；芯条加工精度很高的机拼木芯板，可以用砂光加工来代替刨光。

细木工板芯板边框通常选用质量优良且相对较长的木条，经过梳齿机梳出类似手指样的榫槽，

涂胶后经接木机指接成长条边框，这样不但增加了边框强度，而且使制成的细木工板侧板看起来更加整齐、美观。

3 芯板制造

细木工板常用的芯板结构见图 4-2。

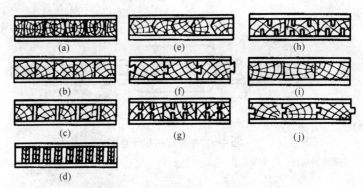

图 4-2　细木工板的芯板结构图

（a）窄木条法　（b）宽木条法　（c）用木条和单板联合制成的芯板法　（d）单板制成的芯板法　（e）带钝角木条制成的芯板法　（f）、（h）带有锯路的木条法　（g）、（i）企口木条法　（j）木板制成的芯板法

芯板制造方法有：联合中板法、胶拼木条法、不胶拼芯板制造法。

3.1 联合中板法

先用板材胶合成木方，其相邻层板材的年轮应对称分布，木方的高度 500~600mm，用冷固性胶胶合，压力为 0.9~1.0MPa，加压后放置 6~10h。胶压后，将木方锯割成胶拼的板材。然后进行干燥，温度为 45~50℃。最后，横拼成所需要的芯板宽度。其工艺流程如图 4-3 所示。这种方法可采用板材或单板作原料，芯板质量很高，但耗胶多，成本较高。

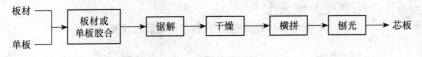

图 4-3　联合中板法芯板制造流程图

3.2 胶拼木条法

胶拼木条法就是用胶把小木条拼成芯板，其工艺流程如图 4-4 所示。

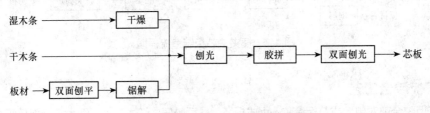

图 4-4　胶拼木条法芯板制造流程图

这种方法采用的原料主要是毛边板、整边板和小木条。为使板材厚度一致，先用双面刨刨平，再用多锯片圆锯机把板材同时锯成木条，木条宽度即为细木工板的厚度。

木条胶拼机（图4-5）是这种方法的专用机床。其工作原理是：将木条放在输送带上，先在涂胶辊上面涂胶，然后送入木条胶拼机胶拼。木条应紧密接触，通过热板加热时，胶液迅速固化，形成连续带状的胶合芯板。在出口端用圆锯锯成要求的宽度，即制得所需的芯板。

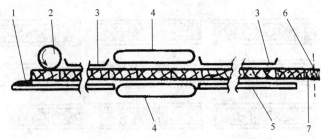

图4-5 木条胶拼机示意图

1. 芯板进料推杆 2. 压辊 3. 压紧弹簧板 4. 热板 5. 工作台 6. 锯口 7. 芯板

3.3 不胶拼芯板制造法

联合中板法和胶拼木条法均需消耗胶黏剂，芯板加工也较复杂。采用不胶拼芯板的制造方法，不使用胶黏剂，而是用镶嵌物或夹具把木条连接制成。不胶拼芯板制造方法有两种：镶纸带法和框夹法。

（1）镶纸带法 即用细绳将木条连成芯板。具体方法是：把挑好的木条，在缝合机上配板；由运输链把木条送入锯切机开槽，在槽内嵌入细绳，便可制成芯板。其工艺流程如图4-6所示。若采用板材作原料，则应先将其两面刨光，再锯解成木条。

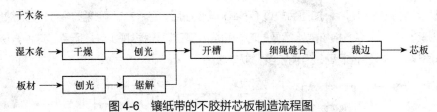

图4-6 镶纸带的不胶拼芯板制造流程图

（2）框夹法 就是利用金属框夹把配好的芯板夹紧。先在芯板两端铣出凹槽，再嵌入金属横向拉紧器，利用框夹夹紧。为了更好地夹紧芯板，可用两根弯曲木条放在芯板边上，利用它的弹性，使之紧固在框夹内 ，其工艺流程如图4-7所示。框夹法设备简单，操作方便，应用较多。

图4-7 框夹法芯板制造流程图

4 细木工板胶合工艺

细木工板胶合前对单板或芯板涂胶，组成板坯，最后胶压成细木工板。细木工板板坯组合和胶合板生产相同。

细木工板胶合的方法有热压和冷压两种，通常为热压胶合：压板间隔中每层放一张细木工板，在其上下各衬一张铝板。热压工艺条件见表 4-2。

表 4-2   细木工板的热压胶合工艺条件

胶 种	热压温度（℃）	压力（MPa）	热压时间（min）
豆 胶	105～110	1.0～1.2	12～20
脲醛胶	115～120	1.0～1.2	10～12
酚醛胶	135～140	1.2～1.4	10～12

注：热压时间是以表板厚度 1.25mm、涂胶中板厚 2.0mm 为依据来确定的，表板和中板厚度及其含水率变化时，可根据实际生产条件有所增减。

用脲醛胶制成的细木工板，热压后需冷堆放，以免胶层过热分解，降低胶合强度。用酚醛胶制成的细木工板，热压后可热堆放，借助余热使胶黏剂进一步固化。

冷压胶合：细木工板冷压卸压后应进行干燥，干燥至含水率 12%，然后取出紧密堆放 5～6d，使板内水分平衡，以免产生翘曲变形。

细木工板裁边与砂光同于胶合板。

任务实施

---

1 任务实施前的准备

（1）分组：每 6～8 人为一小组，带好手套，穿好工作服。

（2）对板材进行检验，在夹皮、死节等缺陷位置标注，按要求的长度画线。

（3）准备冷压用脲醛树脂胶，要求固体含量 60% 以上，固化剂加入量不少于 2%。

2 联合中板法制造杨木板芯

（1）按照相邻层年轮对称分布的原则将板材胶合成木方，木方的高度 500～600mm，采用脲醛胶冷压胶合，压力为 0.9～1.0MPa，加压后放置 6～10h。

（2）胶压后，将木方用圆锯锯割成胶拼的板材。

（3）然后将板材进行干燥，温度为 45～50℃，直至含水率达到 10% 左右。

（4）使用拼板机横拼成所需要的芯板宽度。

（5）使用压刨对芯板进行刨光。

3 单板的整理

单板整理应做到：

（1）长边有一直边且与一短边垂直。

（2）局部超薄、夹皮、腐朽部分需挖补；孔洞大于 40mm 需加补片，补片纹理与单板纹理一致。

（3）修补用打孔胶带长度为 4～6 个孔，不能交叉、重叠使用，并需用刮板刮实。

（4）裂口宽大于 10mm、长大于 200mm 的，需加单板条修补。

（5）板面无纸条面相对，两张一对，板面无杂物（为单面涂胶做准备）。

4 涂胶、预压

（1）调胶

① 原料：原胶、面粉、固化剂、染料。

② 加入顺序：依次加入原胶、面粉（20%～40%），搅拌10min，再加入固化剂（0.5%～2%）、染料（适量），搅拌5～8min，测黏度合格后使用。

③ 加染料的作用：便于观察涂胶量的大小；着涂胶是否均匀，不均或有花脸应及时处理；调成一定颜色可增加覆盖力，降低透底程度。

（2）单面涂胶　将整理好的两张一对中板一同放入涂胶机涂胶：

① 上下胶辊间距为单板厚度的80%；

② 涂胶量共340～380g/m^2；

③ 及时清除板面、胶中的杂物；

④ 及时刷洗胶辊，确保涂胶量的均匀。

（3）组坯

① 将杨木板芯放到涂胶的一对中板涂胶面上，再将下一对中板涂胶面覆盖在板芯上；

② 要做到一边一头齐；

③ 中板离缝小于8mm，叠层小于5mm，减少开补量。

（4）预压

① 压力控制在1MPa左右。

② 摆完的板应及时进行预压。开放陈放时间不超过2h；闭合陈放时间不超过6h。

③ 在预压过程中撕掉大于2cm的板边。

④ 注意预压效果，及时调整面粉、固化剂的加入量。

5 一次开补

（1）割除中板的重叠；

（2）离缝宽度大于8mm、长度大于100mm需加条修补，补片、补条应用窄条，以不干胶带粘牢。

6 热压

（1）入板位置要正，减小厚度公差。

（2）热压参数：压力0.8MPa；温度115～120℃；时间1～1.2min/mm。

（3）胶压前清除板面杂物，卸压时将有缺陷的板选出及时修补。

（4）如单板含水率偏高，特别是多层板当含水率大于14%时，应在热压1min后放气并适当加长热压时间。

7 板面处理

（1）板面处理

① 腻子的调制：原胶18kg、滑石粉40～50kg、黄纳粉0.1kg，放在搅拌机中搅拌10min左右。

② 离缝、缺漏用腻子腻平。

③ 打腻子后板面应做到干净无杂物。

板边处理也可打腻子，有些工厂为减少胶中的杂物采取"搂边"工艺，将中板毛边割掉，然后打腻子。

（2）砂光

① 一次砂光选用砂带粒度 60# 或 40#；

② 砂光后应做到板面平整，漏砂面积小于 $5cm^2$，漏砂面积较大的选出重新砂光。

8 二次涂胶、预压

（1）涂胶　将已经压好的三合板双面涂胶。

① 在调胶时颜料改为黄纳粉；

② 涂胶量为 $240 \sim 280g/m^2$（双面）。

（2）组坯　将三合板放到铺好的表板上面，再覆盖一张表板。

① 表板应轻拿轻放，避免造成人为裂口；

② 一边一头齐；

③ 及时清除杂物。

（3）预压

① 将大于 2cm 的表板边撕净。

② 参数：板面压力 1MPa；时间 45min 左右。

9 热压

通常使用脲醛树脂胶，热压温度 115℃ ~ 120℃，压力为 0.7MPa，热压时间 40 ~ 50s。

10 二次开补

（1）清除表面杂物。

（2）修补卷边、破损及大的裂口。

11 裁边砂光

（1）裁边

① 齐边、齐头朝向靠尺；

② 锯片直径 300mm，齿数 120 齿，内孔 60mm，锯路 3.2mm，合金刨光锯片；

③ 每次换完锯片要及时校正尺寸；

④ 及时更换锯片。

（2）砂光

① 砂纸粒度 240#、180#、150#；

② 调整好进料速度确保砂光质量；

③ 操作时轻拿轻放，防止造成人为破损。

12 成品检验

（1）公差：长、宽±2mm，厚15mm±0.4mm、18mm±0.6mm，对角线差小于6mm（出口小于2mm）。

（2）板面平整光滑，没有漏砂、开胶、鼓泡等现象。

（3）端头缝不大于2mm的打腻修补，大于2mm的加塞修补。

（4）优等品大边不能有节子、水线，一等大边活节不限，小死节允许1个。

（5）面板优等、一等，不允许挖补，背板无特殊要求可挖补，但不能超过2处，多层板无特殊要求可挖补。

13 任务实施参考资料

例1：某企业杨木芯板质量要求

一等板

1. 品质要求

（1）拼板方材采用蒸汽干燥。

（2）芯板拼接使用低醛脲醛树脂环保胶，修板腻子添加50%以上白胶或骨胶。

2. 含水率及规格尺寸检验

（1）板材平均含水率8%～12%。

（2）规格尺寸：长度2500mm；宽度1260～1270mm；厚度11.5mm（14.2mm）±0.2mm。

（3）对角线公差不大于20mm。

3. 品质检验

芯板根据各项加工、材质缺陷分为合格板、降等板及缺陷板。

合格板应符合以下验收条款：

（1）缝隙：机拼芯板侧向缝隙小于2mm，端面缝隙小于4mm且修补完好，总数不多于3处。缝隙超标准按缺陷板计；缝隙严重超标（侧向缝隙大于4mm，端面缝隙大于6mm），按降等板计。

（2）扒皮钝棱、夹皮干燥炸裂，宽度小于1mm不计，宽度大于1mm的检验板面不得多于3处，且修补完好。

（3）薄条、梢头、毛条：每张检验芯板不得多于2条，且修补完好。

（4）拼接强度：不允许有散板，标准为两人能一次抬起。

（5）可分离的轻微粘板情况，缺块不多于两条。

（6）芯板板面无腐朽、虫眼、严重变色。

（7）芯板的边条及端头板要精选无任何缺陷的芯条，不允许有内裂、炸裂及死节缺陷。

（8）芯板端头要求锯齐，芯条之间粘接紧密无缝隙，不允许缺茬及掉块。

（9）长度短于40mm的木块可以连用，但相邻两列芯条不能同时使用小木块，且相邻短端间距要大于40mm，且修补完好。

降等板应符合以下验收条款：

（1）严重拼接强度不足（指两人一次无法抬起）。

（2）严重粘板。

（3）芯板端头锯切不齐，无法保证成品尺寸。

缺陷板应符合以下验收条款：

（1）缝隙超标。

（2）扒皮钝棱。

（3）薄条，梢头。

（4）拼接强度超标。

（5）轻微粘板，抬起时缺块大于两条。

（6）严重变色、虫眼、朽木。

（7）芯板边条及端头内裂、炸裂、死节。

（8）芯板端头锯切不齐，掉茬。

（9）芯板拼接小木块连用超标。

二等板

1. 品质要求

（1）拼板方材采用蒸汽干燥；

（2）芯板拼接必须使用低醛脲醛树脂环保胶，修板腻子必须添加50%以上白胶或骨胶。

2. 含水率及规格尺寸检验

（1）板材平均含水率8%～12%。

（2）规格尺寸：长度2500mm；宽度1260～1270mm；厚度11.5mm（14.2mm）±0.2mm。

（3）对角线公差不大于20mm。

（4）修补完好，达到直投标准。

注意：不符合上述规格尺寸要求的芯板均为不合格板。

3. 品质检验

（1）拼接强度：无散板，一般要求两人能一次抬起不分为两半。

（2）粘板：不允许有粘板现象。

（3）边板宽度：不小于38.1mm，不允许有内裂、炸裂及死节缺陷。

（4）朽木条、虫眼：不允许有朽木条，虫眼小于2mm，每个板块不多于5处，密集虫眼不允许有。

（5）缝隙：侧向缝隙小于4mm，端面缝隙小于6mm，总数不多于5处。

（6）薄条、梢头、毛条：即厚度不足及跑锯、干燥不良的板条，每张板总数不多于6处，且修补完好。

（7）扒皮钝棱、夹皮干燥炸裂：宽度小于4mm不计，但需用腻子修补完好，宽度大于4mm的检验每张板不多于10处。

（8）相应厚度规格对应相应厚度的芯板条，不允许以薄充厚用腻子找平，腻子修补原则是修补有缺陷的部位，要求腻子厚度以略高出芯板板面1mm为宜，且腻子修补累计面积不允许超过板面积25%。

例2：某企业实心细木工板工艺规程

1. 原料

1.1 表板

（1）含水率12%～20%。

（2）规格：1270mm×2550mm，公差$^{+10}_{-0}$mm。

（3）材种：山桂花、奥古曼、桃花心木、桦木等。

1.2 中板

（1）杨木。

① 含水率 6%～16%。

② 规格：三拼（三张小单板拼接成一大张）1260mm×840mm，公差 $^{+10}_{-0}$ mm；厚度 1.6mm、1.8mm，公差±0.1mm。

③ 品质要求：不能有夹皮、腐朽；尺寸规方，对角线差＜10mm；板面平整毛刺沟痕轻微；孔洞≤40mm，个数少于 3 个。

（2）桦木。

① 含水率 10%～14%。

② 规格：整幅 1280mm×1320mm，二拼 1280mm×660mm，三拼 1280mm×440mm；厚度公差 $^{+0.10}_{-0.05}$ mm。

③ 品质要求：不能有夹皮、腐朽；尺寸规方，对角线差＜10mm；板面平整毛刺沟痕轻微，深度＜0.3mm；孔洞≤40mm，个数少于 3 个。

1.3 细木工板板芯

（1）含水率 8%～12%。

（2）规格尺寸：长度 2500mm±10mm，宽度 1260～1270mm；厚度 11.5mm（14.2mm）±0.2mm；对角线尺寸差小于 20mm。

（3）品质要求：拼接强度好，不散板；板面平整无朽木条、薄木条、粘板等现象；优等品、一等品端头、大边无水线、死节等缺陷，色差轻微；合格品大边不大于 10mm，死节少于 2 个；板面不能有缺茬、掉块的现象；端头缝小于 4mm，板中缝小于 2mm。

1.4 胶黏剂

环保型脲醛树脂胶黏剂性质、调制方法：

（1）树脂指标

颜色：乳白色液体。

pH 值：6.5～7.5。

黏度：130～250mPa·s（旋转黏度计 25℃）。

固体含量：54%～58%。

游离甲醛：小于 0.15%。

储存期：夏季室温下 7d；冬季室温下 10d。

（2）调制方法

脲醛树脂：面粉：固化剂＝100:（20～30）:（0.5%～1%），调胶时先加固化剂，再加入面粉并搅拌，待搅拌均匀后使用，使用时加少许铁红用来调色。

2. 热压工艺

涂胶量：300～340g/m²。

预压时间：40～60min（中板含水率 14%～18%）。

热压温度：105℃。

热压时间：40～60s/mm。

压力：0.7~1.0MPa。

注意事项：为保证胶黏剂在活性期内热压，单板涂胶后 8h 内必须进预压机，防止胶黏剂提前固化。

■ **拓展训练**

用胶拼木条法生产板芯，制订细木工板工艺规程。

 # 任务 4.2　空心细木工板生产

工作任务
---

1. 任务书

纸质蜂窝板制造。

2. 任务要求

（1）完成蜂窝板的组坯、涂胶、冷压、热压、裁边、砂光操作。

（2）对产品进行质量检验。

3. 任务分析

空心细木工板具有质量轻、抗弯强度高、硬度高等特点。可用于制造装配式房屋、临时建筑、活动车间的层面板和墙壁板，也可用于家具、车厢、船舶、飞机制造等方面。

通过本任务学习，掌握常见的空心细木工板——蜂窝板的生产工艺。

4. 材料、工具、设备

（1）原料：蜂窝纸、木边框、杨木单板、贴面薄木。

（2）设备：预压机、热压机、裁边机、砂光机。

（3）工具：切纸刀、滚刷。

引导问题
---

1. 比较实心细木工板与空心细木工板在生产上的区别。

2. 对空心细木工板边框有什么要求？

3. 空心细木工板的用途有哪些？

相关知识
---

1 空心细木工板结构

空心细木工板是用两张 0.8~3.5mm 厚的普通胶合板、层压胶合板或混合结构板作表板和背板，中间夹着一块较厚的轻质芯板制成的。芯板可采用木质空心结构、轻木、软质纤维板、格条空心板及纸质蜂窝等，芯板周边都要设置边框。如图4-8所示。

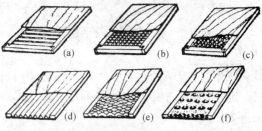

图4-8 空心细木工板种类和结构

（a）包镶空心板 （b）网格空心板 （c）蜂窝空心板
（d）瓦楞空心板 （e）波纹空心板 （f）泡沫空心板

2 芯板的制造过程

2.1 轻木夹芯材料板

空心板可用密度很小的木材来充当芯材，轻木（巴塞木）就是其中的一种。轻木是一种散孔材，易于加工，切削表面光滑，具有良好的耐腐性、隔热性、吸振性及吸音性，其密度只有 $0.06 \sim 0.4g/cm^3$，抗拉强度为 38.1MPa，抗压强度为 13.4MPa，抗弯强度为 16.7MPa，抗剪强度为 3.1MPa。

利用轻木作芯材，可将轻木的横断面与覆面材料胶合。这样的结构，可以提高产品抗压强度。在轻木芯材的两面，涂上环氧树脂胶黏剂，覆上薄铝板就制成具有特殊性能的夹芯结构板，可用在航空工业上。轻木还可以和玻璃纤维制造复合材料，以聚酯树脂胶合，这种夹芯结构板具有较高的刚度，可作绝缘内衬、浮动机具、飞机的骨架及地板等。

2.2 蜂窝结构空心板（蜂窝板）

蜂窝板是用纸或其他材料制成蜂窝形状的芯材，然后两面再覆上单板或纤维板等制成的空芯结构板。蜂窝板由覆面材料及蜂窝芯材两部分组成。

覆面材料可用旋制单板、刨制薄木、胶合板、纤维板、纸质装饰板、金属箔等，通常用的是单板、胶合板及纤维板。蜂窝芯材是具有一定大小的蜂窝状孔格，制造蜂窝芯材的材料有纸、单板、棉布、塑料、铝、玻璃钢等。制造纸质蜂窝板的工艺流程如图4-9所示。

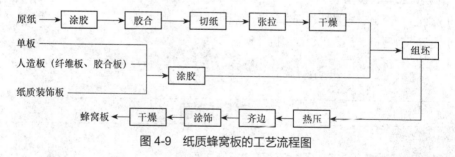

图4-9 纸质蜂窝板的工艺流程图

目前，用来制造蜂窝芯板的纸有两种：原浆草板纸和牛皮纸。原浆草板纸用于制造活动房屋的空芯结构材料；牛皮纸用于家具制造板材，其定量为 $130 \sim 140g/m^2$。

制造纸蜂窝的主要设备是蜂窝纸机和纸芯张拉机，此外还有预压机和切纸机等设备。

蜂窝纸机主要由涂胶和卷纸机构组成。原纸通过涂胶辊两面涂胶，与另一原纸胶合后，经卷纸机卷成一定长度和厚度的纸卷。涂胶原纸两面的涂胶带相互错开，调整涂胶辊涂胶距离就可以控制孔径大小。卷纸速度为 $36 \sim 46m/s$。纸卷经冷压和切纸就可得到未拉伸的蜂窝纸条。冷压的压力为 $0.15 \sim 0.18MPa$，加压时间 5min。冷压后的纸卷整齐地码放在垫板上，24h 后进行裁切，切口的方向与涂胶带垂直，切纸的宽度等于蜂窝芯板厚度，而蜂窝芯板的厚度应比蜂窝板周边木框厚度大 0.5~1mm，这样才能保证纸芯与覆面材料不脱胶。

蜂窝纸粘接用的胶黏剂是聚乙烯醇类合成胶糊，使用时需加水稀释。加水量的多少应根据合成胶糊的黏度、气温高低、纸的干湿度调整。合成胶糊黏度高、气温低、纸干时，加水量要适量增加。

为了使纸蜂窝拉开和使其定型，纸蜂窝由张拉烘干机将其拉开和干燥。张拉烘干工艺：张拉速度为 4.6～6m/s，干燥温度为 120～130℃，干燥出来的定型的纸蜂窝成一定的规格尺寸，堆放备用。纸蜂窝的结构如图 4-10 所示。

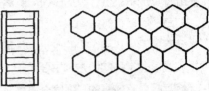

图 4-10　纸蜂窝结构图

3　边框制造

空心板芯板的四周都必须设置边框。最常用的边框接合方式有直角榫、开口燕尾榫和骑马钉三种形式，如图 4-11 所示。直角榫接合装成边框时需施胶，这种方法结构牢固，适用于以纤维板作覆面材料的大尺寸空心板，如空心门、活动板房构件等；燕尾榫和骑马钉接合加工简单，装配边框时不必施胶，适用于以胶合板或单板作覆面材料的家具用空心板。

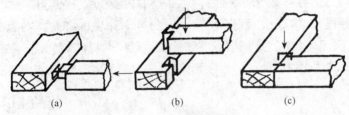

(a)　　　　(b)　　　　(c)

图 4-11　边框接合

4　板材胶合

空心板是由芯板、边框和覆面材料三部分胶合制成的。

使用哪一种覆面材料，要根据空心板的用途和芯板结构确定。通常家具用空心板的覆面材料多采用胶合板，其中又以三合板为最常用，只有受力易碰的空心板部件如桌面等，才用五合板覆面。如果采用蜂窝芯材，最好中板采用单板，表面采用刨制薄木覆面，纤维方向相互垂直，这样既省工又省料。空心门、活动板房构件常用纤维板作覆面材料。用胶合板或纤维板作覆面材料时，一面用一张。

涂胶可用辊筒涂胶机和手工涂刷两种方法。采用纸质蜂窝芯材时，因为芯材难于涂胶，胶液只能涂在覆面材料上。

在纤维板或胶合板上单面涂胶时，可以将两张板子合起来，一起通过涂胶机。

空心板的涂胶量比实心细木工板要略大一些，涂胶量的大小以胶压时边部能挤出少量胶液为准。涂胶量不宜过大，否则挤出的胶液过多，不但浪费，还会产生圈套的干缩应力，使板面凹陷。

空心板组坯时，在结构需要的部位还要加上垫木，便于开榫和安装五金件等，其他部位应排满芯材。

空心板胶合时既可采用热压，也可采用冷压，胶合压力要比实心细木工板低一些，可取 2.5～3kg/cm²，热压温度和时间与实心细木工板基本相同。

下面的例子说明空心板的胶合工艺条件：家具用纸质蜂窝空心板，表板厚度 1.25mm，中板 2.1mm，用脲醛树脂作胶黏剂，在中板上涂胶，双面涂胶量为 400～440g/m²，热压温度为 100～110℃，压力为 0.24MPa，热压时间为 8min。

胶合后的蜂窝板，根据需要经过齐边、打孔、涂饰处理等加工，制造不同用途的产品。

纸蜂窝成本较低，其抗压强度能满足一般用途要求，但其抗剪强度较差。这类蜂窝板可用于家具制造、门扇、间壁板等方面。

随着蜂窝材料和结构的改进，蜂窝板的用途日趋广泛。如铝蜂窝和特种合金蜂窝夹芯，可用于使用要求和温度非常高的地方，主要用于飞机和宇宙飞行器中。

蜂窝板具有较高的"强度—质量"比和"刚度—质量"比，此外还具有阻尼振动、隔热、隔音等特性，可广泛用于家具、建筑、车厢制造、船舶制造、飞机制造等工业中。

5 拓展知识

5.1 树脂浸渍单板胶合板

5.1.1 树脂浸渍单板胶合板的特点和用途

树脂浸渍单板胶合板包括船舶胶合板和木材层积塑料板。

由于木材是一种多孔性材料，经树脂浸渍后，树脂向木材内部渗透，在高压和热的作用下，木材塑化，树脂和木材之间发生物理–化学变化，使得这种塑化木质材料具有很高的物理力学性能和电绝缘性能，在大气相对湿度变化条件下，形状稳定性好。树脂浸渍单板胶合板是一种具有高耐水性能和胶合强度的胶合板，且具有耐气候性和耐腐蚀性。木材层积塑料板可用作建筑、机械、船舶、航空、电气工业的材料。

5.1.2 船舶胶合板

（1）原材料　制造船舶胶合板的主要树种有桦木、槭木和黄杨木等材质致密且坚韧的散孔材。用精度较高的旋板机旋制成厚度不超过 1.5mm 的单板，材质及等级标准应按船舶胶合板制造标准处理。旋制的单板要干燥至含水率 6%～8%。单板毛刺沟痕不大于 0.3mm，顺纹抗拉强度不低于 100MPa。

（2）单板涂胶、浸胶及干燥　为起到防水作用，制造船舶胶合板的表层单板必须涂胶或浸胶，使用醇溶性酚醛树脂胶；而芯层只需涂胶，使用水溶性酚醛树脂胶。单板浸涂后的胶层要均匀。胶黏剂的特性和消耗定量见表 4-3、表 4-4。

表 4-3　船舶胶合板用酚醛树脂特性

项　目	醇溶性树脂	水溶性脂
树脂含量（%）	50～55	45～50
（15～20℃）密度（g/cm³）	1.03～1.08	1.15～1.17
黏度（恩格拉度）	50～70	100～150

表 4-4　酚醛树脂消耗量

树脂特性	树脂消耗量（g/m²）	
	表　板	芯　板
醇溶性树脂：		
单板厚度 1.15mm	85～90	85～95
单板厚度 1.50mm	95～100	95～105

树脂特性	树脂消耗量（g/m²）	
	表 板	芯 板
水溶性树脂：		
单板厚度 1.15mm	90～95	90～100
单板厚度 1.50mm	100～105	100～100

涂胶单板的干燥工艺同于普通胶合板，单板浸胶及干燥同于木材层积塑料板。

（3）热压　船舶胶合板的热压工艺条件为：热压温度 140～150℃，压力 3.5～4.0MPa，热压时间取每层压一张 7mm 板时 13min。热压完毕后，关闭蒸汽同时通冷水冷却至 70～80℃。其他可参照企业工艺规程处理。热压时使用铝板或不锈钢板作垫板，为防止粘板，垫板上应涂布油酸或其他脱模剂。

5.1.3 木材层积塑料板

木材层积塑料板是用浸过酚醛树脂胶的薄单板，经组坯后在高压下加热制成的一种层压材料。

木材层积塑料板的生产工艺流程如图 4-12 所示。

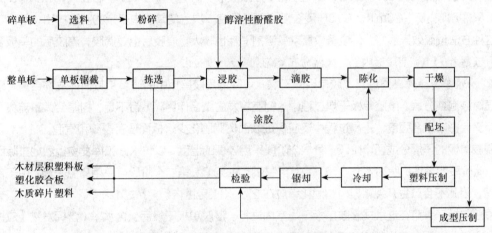

图 4-12　木材层积塑料板生产工艺流程图

（1）单板浸胶和干燥

① 单板浸胶　将干单板浸入胶槽中（胶黏剂的固体含量 28%～36%），以 15～20 片为一叠，垂直立于浸胶金属框内，让单板充分吸收树脂胶。浸胶结束后，提起金属框，把多余的胶液流掉。单板的浸胶方法可采用常温浸渍法和压力浸渍法。单板浸胶设备流程图见图 4-13。

常温浸渍法是在室温条件下浸胶。浸胶速度取决于单板厚度、单板含水率和树脂特性等因素。单板越薄，树脂越容易渗透到木材内部，而且单板断面上树脂含量也比较均匀。但单板太薄，因树脂含量过多，制品脆性大。单板厚度以 0.35～0.6mm 为宜。单板含水率低时，树脂胶易渗入木材孔隙中去，且分布较均匀。但含水率太低，树脂吸入过多，制品易发脆。单板含水率以 6%～8% 为宜。

用醇溶性树脂制成的木材层积塑料板，耐冲击性能和静曲强度较好。树脂含量高，成品的吸水性和膨胀性低。树脂含量在 16%～24% 为宜。浸胶时间一般为 1～3h。浸胶后必须滴去单板表面上多余的胶液，滴胶时间一般为 30min。

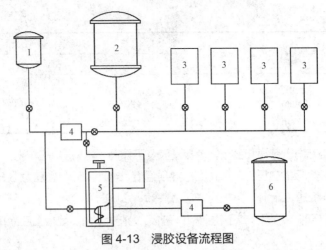

图 4-13　浸胶设备流程图

1. 树脂罐　2. 稀释树脂储存罐　3. 浸胶槽　4. 泵　5. 搅拌器　6. 酒精槽

压力浸渍法是把单板放置于压力锅内,先抽真空 15~20min(真空度 500~600mmHg),将单板中的空气排出。然后在 0.4~0.6MPa 的压力下注入胶液,时间约 1.5~2h。若在 1~1.5MPa 的大气压下,只需浸胶 15~20min。在加压浸胶后,再抽真空一次,使单板内多余的胶液排出,可以节省胶料。这种方法浸胶效果很好,但设备较复杂,溶剂消耗也较大。浸胶后也要滴胶,滴胶后的单板要紧密堆放,放置 4~5h,使单板内部的树脂分布均匀。

② 浸渍单板干燥　通过对浸胶单板的干燥,可降低浸胶单板中的酒精和其他挥发物含量,以避免在卸压时鼓泡或分层。浸胶单板干燥过程中,树脂将发生聚合作用,聚合不足,树脂会大量流失;聚合过度,又会影响胶合强度。干燥过程中还应保证表面树脂固化少、板面没有裂缝和气泡。

浸胶单板的干燥分成两个阶段:第一个阶段采用较低的温度,以防水分和挥发物猛烈地排除而产生气泡,此阶段醇溶性树脂为 70~75℃,水溶性树脂为 90℃;第二个阶段可采用高温干燥,由于单板自由收缩,因此不会产生开裂,但树脂固化率应在 2%~3% 范围内。

浸胶单板干燥可在连续式浸胶单板干燥室内进行。浸胶单板干燥后,含水率(含挥发物)应控制在 3%~6% 之间。浸胶干燥后的单板,要在温度 25℃、相对湿度不大于 70% 的条件下保存 4~5d。浸胶干燥后的单板也要分等,优质单板作表板,剔除浸胶不完全或凝胶过多的单板。

(2)组坯　按层积塑料板的种类进行配坯。若塑料板的长度超过单板尺寸,则应在长度方向上采用搭接的办法,但同一断面上不能有两个搭接缝。单板宽度不够时,可用对接的方法接宽,无需搭接。配坯时,表板应采用整张单板,中板可用拼接或搭接。配好的板坯放置于金属垫板上,为防止粘板,要在垫板上涂油酸或其他脱模剂。塑料板较重,最好用机械装卸。装板时压板温度为 40~50℃,以防板坯面层树脂提前固化。

(3)热压与冷却　制造木材层积塑料板时的热压温度一般为 145~150℃,单位压力为 15~16MPa,加压时间见表 4-5。热压后,为消除板子的内应力,必须在加压的状态下冷却,否则板子易翘曲变形,甚至会完全破坏。冷却时间,一般按板厚 1mm 冷却 1min 计算。冷却结束后,降压卸板。再堆放一段时间,即可使用。

热压时间对产品质量有直接影响。时间长,树脂固化率高,产品的吸湿膨胀性低,但抗拉、抗压、抗冲击强度也会降低。

表 4-5　木材层积塑料板厚度与加压时间的关系

工艺操作	成品板坯厚度（mm）	时间（min）	备　注
第一阶段升温	<25	20~25	应严格控制升温时间
	≥25	30~40	
第二阶段保温	<25	5/mm 厚度	温度和压力达到后开始计算时间
	≥25	4/mm 厚度	
第三阶段通冷水降温和卸压	<25	≥40	第二阶段终了前 10min 关闭蒸汽，通冷水使板坯温度缓缓下降
	≥25	≥50	

生产层积塑料板的热压机基本同于普通胶合板压机，但其单位压力大，热压板厚（80mm），层数较少，压板间距较大。这类压机通常都是纵向进板，机械装卸。

制成的木材层积塑料板，按压制方法和型号分别堆放，中间不放垫条，存放在通风良好的仓库中。为防止湿空气浸入，木材层积塑料板堆垛的边缘上，要用醇溶性树脂涂布。

5.2　集装箱底板用胶合板

集装箱底板用胶合板是近几年在我国开始生产的一种新兴产品，目前尚无国家标准，国内几家大的胶合板制造商正在做这方面的生产尝试。该种产品与普通胶合板相比，在生产工艺及性能要求上均存在差异。在了解试验数据及掌握国内外相关产品资料的基础上，对该种产品生产工艺及性能要求作简要论述，供参考。

5.2.1　生产工艺特点

集装箱底板用胶合板的生产工艺，与普通胶合板相比，主要有以下特点：

（1）由于产品需具有较好的耐水和耐候性能，因此，使用的胶黏剂常为酚醛树脂胶；

（2）产品要求表板、芯板和长中板均整张化；

（3）集装箱底板用胶合板的厚度一般为 28mm；

（4）集装箱底板用胶合板的单板厚度与层数有关，单板厚度常为 1.6~2.1mm，单板层数常为 15、17、19 层三种；

（5）常用树种为阿必东、克隆、奥古曼等硬阔叶树材；

（6）由于该产品对纵向强度要求较高，因此在组坯时要求纵向单板层数多于横向单板层数，如 15 层底板，纵向层数为 10 层、横向为 5 层，19 层底板，纵向层数为 12 层、横向为 7 层；

（7）产品需具有一定的防腐性能，因此在该产品生产过程中需进行防腐处理，常用化学试剂为卤丹；

（8）产品表面需具有一定的耐磨、耐划痕性能，因此，要进行表面处理，常用酚醛树脂或聚氨酯等树脂进行表面覆膜，以增加其耐磨、耐划痕性能。

5.2.2　性能要求

（1）规格尺寸和偏差　集装箱底板用胶合板的幅面尺寸：2440mm×（1220~2400）mm，厚度≥28mm。长度和宽度的公差为 0~-3mm；4 个厚度测量点中，每一点的厚度公差为±0.8mm；对角线长度偏差不超过 3mm，边缘不直度不超过 1mm/m，翘曲度不超过 10mm/m。

（2）集装箱底板用胶合板的外观质量要求　面板背板芯板裂缝或离缝宽度不大于 4mm，长度不大于 10mm，宽度不大于 3mm，超过 350m、超过 1.5mm 的宽度裂缝需修补。宽度超过 3mm 且长度超过 500mm 的裂缝需修补。

不允许有断裂、腐朽；活节最大直径不大于 50mm，死节最大直径不大于 20mm；拼缝不大于 1.5mm，且要修补不大于 20mm，圆型虫孔直径不大于 1.5mm，线型虫孔最大长度不大于 15mm。

（3）集装箱底板用胶合板物理力学性能要求　含水率≤12%，密度≥0.70g/cm³，胶合强度≥0.70MPa，抗拉强度≥33MPa，冲击韧性≥40kJ·m。

任务实施

1 任务实施前的准备

（1）班级分成小组，每6~8人为一组。

（2）熟悉设备安全操作规程。

2 蜂窝板生产操作规程

（1）按照设计尺寸准备好木条边框，可采用刨成同一厚度的杨木木条指接，木条厚度应比蜂窝纸小 0.5~1mm，以满足蜂窝纸板芯与杨木芯板压实要求。木条宽度一般不做特殊要求，如成品边框需要钉钉子或安装折页等时，则木条宽度应符合相应要求。

（2）将蜂窝纸剪切成木框内尺寸，使用滚刷对杨木芯板单面涂胶，按对称原则组坯成三层板。

（3）冷压，压力 0.1MPa，时间 3~6h。

（4）热压，通常使用脲醛树脂胶，热压温度 105~120℃，压力 0.2~0.3MPa，热压时间 5min。

（5）修补，热压后的三层蜂窝板如出现开胶、表面出现沟槽等，需要进行修补。

（6）二次组坯，将修补后的蜂窝板双面涂胶，与贴面薄木组坯，表板紧面朝外，纤维方向与芯板垂直。

（7）冷压，压力 0.1MPa，时间 3h。

（8）热压，通常使用脲醛树脂胶，热压温度 105~120℃，压力 0.2~0.3MPa，热压时间 0.5min。

（9）裁边、砂光。

（10）成品检验。

■ 拓展训练

学生制作格条空心板，自行检查质量、评比。

 ## 任务 4.3　竹材胶合板生产

任务描述

1. 任务书

制作普通竹材胶合板。

2. 任务要求

（1）规格尺寸：915mm×1830×12mm；翘曲度不大于3mm/m。

（2）完成原竹截断、去节、剖分、软化、展平、辊压、刨削、干燥、齐边、涂胶、组坯、预压、热压、裁边等工序操作。

（3）检验产品质量。

3. 任务分析

以竹代木，主要是大量生产竹质人造板，代替各类木质板材。竹质人造板材质细密，不易开裂、变形，具有抗压、抗拉、抗弯等优点，各项性能指标均高于常用木材。其中竹类胶合板有竹编胶合板、竹材胶合板、竹帘胶合板等几种类型。

竹材作为一种生长迅速的可再生资源，是代替木质板材的优质材料，通过本任务学习，应掌握竹材胶合板生产工艺过程和主要生产环节的操作技能。

4. 材料、工具、设备

（1）原料：竹材、脲醛胶。

（2）设备：冷压机、热压机、涂胶机、原竹截断锯、竹筒去外节机、剖竹机、竹片去内节机、高效螺旋燃烧炉系统、高效竹片链式输送软化机、展平机、竹片辊压成型机、竹材专用压刨机、单炉双窑竹片预干燥系统、竹片干燥定型机、竹片履带进料锯边机。

（3）工具：滚刷、直尺、卷尺、千分尺。

引导问题

---

1. 竹材及竹材胶合板有何特点？用框图的形式绘出竹材胶合板的生产工艺流程。
2. 竹材胶合板生产时，为什么要除去内节与外节、竹表与竹黄？应怎样加工才能将它们除去？
3. 竹片为什么要软化处理？应怎样对竹片进行软化处理？
4. 竹材胶合板组坯时应注意哪些事项？
5. 简要分析影响竹材胶合板热压胶合质量的因素有哪些。

相关知识

本项目主要学习竹材胶合板和竹编胶合板的生产。

1 竹材的原料特性

竹类植物属禾本科的竹亚科。竹亚科属木本，秆茎木质化程度高、坚韧，属多年生。竹亚科秆茎内纤维素和木素的含量都比较高，如竹材纤维素占40%~60%，木素占16%~34%。竹类植物虽属禾本科，但其外观形态却酷似草类的禾亚科，因而竹类植物曾有似木非木、似草非草的雅称。竹材原料特性及其与木材的差异对竹制胶合板工艺、设备有着特殊要求。

1.1 构造

（1）宏观构造

① 竹子由竹壁、竹节、竹隔三部分组成。竹壁是竹材的主要用材部分，竹节和竹隔起着增强竹子的牢度和强度作用，它们之间是一个不可分割的整体。竹材经过横向锯断后，用显微镜在横断面观察，清晰可见自外向内有竹青、竹肉、竹黄三种不同的组织。竹青是竹壁的外表，其组织紧密，质地坚韧，表面光滑，并附有腊质；竹黄位于竹壁的内部，横向排列紧密，组织坚硬，质地较脆，一般为黄色；介于竹青与竹黄之间的部位统称为竹肉，主要由基本组织和维管束组成。竹材的密度和力学强度都是外侧大于内侧。

② 竹材直径小，壁薄中空，具尖削度。竹材直径相对于木材较小，一般工业用木材直径有几十厘米，而竹材直径小的仅有 1～2cm，经济价值最高的毛竹直径多为 7～12cm。竹材壁薄中空，其直径和壁厚由根部至梢部逐渐变小，毛竹根部壁厚最大可达 15mm 左右，而梢部壁厚仅为 2～3mm。由于竹材的这一特性，使多数木材加工设备和技术在竹材加工中不能直接应用，因此竹材加工业的技术水平远远落后于木材加工业。

③ 竹材的结构不均匀。竹材在壁厚方向上，外层的竹青及内层的竹黄对水和胶黏剂润湿性差；中间的竹肉是竹材利用的主要方面。由于它们在结构上的差异，使得在密度、含水率、干缩率、强度、胶合性能等方面都有明显差异，这一特性给竹材的加工和利用带来很多不利的影响。而木材虽然也有些心、边材较明显的树种，却没有竹材这么明显的物理、力学和胶合性能上的差异，因此竹材的利用率较低。

（2）微观构造

竹壁主要为纵向纤维组成，大致可分为维管束与基本组织两部分。在肉眼和放大镜下观察横切面，可见维管束与基本组织的分布规律，靠近竹壁的外侧，维管束小，分布较密，基本组织的数量较少；维管束向内逐渐减少，分布比较稀疏，但其形体较大，而基本组织数量较多。因此竹材的密度和力学强度都是竹壁的外侧大于内侧。

纤维细胞和导管细胞是构成维管束的主要成分。竹材中维管束的大小和密集度随竹竿部位、大小和竹种不同而异。同一竹竿，自基部至梢部，维管束总数一致，但维管束的横断面积随秆高增大而逐渐缩小，密集度逐渐增大。同一竹种，竹竿粗大的竹材，维管束的密集度小；竹竿细小的竹材，维管束的密集度大。不同竹种，维管束的形状和密集度亦不相同。竹材中纤维细胞是一种梭形厚壁细胞，导管细胞是一种竖向排列的长形圆柱细胞，由于它们是组成维管束的主要成分，所以它们在竹材中的分布、变化规律，基本上与维管束一致。

薄壁细胞是竹材的基本组织，它在竹材中所占的比例最大，约为 40%～60%。薄壁细胞包围在维管束四周，亦有贯穿维管束间的。薄壁细胞的形状，从横切面看，多为圆形或多角形，横向宽度为 30～60 μm；从纵切面看，薄壁细胞为长短不一的细胞，纵向长度约为 50～300 μm，细胞壁上有小纹孔。同一竹秆上，基部薄壁细胞所占比例大约为 60%，梢部所占比例较小，约为 40%，从竹壁外层到内层薄壁细胞逐渐增多。薄壁细胞的主要功能是贮存养分和水分，由于它的细胞壁随竹龄的增长而逐渐增厚，细胞腔逐年缩小，其含水率也相应减小，故老竹的干缩率较小。

1.2 物理性质

（1）密度　密度是竹材的一项重要性质，具有很大的实用意义。可以根据它来估计竹材的质量，判断竹材的工业性质和物理力学性质（强度、硬度、干缩及湿胀性等）。

竹材的密度与其力学性质有着十分密切的关系。竹材的密度与竹子的种类、竹子的年龄、立地条件和竹秆部位都有密切的关系。

① 竹种：不同竹种的竹材，其密度是不同的。竹类植物不同属间的竹材密度变化趋势，与其地理分布有一定的关系，即分布在气温较低、雨量较少的北部地区的竹类（如刚竹属），竹材密度较大；而分布在气温较高、雨量较多的南部地区的竹类，竹材的密度较小。

② 竹龄：竹笋长成幼竹后，竹秆的体积不再有明显的变化。但是，竹材的密度则是随竹龄的增长而不断提高和变化，这是由于竹材细胞壁及其结构是随年龄的增长而不断充实和变化的。研究结果表明，毛竹竹材的密度，幼竹最小，1～6年生逐步提高，5～8年生稳定在较高的水平上，8年生以后则有所下降。

③ 立地条件：竹林的立地条件对竹子生长有密切关系，从而也影响到竹材的物理力学性质。一般来说，在气候温暖多湿、土壤深厚肥沃的条件下，竹子生长好，竹秆粗大；但是，竹材组织疏松，密度较低。在低温干燥、土壤较差的地方，竹子生长差、竹秆细小，但是，竹材组织较致密，密度较大。

④ 竹秆的部位：同一竹种的竹材，竹秆自基部至梢部，密度逐步增大；同一高度上的竹材，竹壁外侧（竹青）的密度比竹壁内侧（竹黄）大；有节部分的密度大，无节部分的密度小。这是因为竹秆上部和竹壁外侧的维管束密度较大，导管孔径较小，所以密度较大；竹秆下部和竹壁内侧的维管束密集度较小，导管孔径较大，所以密度较小。

（2）含水率　新鲜竹材的含水率与竹龄、部位和采伐季节等有密切关系。一般来说，竹龄愈老，竹材含水率越低；竹龄越幼则越高。例如 I 龄级毛竹新鲜竹材含水率为135%，II龄级（2、3年生）为91%，III龄级（4、5年生）为82%，IV龄级（6、7年生）为77%。竹秆自基部至梢部，含水率逐步降低。

竹壁外侧（竹青）含水率比中部（竹肉）和内侧（竹黄）低。例如，毛竹新鲜竹材的竹青含水率为36.74%，竹肉为102.83%，竹黄为105.35%。

夏季采伐的毛竹竹材含水率最高（70.41%），秋季（66.54%）和春季（60.11%）次之，最低是冬季（59.31%）。新鲜竹材，一般含水率在70%以上，最高可达140%，平均约为80%～100%。

（3）干缩性　新鲜竹材置于空气中，水分不断蒸发，由于逐渐失去水分，而引起干缩。竹材不同切面水分蒸发速度有很大的不同。毛竹竹材水分蒸发速度以横切面最大（100%），其次是弦切面（35%）、径切面（34%）和竹黄（32%），竹青最小（28%）。因此，竹材加工过程中，要降低竹材含水率，应首先对竹材去竹青和竹黄后再进行人工干燥。竹材的干缩率通常比木材要小一些，但是，竹材和木材一样，不同方向其干缩率也有显著的差异。引起竹材干缩的主要原因是竹材维管束中的导管失水后发生干缩。因此，竹材中维管束分布密的部位，干缩率就大；分布疏的部位，干缩率就小。

由于竹材的结构特点，竹材的干缩有以下特征：①各个方向的干缩率，以弦向最大、径向（壁厚）次之、高度方向（纵向）最小。②各个部位的干缩率，弦向干缩中竹青最大、竹肉次之、竹黄最小；纵向干缩中则竹青最小、竹肉次之、竹黄最大。③不同竹龄的干缩率，竹龄越小，竹材弦向和径向的干缩率越大，随着竹龄的增加，弦向和径向的干缩率逐步减小，如由气干至绝干2年生毛竹竹材的弦向干缩率为7.45%、4年生为4.46%、6年生为3.53%；纵向干缩率与竹龄无关，平均为0.1%左右（从新鲜竹到气干竹）。④竹种不同，其干缩率也不同，且差异较大。

由于竹壁外侧（竹青）比内侧（竹黄）的弦向干缩大，因此，原竹（竹秆）在保存、运输过程中，常常由于自然干燥而产生应力，引起竹秆开裂。

（4）吸水性　竹材的吸水与竹材的水分蒸发是两个相反的过程。干燥的竹材吸水性能很强，竹材的吸水速度与其长度成反比，即长度越大，吸水速度越小，而吸水速度与竹材宽窄关系不大。竹材的吸水和竹材水分的蒸发一样，主要都是通过横切面进行的。竹材吸收水分后，和木材一样在各个方向的尺寸和体积均增大，强度下降。

1.3 力学性质

竹材具有刚度好、强度大、质坚硬、富有弹性、割裂性高而收缩性小、纹理通直等优良的力学性质，是一种良好的工程结构材料。且由于它劈裂性好，能用手工和机械的方法将其剖分成薄篾，因而千百年来竹子被广泛用于编织农具、生活用具及传统工艺品，与人们的日常生活结下了不解之缘，曾有"君不可一日无竹"之说。

竹材具有各向异性。竹材中的维管束分布平行且整齐，纹理一致，没有横向联系，故竹材的纵向强度大，横向强度小。一般木材纵横两个方向的强度比约为 20：1，而竹材却高达 30：1。加之竹材不同方向、不同部位的物理、力学性能及化学组成均有差异，也给加工、利用带来不利。

竹材的静弯曲强度、抗拉强度、弹性模量及硬度等数值约为一般木材（中软阔叶材、针叶材）的 2 倍左右，可与麻栎等硬阔叶材相媲美。但是竹材的力学强度极不稳定，与多种因素有关。影响竹材力学性质的因素主要有以下几点：

（1）竹种　不同竹种的竹材内部结构不同，因此其力学性质也不一样。

（2）立地条件　一般来说，竹林立地条件好，竹子生长粗大，但竹材组织较松，所以力学强度较低，在较差的立地条件上，竹子虽生长差，但竹材组织致密，力学强度较高。气候条件与竹子生长关系密切，从而也影响到竹材的性质。

（3）竹龄　研究结果表明，竹材的强度与竹龄有着十分密切的关系。通常幼竹最低，1~5 年生逐步提高，5~8 年生稳定在较高的水平上，9~10 年生以后略有降低。不同的竹种、不同地区的竹材，其强度与竹龄的关系虽有差异，但基本趋势是一致的。

（4）竹竿的部位　竹竿不同的部位，力学强度差异较大。一般来说，在同一根竹竿上，上部比下部的力学强度大；竹壁外侧（竹青）比内侧（竹黄）的力学强度大。竹青部位维管束的分布较竹黄部位密集，因而强度高于竹黄。

竹材的节部由于维管束分布弯曲不齐，因此其抗拉强度要比节间约低 25% 左右，而对抗压强度则影响不大。

（5）含水率　竹材和木材一样，在纤维饱和点以内时，其强度随含水率的增加而降低。当竹材处于绝干状态时，因质地变脆，强度下降。当超过纤维饱和点时，含水率增加，强度则变化不大。但是，由于目前对竹材纤维饱和点的研究还不够深入，因而尚无比较准确的数据。

1.4 化学性质

竹材的化学成分十分复杂。据分析，组成竹材的主要成分是纤维素、半纤维素和木素，其次是各种糖类、脂肪类和蛋白质。此外，还有少量的灰分元素。

（1）纤维素　是组成竹材细胞壁的基本物质。一般竹材中，纤维素含量约 40%~60% 左右。同一竹种不同竹龄的竹材中纤维素的含量是不同的。例如，毛竹竹材中纤维素的含量，嫩竹为 75%，1 年生竹为 66%，3 年生竹为 58%；麻竹竹材中，1 年生竹为 53.19%，2 年生竹为 52.78%，3 年生竹为 50.77%。随着竹龄的增加，不同的竹种其纤维素含量逐步减少，数值虽有不同，但基本趋势是一致的。

（2）半纤维素　一般竹材中半纤维素的含量约为 14%～25%。同一竹种不同竹龄的竹材中，半纤维素的含量是不同的。例如毛竹竹材中的半纤维素含量，2 年生为 24.9%，4 年生为 23.65%；淡竹竹材中，1 年生为 19.88%，2 年生为 19.76%，3 年生为 18.24%。

不同竹种的竹材，半纤维素的含量也不相同。

（3）木素　一般竹材中，木素的含量约为 16%～34%。同一竹种不同竹龄的竹材中，木素的含量是不同的。例如毛竹中木素的含量，2 年生为 44.1%，4 年生为 45.60%；淡竹中，1 年生为 33.23%，2 年生为 33.45%，3 年生为 33.52%。

不同竹种的竹材中，木素的含量也不相同。11 种竹材的木素平均含量为 25.45%，其中，刚竹属 4 种平均为 29.27%，慈竹属 2 种平均为 24.91%。各种竹种的竹材，随着竹龄的增加，纤维素、半纤维素的含量逐年减少，木素的含量逐年增加，一般至 6 年后趋于稳定，因而物理和力学性质也趋于稳定。作为工业用材的竹子，应使用 6 年生以上的竹子较为合理。竹子的生物学特性表明：砍伐 6 年生以下的嫩竹或留下 10 年以上的老竹，都不利于发笋成竹和竹林丰产。

（4）浸提物质　主要指用冷水、热水、醚、醇或 1% 氢氧化钠等溶剂浸泡竹材后，从竹材中抽提出的物质。竹材中的浸提物质的成分十分复杂，但主要是一些可溶性的糖类（影响胶合，易霉变、腐朽、虫蛀）、脂肪类、蛋白质类以及部分半纤维素等。一般竹材中，冷水浸提物约有 2.5%～5.0%，热水浸提物约有 5.0%～12.5%，醚醇浸提物约有 3.5%～9.0%，1% 氢氧化钠浸提物约有 21%～31%。

同一竹种不同竹龄的竹材中，各种浸提物的含量是不同的。如慈竹中 1% 氢氧化钠溶液的浸出物，嫩竹为 34.82%，1 年生竹为 27.81%，2 年生竹为 24.93%，3 年生竹为 22.91%。

竹种不同，各种浸提物的含量也是不同的。此外，一般竹材中的蛋白质含量约为 1.5%～6%；还原糖的含量约为 2% 左右；脂肪和蜡质（影响胶合）的含量约为 2.0%～4.0%；淀粉类含量约为 2.0%～6.0%；灰分元素的总含量约为 1.0%～3.5%，其中含量较多的是五氧化二磷、氧化钾、二氧化硅（损伤刀具）等。

由于竹类资源加工的上述特点，因此竹材加工不能简单地模仿木材加工，木材能够制造的产品，竹材不一定都能够制造。有的是因为技术上不可行，有的则是技术上可行，而经济上不可行。因此竹材利用必须在充分了解竹类植物的结构、性能特点的基础上，科学地进行加工，合理地加以利用。

2 竹材胶合板的特点

竹材胶合板具有以下特点：

（1）幅面尺寸大、变形小、尺寸稳定性好。

（2）强度大、刚性好、胶耗量小、耐磨损。

（3）具有一定的防虫、防腐性能。

（4）改善了竹材本身的各向异性。

（5）可以进行各种覆面和涂饰装饰，以满足不同的使用要求。

3 竹材胶合板的用途

竹材制成大幅面的竹材胶合板后，不仅保留了竹材的自身特点，还从根本上改善了竹材的缺陷状况，而且还可以进行锯、刨、铣、钻、接长等后期加工，因此是一种较理想的工程结构材料。

（1）在汽车工业中的应用　竹材胶合板具有胶合性能好、耐老化、耐酸腐蚀、干缩率小、纵横两向强度差小、摩擦因素较大等特性，抗冲击、抗扭转、抗弯曲等方面均优于木材，是一种理想的车厢底板材料，广泛应用于客货汽车、火车车厢底板。

（2）在建筑工业中的应用　竹材胶合板由于强度大、刚度好、耐磨损等特点，可以取代木材用作普通水泥模板或清水混凝土模板。

4 竹材胶合板的生产工艺流程

竹材的高温软化—展平是竹材胶合板生产工艺的主要特征，竹材通过高温软化、展平成竹片，再通过一定的加工方法，和不改变竹材厚度和宽度的结合形式，获得最大厚度和宽度的竹片，减少生产过程中的劳动消耗和胶黏剂用量，从而生产出保持竹材特性的强度高、刚性好、耐磨损的工程结构用竹材胶合板。

竹材胶合板的生产工艺流程如图 4-14 所示。

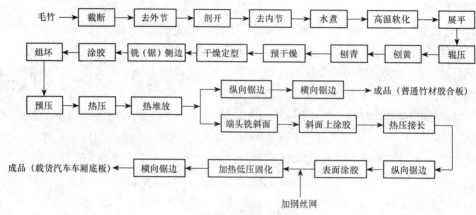

图 4-14　竹材胶合板的生产工艺流程图

- -

任务实施

- -

1 任务实施前的准备

（1）班级分成小组，每 6~8 人为一组。

（2）熟悉设备的安全操作规程。

2 原料制备

2.1 用竹要求

竹材胶合板生产所用的竹材应满足以下要求：

（1）直径要求　竹材胶合板由于采用软化—展平工艺，需进行刨黄刨青加工，在厚度方面有一定的损失，而且目前的压刨最小加工厚度为 3mm，因此要求使用直径较大的竹材作为原料，这样才能在生产效率、出材率等方面比较经济。所以竹材胶合板生产用竹子应要求使用胸径 9cm 以上的毛竹和其他直径较大的竹子，如桂竹、麻竹、巨竹、龙竹等。

（2）采伐年龄要求　竹子的材质生长分为增进期、稳定期和下降期。毛竹的材质增进期一般在1~5年生时，为幼龄竹阶段。在此阶段内，竹材的密度迅速增加，含水率下降，机械强度提高；在材质稳定期即中龄竹阶段，竹材的密度、机械强度等逐步下降，毛竹的材质下降期一般在9、10年生。

1年生的毛竹为一度竹；2~3年生为二度竹；4~5年生为三度竹；6~7年生为四度竹；8~9年生为五度竹，余类推。竹子的采伐年龄，应该是既有利于生产竹材又有利于竹林培育。一般竹材胶合板用竹的砍伐应选用材质稳定期的竹子，故通常采用"留三（度）砍四（度）不过七（度）"的择伐原则。

伐竹的季节，对竹林生长和竹材的质量有密切的关系。在生长季节里，竹子的生理代谢活动旺盛，伐竹会引起大量伤流，伤留液营养丰富，留在林内极易染菌发酵，引起竹子的鞭、蔸腐烂；而在发笋期伐竹，易人为碰伤、碰断竹笋，不利竹林更新发展。所以，一般不宜在生长季节里伐竹。

2.2 竹子保存

竹子的砍伐有一定的季节性，而竹材胶合板的生产不受季节的影响，因此为了保证均衡生产，一般春节前后开始，工厂都应储备3~4个月的生产用竹。竹子具有显著的各向异性，高温暴晒易开裂；竹子中又含有较多的可溶性糖类、淀粉、蛋白质、脂肪等养料，容易引起虫害和菌害等缺陷。因此在竹子贮存过程中，主要应防止虫害和菌害的侵袭。

一般工厂竹材的贮存时间，多数都在2~5月间，南方各省份此时正处在雨季，雨多晴少，竹子能保持较高的含水率，故不容易遭受虫害和菌害的侵袭，也很少产生开裂。实践证明，未加特殊防护措施，毛竹堆成垛，露天存放3~4个月，材质不会发生明显变化，对产品的物理机械性能和外观质量也无明显的影响。但是，随着各厂生产规模的日益扩大，竹材的贮存量也将增多，应加强楞场管理，以保证竹材原料的质量。

竹材的贮存应注意以下事项：

（1）贮存竹材的楞场应平整、压实，开好排水沟，有条件的应浇成水泥地坪。

（2）楞场内应预留车道和卸竹场地，以方便车辆进出和装卸。

（3）为保证良好的通风，竹材应堆垛在"楞腿"上。"楞腿"用钢筋混凝土浇筑，间距2m。

（4）楞场内还应设置钢筋混凝土浇注的"立柱"，以支撑堆垛，防止倒塌。"立柱"一般用水泥浇筑在地基里，高度约2.5~3.0m，间距约为2.0~2.5m，并有足够的强度。

（5）楞场内应有遮阳设施。有条件的应搭阴棚，没有条件的可在竹材楞垛上面加盖草帘。

（6）每一竹材堆垛应注明堆垛日期，保证先存先用，后存后用，以缩短竹材的贮存时间。

2.3 原竹截断、去节和剖分

（1）原竹截断　竹材胶合板生产用的竹子应为长度约7~9m、重量约25~35kg的原条竹（简称原竹），根据产品规格对原竹截断。截断所用设备为原竹截断锯，如图4-15所示。确定截断位置时需考虑原竹的尖削度、弯曲度，做到按材取料，提高竹材利用率。

原竹截断应注意以下几点：

① 截去原竹根部刀砍形成的歪斜端头。

② 断应从根部向梢部依次进行。竹材从根部起约 1.5m 左右高度内的竹肉特别厚，由此厚度减薄率较大，直至 2.0m 左右高度，以后厚度的减薄率开始趋缓。直径的变化也有类似的趋势。为提高原竹利用率，通常原竹的第 1 段应截成芯板用短竹筒，第 2、3 段可截成面、背板用长竹筒，第 4 段以后再继续截芯板用短竹筒。

③ 断弯度较大的原竹时，应多锯芯板用短竹筒或截掉弯度特别大的短弯竹筒，力求锯成的竹筒通直或弯度小。

④ 断时应留足加工余量。对应胶合板各层所用竹段加工余量一般均为 50～60mm，余量过大会增加生产成本，降低竹材利用率；余量过小加工难度大，易出残次品。

（2）竹筒去外节　竹筒的外表面在竹节间均为光滑平坦的竹青，在竹节处由于笋箨的形成和维管束改变走向形成凸起。为提高展平、辊压和刨削工序的加工质量，需去除竹节凸起部分，与竹筒表面竹青保持同一高度，这一工序称为去外节。采用的设备是竹筒去外节机（图 4-16）。去外节机依靠突出在靠板外面的旋转刀刃将竹筒外节依次切去。

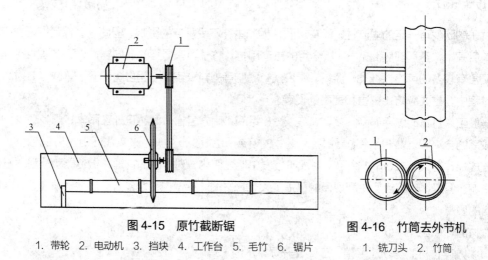

图 4-15　原竹截断锯

1. 带轮　2. 电动机　3. 挡块　4. 工作台　5. 毛竹　6. 锯片

图 4-16　竹筒去外节机

1. 铣刀头　2. 竹筒

（3）竹筒剖分　为了便于将弧形竹片展平，并减小展平过程中产生的应力，需将去过外节的竹筒剖分成 2 至 3 块，采用的设备是剖竹机（图 4-17）。剖竹机的刀盘固定在机座上，竹筒通过固定在传动链上的挡块推动前进，刀盘上安装互呈 120° 的 3 把切刀或互呈 180° 的 2 把切刀，就可一次把竹筒均匀的剖成 2 或 3 块。如增加切刀数量，则可一次将竹筒分成更多块竹片。

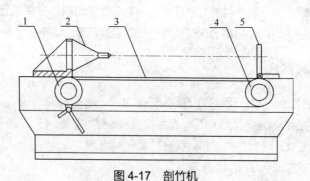

图 4-17　剖竹机

1. 链轮　2. 剖竹刀头　3. 链条　4. 驱动链轮　5. 推竹筒挡板

在操作中需要注意使竹筒端面的中心对准刀盘的中心，只有这样才能剖分出比较均匀的竹片。

（4）竹片去内节　竹筒剖成竹片后，竹内节还连在竹片内壁的竹节上，竹内节的凸起高度多则50~60mm，少则也有20~30mm。必须将内节去掉，使其与竹片内壁成平滑状态，方可取得满意的展平效果。采用的设备是竹片去内节机（图4-18）。

内节机上的切削刀具做定轴高速回转运动，刀轴的两端安装有两个较刀具回转半径小的限制垫片，控制切刀切入竹片内壁的深度。工作时只需将竹片的竹内节压紧在切削刀头上，即可取得满意的去内节效果。

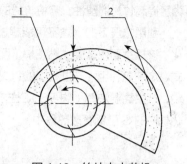

图4-18　竹片去内节机
1. 铣刀头　2. 半圆竹筒

3　竹片加工

3.1　竹片软化

（1）软化的目的　竹材的直径较小、曲率较大。要将半圆形的竹筒展平，竹筒外表面受的压应力和竹筒内表面受的拉应力是相当大的。展平时的拉伸应力大大超过竹片横向的结合力，即许用应力。通常竹材承受压应力的能力较大，因此展平后在外表面上不会出现损伤；而竹材承受拉应力能力很差，因此展平时竹筒内表面产生断裂和裂缝是难以避免的。展平时的应力大小与竹材的弹性模量成正比，而弹性模量与竹材自身的温度、含水率、表面状态等因素有关，这些因素是可以人为改变的，因此减小竹材弹性模量是减小竹筒展平时反向应力的有效手段，从而可以达到减小展平时竹片内表面裂缝的宽度和深度的目的。减小竹材弹性模量的方法和措施，称为竹材软化。

（2）软化工艺及设备　提高竹材的塑性是改变竹材自身的力学性能、减小弹性模量的有效途径。目前可以采取的措施主要有化学药剂处理、改变竹材的表面结构或状态、提高含水率和提高温度几种途径。化学药剂处理法在对竹材软化的同时会影响产品的强度和颜色，同时造成污染；改变竹材的表面结构或状态是通过对竹材去青、去黄和在竹筒内表面刻斜槽以改善展平效果和质量，但相应设备尚不完善。故上述两种方法在实践中难于实现。目前生产中竹材的软化是由水煮（提高含水率）和高温软化（提高温度）两个阶段完成。

① 水煮　由于竹材的竹龄、采伐季节、在竹子高度上的位置及贮存、运输等原因，使得生产用的竹材含水率不均匀且偏低。为了提高竹材的塑性，必须提高竹材的含水率，且提高温度也能提高塑性，因此，通常采用热水浸泡的方法，即水煮。

将竹片按长度和厚度分类装入吊笼中，竹片连同吊笼一起放入70~80℃热水中浸泡2~3h，浸泡过程中，应保持水面始终超过竹片。水分蒸发后应不断补充新鲜水，1周应清理水煮池1次。竹片水煮过程不仅能提高竹片含水率和初始温度，还可以浸提出许多有机物，有利于提高竹材胶合板的防虫、防腐能力。

水煮池采用钢筋混凝土结构。由于水煮的温度较低，可采用干燥定型机废汽加热，为防止升温速度慢，也可以同时安装新鲜蒸汽管，必要时进行辅助加热。

② 高温软化　竹材纤维素的含量比一般木材高，而半纤维素和木素的含量则比一般木材低。半纤维素在80℃、木素在100℃即可具有一定的塑性，而纤维素在130~150℃条件下才具有一定的塑性。

为了提高竹材的塑性，需将竹材的温度提高到 140～150℃，称为"高温软化"。

利用常压下的水煮不可能超过 100℃，生产中主要采用高效竹片链式输送机来完成竹片的高温软化。该机由高效螺旋式燃烧炉（图 4-19）和竹片链式输送软化机（图 4-20）两部分组成。高效螺旋式燃烧炉是利用生产过程中的竹端头、竹刨花等废料，通过进料风机将其送入双层螺旋燃烧炉内悬浮燃烧，产生高温炉气（约 700℃左右），高温炉气经除尘调制，并与空气适当混合后，被送入链式输送软化机内的 S 型钢管散热器中。

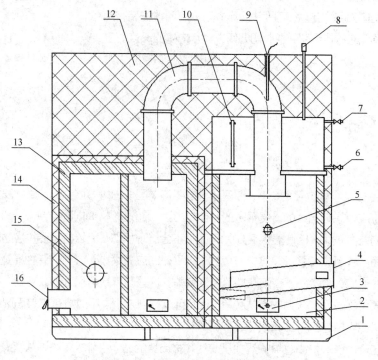

图 4-19 高效螺旋式燃烧炉系统

1. 底座 2. 燃烧炉 3. 进料、出灰门 4. 双层螺旋式进料管 5. 观火孔 6. 排污管 7. 进水管 8. 低温蒸汽表 9. 热电偶表 10. 水位管 11. 热烟气引出管 12. 保温材料 13. 特种高温耐火砖 14. 耐高温保温材料 15. 热烟气引出管 16. 出灰门

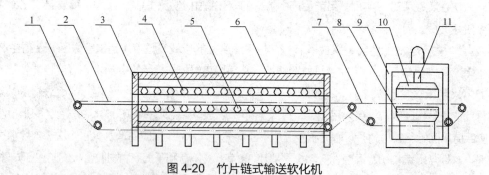

图 4-20 竹片链式输送软化机

1. 链轮 2. 输送链条 3. 链式输送软化炉 4. 上加热管 5. 下加热管 6. 保温层 7. 展开机链条 8. 展开机下垫板 9. 展开机 10. 展开机上压板 11. 柱塞

链式输送软化机是通过软化机上部和下部的 S 型钢管散热器将软化机内的空气加热至 180～200℃，四根输送链条由进口段穿过连续软化机直至出口段，并与展开机相连接。经过水煮后的竹片，按长度、厚

度分类依次排放在进口段的链条上。链条每隔 25~30s 启动一次，依次将竹片送入软化机内加热。出口端的竹片送入展平机内一次加压展平。展平机的一个工作周期为上压板下降、闭合、短期保压、卸荷恢复原位，全过程共需 25~30s。软化机的进口和出口端，利用余热形成的热风帘将机内与大气隔离，防止热量和水蒸气外逸，减少热量损失，以保持软化机内形成的高温高湿区，防止竹片在加热过程中大量损失水分而影响展平效果。

3.2 竹片展平与辊压

竹片展平是将经过水煮和高温软化后的半圆形竹筒在压力作用下展开成平直状的竹片。竹片的内表面会有若干条不贯穿厚度方向的展开裂缝，但竹片仍保持连续成块，以便各后续工序的加工。

（1）展平的方式　竹片加压展平可采用以下三种方式进行：

① 一次加压展平　将半圆形竹筒放在单层或多层展平机内，一次加压展平。此法设备和工艺都比较简单，但展平过程中应力大，竹片的裂缝深、质量较差。

② 分段加压展平　将半圆形竹筒的圆弧分成若干段，在展平机的压板间依次分段进给加压展平。此法展平效果比较理想，但展平机压板单边受力，载荷不均，且生产效率低，难满足生产要求。

③ 连续加压展平　利用连续加压展平机，使竹筒在沿圆弧切线方向进给的同时受压展平。此法展平的竹片裂缝多，但分散且不贯穿到竹片表面，能满足连续化生产要求，生产效率高。

由于竹材有大小头、尖削度、弯曲度等因素，因此设计和制造连续式展平机尚有一定难度，目前生产主要采用一次加压展平方式。图 4-21 为竹筒加压展平方式示意图。

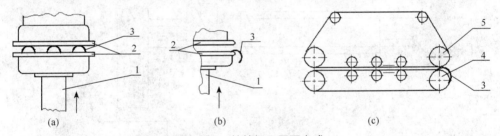

图 4-21　竹筒加压展平方式

（a）一次加压展平　（b）分段加压展平　（c）连续加压展平
1. 柱塞　2. 上、下压板　3. 竹筒　4. 下传递带驱动辊　5. 上压紧传送带驱动辊

（2）展平工艺　目前竹材胶合板生产中的展平工艺有两种：

① 加压展平—保压工艺　该工艺是将经过水煮和高温软化的竹片，送入多层（4~5层）展平机内一次加压展平，展平后卸出，压板张开，排除水分，让竹片自由收缩，再加压并保压 1~2min 后卸出，送至压刨进行刨削加工。竹片的含水率和竹片的温度是保证展平效果的关键。此法的主要缺点是：由于竹材具尖削度，竹片两头厚薄不一，而加压时是刚性加压，竹片不能完全展平，使得刨削加工中残留的竹青、竹黄量多，影响胶合质量和外观质量。若要把残留的竹青、竹黄全部去净，则会过多刨去竹肉部分，影响产品的机械强度和竹片利用率；为了提高展平机的生产能力，采用多层结构展平机自下而上的加压，难于实现连续化生产；为了提高展平效果，热压板内需通蒸汽加温至 150℃，故能耗较多。且由于热压板频繁上下运动，加热蒸汽管接头易损坏。

② 展平—辊压工艺　该工艺是将软化后的竹片先送入展平机一次加压展平，不经保压立即卸出，送入竹材辊压成型机压平。此法的主要优点有：由于辊子和竹片是线接触，竹片所有位置均能受压，

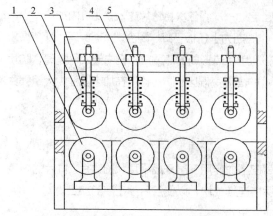

图 4-22 竹片辊压成型机结构

1. 下压辊 2. 可调上压辊 3. 压紧弹簧
4. 弹簧调节螺母 5. 压辊间隙调节螺母

展平效果较前者有很大提高，竹青、竹黄的刨削量大大减少，提高了竹片的利用率和表面质量；展平机的上下钢板不加热，减少了热能消耗；由于展平机采用上压板加压的单层结构，实现了"软化—展平—辊压"的连续化生产。图 4-22 为竹片辊压成型机的结构示意图。

（3）"软化—展平—辊压"生产流水线 由于采用"展平—辊压工艺"，因而可以实现竹材高温连续软化—展平—辊压的连续化生产。图 4-23 为连续化生产线示意图，其工作过程如下：经过水煮后的竹片，分规格依次排放在高效连续式软化机的进料链条上，链条启动，竹片自动进入软化机进行高温加热，当竹片达到加热要求，进入展平机的下压板后，链条停止运动，上压板下降加压，接触竹片达到展平压力 3s 后，上压板上升。链条启动，竹片滚入纵向输送机内，被送至辊压机前，输送链条停止运动，竹片进入辊压机辊压，此后至输送链条重新启动，为展平机完成一次展平的全过程，时间约为 30~40s。在链条停止运动的时间内，进料端不断有新展平的竹片进入输送链条，依次反复，实现连续化生产。

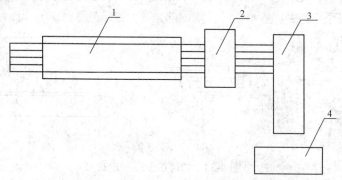

图 4-23 竹材"软化—展平—辊压"连续化生产流水线

1. 竹片连续输送软化炉 2. 展平机 3. 斜坡金属滑道 4. 竹片辊压机

3.3 竹片刨削加工

（1）刨削加工的目的 竹青和竹黄对胶的润湿性能很差，保留竹青和竹黄就无法使竹片胶合起来。另一方面，竹材有尖削度，因此竹片两端厚度不一致，竹片越长，厚度差就越大。为获得胶合性能好、成品厚度均匀的竹材胶合板，"展平—辊压"后的竹片必须进行刨削加工，其目的是薄薄地去掉一层竹青和竹黄，以改善竹材对胶黏剂的润湿性；另一方面是使竹片全长上具有同一厚度，以保证制品的厚度偏差小和获得较高的胶合强度。

（2）刨削加工设备与工艺 竹材的硬度很高，相当于硬阔叶材中的栎木，因此在常温下进行刨削，进料十分困难，功率消耗大，刀具磨损厉害、噪声大。竹材经"高温软化—展平—辊压"后，竹片温度通常在 80~100℃左右，具有较大的塑性，硬度也相应降低，因此应在辊压后利用竹片本身的余温，立即进行刨削加工，这样可以大大降低功率消耗和噪声，减少刀具的磨损。

竹片刨削加工采用压刨机进行。图 4-24 为竹材专用压刨机结构示意图。与普通木材压刨机相比较，其主要特点是：①由于竹片表面的竹青、竹黄光滑、坚硬、摩擦因素小，进料时容易打滑，因此进出料上下辊筒应采用双驱动，进料辊上刻有纵向沟槽；②由于竹片车削过程中，车削力较大，因此刀轴直径应适当加大；③由于竹片硬度大，压刨机刨削量大，工作台面易磨损，因此工作台面应进行热处理，以提高耐磨度或设计加工成装配式，磨损后以便配换。

竹片刨削一般先刨竹黄面再刨竹青面。因竹青面比较平滑，可作为刨黄时的基准面。为了提高竹材厚度上的利用率，防止一次刨削量过大，竹青、竹黄面都应各刨削两次。考虑到竹材利用率和生产中便于管理，竹片厚度规格不宜过多或过少，通常有 3.5mm、4.0mm、4.5mm、5.0mm、5.5mm、6.0mm、6.5mm、7.0mm、8.0mm 等。刨削以后，

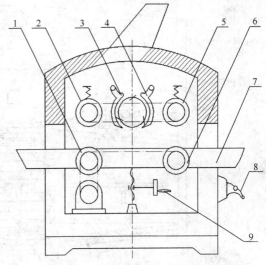

图 4-24　竹材专用压刨机结构

1. 前进料下辊筒　2. 前进料上辊筒　3、4. 断屑器
5. 后进料上辊筒　6. 后进料下辊筒　7. 工作台
8. 锁紧手柄　9. 工作台调节手柄

竹黄面不允许有残留竹黄，因竹黄面都是胶合面，残留竹黄会影响胶合强度。作为面板的竹青面上根据产品用途不同，允许有极少量的残留竹青或不允许，因为残留竹青会影响油漆或涂料的涂饰质量，也影响竹材胶合板的表面与其他材料的再胶合。

3.4 干燥及加工

（1）干燥　竹材经过 2~3h 高温水煮以后，无论是新鲜竹材或是已贮存 1~2 个月后的竹材，其含水率都趋于一致。经过高温软化、展平、辊压、刨削后的竹片，含水率都比较高，一般可达 35%~50%。据试验，使用酚醛树脂胶胶合时，竹片的含水率应小于 8%；使用脲醛树脂胶胶合时，竹片含水率应小于12%，这样才能获得理想的胶合强度。因此，必须将刨削后的竹片干燥至要求的含水率。竹片厚度较一般木材单板大得多，因此竹片的干燥方法、干燥工艺和干燥设备都具有自己的特点。

① 预干燥　为了提高竹片的干燥效率，考虑到竹片类似于板材，因此采用以竹材加工废料为燃料的高效螺旋燃烧炉竹片干燥窑进行预干燥。图 4-25 所示为单炉双窑结构干燥窑，每一个窑的实积容量为 20m³。该设备的特点是以生产过程中产生的竹刨花、竹碎料为燃料燃烧产生的炉气为载热介质，以热湿空气为干燥介质，是一种新型、高效、节能、安全可靠的干燥设备。燃烧炉内产生的炉气经除尘调制，并与空气适当混合后，进入干燥窑内 S 型钢管散热器，窑内的干燥介质（湿空气）由一台设在窑端部的可逆转轴流式通风机驱动，强制通过散热器加热至所需温度后，横向穿过材堆，从而加热竹片。燃烧炉上部带有蒸汽发生器，可根据干燥工艺要求进行适当的喷蒸与调湿处理，以确保竹片干燥质量。竹片预干燥的速度不宜过快，以防止竹片产生翘曲变形，一般一个干燥周期约为 10~12h，终含水率控制在 12%~15%。

② 定型干燥　竹片是由半圆形的竹筒经水煮、高温软化、展平而成，虽然在展平过程中已经产生大量展开裂缝，由圆弧状成为平直状，但它在自然状态中仍具有较大的弹性恢复力。因此若使竹片在自由状态下进行干燥排湿，必然会产生较为严重的变形，使平直的竹片由平直状转向呈卷曲状。这是干燥过程中需要解决的工艺问题。

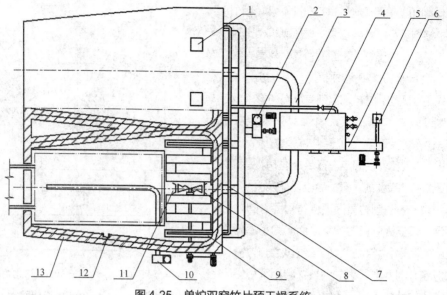

图 4-25　单炉双窑竹片预干燥系统

1. 窑顶排湿装置　2. 引风系统　3. 热能排出管　4. 螺旋燃烧除尘调制器　5. 鼓风进料系统
6. 储料振动输送系统　7. 喷蒸排水管　8. 轴流风机　9. S 型钢管散热器
10. 抽湿降温系统　11. 积水池　12. 干湿球温度计　13. 斜壁型干燥窑壳

　　为防止竹片在干燥过程中由于弹性恢复力而产生变形，可采用加压干燥的方法，竹片在适当的压力条件下进行加温排湿，并间歇地解除压力，让竹片排湿和自由收缩，以加快竹片中水分蒸发和防止由于干缩应力而产生横向开裂。图 4-26 为竹片干燥定型机的结构示意图。

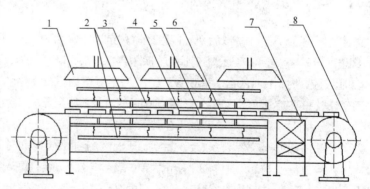

图 4-26　竹片干燥定型机结构

1. 排气罩　2. 进、排气管　3. 上压板　4. 竹片　5. 钢带　6. 下压板　7. 工作台　8. 钢带驱动轮

　　预干燥后的竹片依次排列在传送带上，上热压板张开，传送钢带启动运行，将竹片送入上下两热板之间的一定距离（通常为一块热平板的宽度）后，传送钢带停止传送，上热板下落闭合加温加压一定时间（通常为 2～5min）后，上热板张开，传送钢带启动继续将竹片送入两热平板之间，传送停止，上热板下落闭合加温加压；在进料端竹片送入的同时，出料端通过传送钢带也依次将干燥后的竹片从干燥定型机卸出。上述过程依次反复的进行，即可完成竹片干燥定型工序的操作。实践证明，对于 4mm 以下的竹片，可在竹片干燥定型机上一次完成竹片的预干燥和定型干燥处理。而对于厚竹片，需分别进行预干燥和定型干燥两道工序处理。

（2）齐边加工　由于竹筒剖开产生撕裂和干燥过程中的不均匀干缩，干燥后的竹片两侧不平。为了使竹材胶合板的面、背板拼缝严密，芯板组坯时不产生过大缝隙，需对竹片两侧边进行齐边加工。目前多数竹材胶合板厂使用手工进料的铣边机齐边（图 4-27），若竹片稍有弯曲，铣削量会很大，需经多次铣削，才能使侧边平直，生产效率较低。

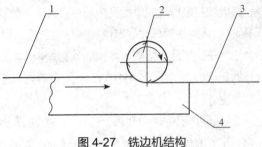

图 4-27　铣边机结构

1. 前导尺　2. 铣刀头　3. 后导尺　4. 竹片

齐边加工还可用履带压紧进料的单圆锯锯边机（图 4-28）。锯片采用刨削锯齿，锯出的边光滑平直；锯边的锯削量采用活动导尺调节，加工余量小；履带压紧传送，进料速度大且竹片不会产生偏移，故生产效率高、齐边质量好，是今后的发展趋势。此法特别适合短芯板竹片的齐边。

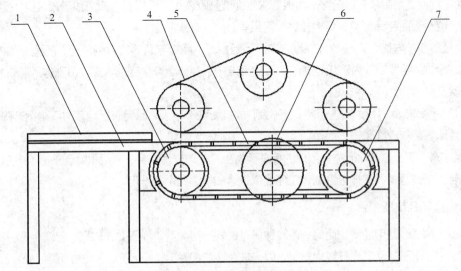

图 4-28　竹片履带进料锯边机

1. 活动导尺　2. 工作台　3. 履带辊　4. 送料平胶带　5. 履带　6. 圆锯　7. 履带驱动辊

3.5 胶合及加工

3.5.1 涂胶与组坯

竹材胶合板使用的胶黏剂根据产品的用途而定。通常室内用材或一次性包装使用的竹材胶合板，可使用脲醛树脂或其他性能相当的胶黏剂；而大量使用在各种载货汽车和客车车厢底板上及作为建筑水泥模板用的竹材胶合板，要求具有很高的胶合性能及耐水性、耐候性，因此，多使用酚醛树脂或其他性能相当的胶黏剂。

（1）涂胶　竹片是构成竹材胶合板的最小单元，而竹材胶合板生产用的竹片，不管是作面板、芯板、背板用，目前都不拼接。木材胶合板生产中干单板的各种拼接工艺和设备都不适用于竹片的拼接，因此还有待于今后生产中不断改进和完善。

竹片涂胶基本同于普通胶合板，涂胶量一般控制在 $300 \sim 350 \mathrm{g} / \mathrm{m}^{2}$（双面）。为了减少胶黏剂用量，保证胶合质量，可在胶液中加入 $1\% \sim 3\%$ 的面粉、豆粉等作填充剂。

（2）组坯　目前生产中组坯工序以手工作业为主，将面、背板竹片和涂过胶的芯板竹片组合成板坯。

面、背板和芯板竹片的厚度及板坯厚度按以下原则确定：

① 组坯时要根据成品厚度和热压时的压缩百分率确定板坯厚度。板坯的压缩率与热压时的温度、压力和竹子的产地、竹龄等多种因素有关。通常热压温度为 140～145℃、压力为 3.0～3.5MPa 时，板坯的压缩率为 13.0%～16.0%。组坯后先试压几张，再检查成品厚度并进行修正，最后确定各层竹片的厚度。

② 根据产品的使用要求，在保证成品总厚度的条件下，面、背板厚度之和与板坯总厚度之比还应符合一定的要求，否则可能会造成某个方向强度过低或过高，也会带来结构的不稳定等缺陷。

车厢底板和建筑水泥模板用竹材胶合板，都需要纵向有较高的机械强度，因此要求竹材胶合板面、背板纤维方向竹片的厚度之和应占板坯总厚度的 55%～70%，故不应使用芯板竹片特别厚的厚芯竹材胶合板；同时也不宜使用芯板竹片特别薄的薄芯竹材胶合板，以免横向强度、刚度不足，产生翘曲变形等缺陷。

③ 面、背板竹片应预先区分好。面板要求表面展开裂缝小，无残留竹青或残留量极少，侧边平直、拼缝严密，整个板面色泽均匀；背板允许保留某些缺陷，外观质量可稍差。

④ 组坯时芯板与面、背板竹片纤维方向应互相垂直。面板与背板竹片组坯时，竹青面朝外，竹黄面朝内；芯板竹片组坯时，为防止竹材胶合板由于结构不对称而产生变形，应将每张竹片的竹青、竹黄的朝向依次交替排列。

⑤ 竹片厚度较大，宽度较小，涂胶量不大，故其膨胀率不大，因而芯板组坯时不必留有膨胀间隙，只需将竹片涂胶后依次靠紧排列即可。

⑥ 组坯时，面、芯、背板竹片组成的板坯要做到"一边一角一头齐"，即板坯的一个长边、一个短边应平直且互相成直角，这样可为锯边工序提供纵边和横边两个基准面。

3.5.2 板坯预压及热压胶合

（1）板坯预压　使用酚醛树脂时，该胶种具有良好的初黏度，预压效果较好；若使用脲醛树脂，则需在胶液中加一定量的聚乙烯醇或填充剂，以增加胶液的初黏度，提高预压效果。预压时压力为 0.8～1.0MPa；由于竹片的刚性、变形较普通木单板大，因此预压时间较长，一般以 90～120min 为宜，时间长一些，效果则更佳。

（2）合板胶合　竹材胶合板的热压胶合过程与普通胶合板相似，热压过程也分三个阶段，在此不做重复。下面主要分析合板胶合阶段影响胶合质量的因素。

影响竹材胶合板胶合质量的因素有压力、温度、时间及竹片质量。

① 单位压力　热压胶合所需的压力与所使用的胶黏剂种类、被胶合材料的质量和硬度等因素有关。通常竹材所需的压力比木材要大；酚醛胶所需的压力比脲醛胶要大一些；被胶合材料的硬度大、表面光洁程度差、加工精度低（即厚度误差大）的，需要较大的压力，反之则可用较小压力。竹材胶合板使用的竹片硬度较大，表面光洁程度低，厚度误差较大，为了保证胶合强度，使用酚醛树脂胶时的压力为 3.0～3.5MPa，板坯的压缩率为 13%～16%。随着竹片加工精度的提高，热压时的压力也可随之相应降低。

② 热压温度　温度高可以适当缩短热压时间，但同时胶合板内的温差较大，内应力也较大，板子容易变形。另一方面，在同一压力条件下，温度越高，板坯的压缩率越大，则竹材的利用率越低，因此不能为了缩短热压时间而采用过高的温度。用酚醛树脂胶作胶黏剂时，热压温度以 135～140℃ 为

宜；用脲醛树脂胶作胶黏剂时，热压温度以 115～120℃为宜。压制厚板时，温度应适当降低，压力适当增加。

③ 热压时间　酚醛和脲醛树脂胶在热压固化时会产生放热反应，因此热压时间的确定一般可考虑远离热压板的胶层固化率达到 85% 时，即可卸出板子并热堆放，使胶层继续固化。这样既可保证充分固化，又可缩短热压时间，还可通过热堆放消除板子的内应力，减少翘曲变形。热压时间过长，胶黏剂固化过分，则胶层发脆，使板材强度下降；反之，热压时间过短，则胶层未完全固化，胶合性能、耐水性能较差。据实验证明，竹片板坯每 1mm 厚度热压 1.1min 即可达到良好的胶合性能。

④ 竹片质量　竹片质量主要是指在竹片表面竹青、竹黄的残留量，竹片表面的光洁程度，竹片的厚度偏差及竹片的含水率等方面。

使用酚醛树脂胶时对竹片的含水率的要求极其严格，要求控制在 6%～8%。含水率过高，对胶合质量的影响十分敏感；但含水率过低，则竹材表面的活性基减少，也影响胶合性，同时对竹材胶合板自身的机械性能也带来不利影响。

竹片表面的光洁程度高、厚度偏差小，则胶黏剂用量少，热压时需要的工作压力也小，胶合强度高。

竹片表面上残留的竹青、竹黄对胶黏剂的浸润性差，严重影响胶合强度，所以残留竹青、竹黄的面积应严格控制。

3.5.3 合板锯边

热压胶合后的竹材胶合板实行热堆放。通常在板坯最上面覆盖 2～3 张次品板，堆放时间不少于24h。

竹材胶合板大都作结构材使用，故只需按规定尺寸纵横裁边，不需表面砂光。裁边设备及质量要求基本同于普通木材胶合板。

用作载重汽车车厢底板的竹材胶合板，大都需要接长。因此，对这种竹材胶合板不用纵横锯边机锯边，而是先接长，再按车厢尺寸进行锯边和铣槽等加工。

■ 拓展训练

根据竹材胶合板生产过程，分析涂胶、组坯、冷压、热压等过程中出现的质量问题。

任务 4.4　竹编胶合板生产

工作任务

1．任务书
制造竹编胶合板。

2．任务要求
（1）规格尺寸：915mm×1830mm×10mm，长宽公差为＋5mm，厚度公差为 $^{+0.8}_{-1.0}$ mm。

（2）完成截断、去节与剖竹、劈篾、编席、干燥、涂胶、组坯、热压、热压裁边各工序的操作。

（3）进行产品质量检验。

3．任务分析

竹编胶合板制造处于半机械化生产阶段，在结合前期各任务相关内容完成本任务的同时，始终要思考如何突破行业现状，提高自动化水平，培养创新意识。

4．材料、工具、设备

（1）原料：慈竹原料、脲醛胶。

（2）设备：截断锯、去节机、剖竹机、劈篾机、涂胶机、热压机、裁边机。

（3）工具：刀具、辊刷。

引导问题

1. 用框图表示出竹编胶合板的生产工艺流程。

2. 竹材的劈篾性能与什么有关？如何选择竹编原料？

相关知识

竹编胶合板是以竹材为原料，经劈篾、编席、涂胶、热压而制成的一种竹材人造板。

竹编胶合板在我国起始于 20 世纪四五十年代，其生产工艺简单，原料来源广泛，建厂投资小，竹材利用率高。产品具有力学性能高、生产成本低的特点，可广泛应用于包装、建筑、家具、车厢等行业，是目前竹材人造板的主要品种之一。

竹编胶合板的品种很多，对原料的要求各不相同，但加工工艺基本相近。归纳起来有三种分类方法：按胶种分类，如Ⅰ类板、Ⅱ类板；按厚度分类，如薄型板、厚型板；按用途分类，如包装板、车厢板、装饰板等。

1 竹编胶合板的生产工艺流程

虽然竹编胶合板的生产由于所使用的竹材性质以及产品的最终用途各异，所选用的工艺流程有所不同，但主要的生产工序相差无几，包括竹篾的制备、编席、干燥、涂胶、热压、裁边等。

竹编胶合板工艺流程如下：

饰面竹编胶合板（花席竹编板）工艺流程如下：

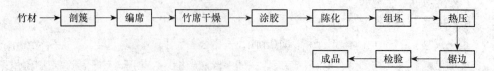

工艺流程的选择应从竹材的种类、产品的结构和产品的用途等方面综合加以考虑，合理制定。

例如，利用毛竹加工粗编席生产包装用竹编胶合板时，因毛竹竹材的劈篾性能相对较差，适用于加工粗编席。这种精度要求不高的粗编竹席，可全部分散在农民家中编织，工厂收购竹席。故生产流程安排应从干燥工序开始。

用于家具或装饰用的竹编胶合板，因所用的花席系精编竹席，这种花席的加工，竹篾须经刮光（磨光）、染色处理，且编织质量要求较高，因此编席工序应尽量安排在工厂内，以便控制编席的质量。

2 原料的选择

竹材是生产竹编胶合板的主要原料，我国各类竹种达 300 余种，资源极为丰富，是我国南方林木的重要组成部分。

由于竹材组织结构的特殊性，因此，其具有极好的劈篾性，尤其是组织致密的竹青层，可以剖分成很薄的篾片。另外它还具有很高的力学性能，其静曲强度、抗拉、抗压能力均较普通木材为优且富有极佳的韧性和弹性，经剖篾后很容易进行编织加工。

竹编胶合板所选用的竹材，应选用劈篾性能良好、节间长的竹种。一般选用竹材直径 5~20cm 的中、大径竹为宜。精编篾多选用水竹、淡竹、慈竹等；粗编篾多选用毛竹、麻竹等竹种。

竹材的劈篾性能，随竹材的竹龄增加而变差。嫩竹（幼龄竹）的竹材劈出的篾条柔软、弹性好，老龄竹较差。精编席可选用 3~4 年生竹，粗编席要求不高，但不宜使用幼龄竹。

一般来讲，竹材的韧性和弹性随竹材含水率的增加而提高，含水率高时易于剖竹和劈篾。而含水率较低的竹材，由于水分失去，造成竹材干缩质地变脆，这时劈篾性能变差。因此，应选用新鲜、含水率较高的竹材。

任务实施

---

1 任务实施前的准备

（1）班级分组：每6~8人一组。

（2）熟悉主要设备安全操作规程。

2 制篾

竹篾的制作包括截断、去节、剖竹、劈篾工序。

（1）截断（下料）　即根据产品的规格要求，将竹材锯解成一定的长度。加工余量一般留 100mm 左右。下锯时，应估计取材适当与否以及竹头、尾的处理。同时为避免竹材在劈篾时过节困难，锯口应位于节前 100mm 以上。锯口应尽量平齐、光滑、无毛刺，尤其是精编花席用竹材，不能在锯截时使竹青受到损坏。

（2）去节与剖竹　为便于竹材的劈篾和编织加工，须将竹材表面的外节去除干净，并剖成竹条。去除外节应干净、平整、无凸凹现象。剖开的竹条应尽量宽窄均匀一致，黄面的内节在剖竹后也应一并去除。去节、剖竹可用手工，也可用去节机、剖竹机进行。

（3）劈篾（启篾）　将剖好的竹条用篾刀或通过劈篾机从竹材的弦线上劈进，使竹条变薄，成为篾条，这个过程称作劈篾或启篾。劈篾通常是先去除竹黄层，再进行一劈二、二劈四等分劈篾。劈篾性能好的竹材劈出的层数多，反之则少。

竹青层篾片，称为青篾，其余统称黄篾。青篾柔韧结实，黄篾硬脆。精编花席多用青篾，粗编席多用黄篾。青篾的厚度为 0.3~0.5mm 左右，黄篾的厚度为 0.8~1.2mm，篾宽为 10~16mm。无特殊要求时，黄篾在劈篾后一般不进行再加工。青篾则要进行刮光处理，使其宽度均匀，表面光洁。

3 编席

编席是将加工好的竹篾，按一定的编织方法，编织成具有一定幅面的竹席。纵、横方向相互垂直的竹篾，

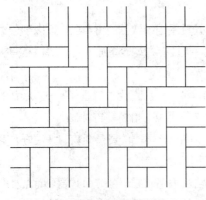

图 4-29　竹编图型示意

通过相互间"挑"和"压"的交织，构成竹席（图 4-29）。纵向篾称"纬"篾，横向篾称"经"篾。在编织工艺上，"挑"就是"纬"篾在"经"篾之下，"压"就是"纬"篾在"经"篾之上。竹编胶合板的粗编席通常为"挑三压三"，精编席通常按"挑一压一"编织。这里挑几压几的意思是，挑起几根压几根篾，它确定了竹席的图案和编制的工艺。

在编织过程中，应尽量保持交织点的平整、紧密，表面应干净，无霉点、尘埃。

生产用竹席的来源可以收购农民手工编织的产品，也可在厂内组织工人手工编织或用编织机编织。收购的竹席，因加工分散，质量差异很大，厚薄不均，并且受季节的影响，农忙时收购困难，农闲时收购量大，如保存不好，易造成霉变等，从而产生不必要的损失。

4 干燥

新鲜毛竹的含水率在 70% 左右，制成竹席后其含水率仍有 25%~40%，且竹席为单张加工，原料来源各异，故诸多因素造成竹席的含水率差异和不均。因此，必须对竹席进行干燥使其含水率趋于一致，以满足热压胶合的工艺要求。

竹席的含水率对热压胶合过程有着极为显著的影响。含水率过高，极易造成竹编胶合板的分层或"鼓泡"；过低则使得竹篾塑性差，很难压实，不能保证良好的胶合接触面。另外，过低的含水率还会使竹篾本身大量吸收胶液，引起篾片表面缺胶，胶合强度低下。

过高的含水率，竹席在贮存期间还容易产生虫蛀和发霉现象。尤其在南方地区的梅雨季节，此时空气相对湿度大、气温高，正适宜霉菌活动，在短短几天内就可能造成竹席发霉、变色。所以，竹席编织后，应尽早将其干燥到规定的含水率。没有条件人工干燥的，可采用自然干燥，通过晾晒，使竹席降低含水率。

竹席干燥后含水率范围的确定，应依据竹编胶合板所使用的胶黏剂类型而定，一般控制在 6%~12%，脲醛树脂胶可选用偏高一点的含水率值，酚醛树脂胶则较低一点为好。自然干燥质量好，产量大，应为竹席干燥的主要加工手段。目前，人工干燥多采用窑干或干燥机干燥。干燥窑可选用普通的木材干燥窑，热源可选用蒸汽或炉气。窑内的温度为 50~60℃，干燥时间为 24~48h。干燥机可选用木材胶合板用单板干燥机，单层和双层的均可，节数依产量而定。干燥机的产量很大，干燥时间一般在 10~

15min，干燥温度在 140~160℃。

5 涂胶

将胶黏剂涂布于竹席的表面称为涂胶。竹席的涂胶量为 400~550g/m² (双面)，胶液在竹席表面应薄而均匀，遇有缺胶处应用胶刷补涂。为使胶液能充分浸润竹篾的表面，并向编织交叉点渗透，同时蒸发部分胶黏剂所带入的水分，可将涂胶后的竹席摆放一段时间，这一过程称为陈化。陈化时间与胶的黏度、室温等因素有关，如胶液黏度大、气温低，则陈化时间可长些；气温较高、竹席含水率较低，则可短些。陈化时间一般为 20~60min。

6 组坯

竹席由竹篾经纬交织而成，其纵横方向力学性能相近，因此组坯时不需像木质胶合板那样一定要奇数层，偶数也可以。组坯时，各层竹席的摆放应注意做到一个长边和一个短边对齐，俗称"一边一头齐"，以便以后的裁边加工。坯板的两面应加盖垫板，以防止胶黏剂沾污热压板，或热压板表面的异物污染竹编胶合板，尤其是生产装饰用竹编胶合板更应加盖垫板。如垫板在出板后发生粘板现象，可在其表面薄薄地涂上一层石蜡或废机油，以利于垫板与竹编板的分离。

7 热压

在热压机上，应将热压板的温度、板坯所受的压力、加温加压的时间等三个因素有机地、科学地结合在一起。将涂过胶的竹席，在胶黏剂、温度、压力的作用下，通过一定的时间使之牢固地胶合成竹编胶合板的过程，称为热压。竹编胶合板热压工艺参数见表 4-6。

表 4-6　竹材胶合板的热压工艺参数

胶 种	温度 (℃)	压力 (MPa)	热压时间 (min)			
			二层板	三层板	四层板	五层板
酚醛树脂胶	140~150	2.5~4.0	3~4	5~7	8~12	10~15
脲醛树脂胶	110~120	2.5~4.0	3~4	4~5	5~7	6~7

由于竹材的湿润性较差，如果在热压开始时，立即采用 2.5~4.0MPa 的压力，有可能将部分胶黏剂从竹席中挤出来。因此，热压开始时，可采用较低的压力使胶流入篾条缝隙中，待温度升高、胶的流动性降低后再升高压力并保持一段时间，使胶黏剂完全固化，然后降压卸出板子。

为使板内胶黏剂进一步固化，热压后的板子应进行热堆放。厚板的热堆放还具有消除板内的应力、减少变形的作用。热堆放的时间为 12~24h。

8 裁边

即按照产品标准或用户给定的规格，将热堆放后的板子纵、横两个方向锯裁成边角方正的成品竹编胶合板。

■ 拓展训练

采用不同种类的竹材，完成竹编胶合板制作，对照分析竹篾性能对产品质量的影响。

工作任务

1. 任务书

使用杨木单板压制家具弯曲部件。

2. 任务要求

（1）各小组按照工艺参数和操作规程在教师的指导下进行组坯、热压操作。

（2）组坯层数：18 层。

（3）模具的形状尺寸：见图 4-30，形状为半圆形，成品厚度 24～25mm，其他尺寸见图中所标示。

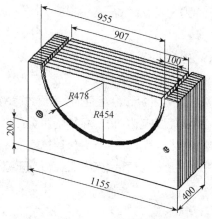

图 4-30 木质模具

3. 任务分析

弯曲胶合是制造曲面部件的关键工序。板坯放置在模具中，在外力作用下产生弯曲变形，并使胶黏剂在单板变形状态下固化，制成弯曲零部件。弯曲胶合时需要模具和压机，以对板坯加压、加热，加速胶黏剂固化。弯曲胶合的形状决定了构成单板或薄板的厚度、模具的形状。一般来说，胶合弯曲可以制成各类形状，如圆弧形、半圆形、L 形、U 形、Z 形、环形。

高频胶合不同于普通的热压胶合，要求脲醛树脂胶树脂含量高、固化速度快、黏度较大。单板是构成弯曲木的基本原料，单板要求厚度均匀，误差一般控制在±0.1mm。胶合前及时测定单板含水率，适宜的含水率为 6%～10%，板间含水率差不得超过±2%。要根据压机高频发生器的频率、单板含水率、施胶量、板坯含水率、环境温度和单板的电学性能及尺寸，确定高频加压的时间和保压的时间。

4. 材料、工具、设备

（1）原料：杨木单板，长 1500mm，宽 30mm（单板可以拼接），厚 1.5mm±0.1mm；脲醛树脂胶，树脂含量 55% 以上，原胶黏度 60～80s（涂-4 杯，30℃）。

（2）设备：高频压机、四辊筒涂胶机、组坯案台。

（3）工具：千分尺、卷尺。

引导问题

1. 高频压机与普通热压机加热原理有什么不同？

2. 制造模具的材料有哪些？

3. 导致弯曲胶合尺寸不稳定的因素有哪些？如何控制？

成型胶合板是一种特殊类型的胶合板产品，是木单板或木单板与饰面材料经涂胶、组坯、模压而成的非平面型胶合板。

木制品在加工中无论是满足功能的需要，还是从审美要求出发，往往都要加工成各种各样的造型，如家具中的沙发扶手、座椅靠背及运动器材中的滑雪板等。传统制造弯曲零部件的方法是把板材锯割成弯曲形状，再进一步加工成弯曲的部件，由于木材大量的纤维被锯断，因而零部件的强度低，涂饰质量差，出材率低，材料浪费严重。加压弯曲又称弯曲成型加工，这种弯曲或模压成型具有很多优点：在加工过程中，废料损失很小；一般塑性加工比普通木工机械加工既简单又快速；弯曲加工机械设备的投资比较低，功率消耗小，弯曲成型的零部件强度和刚性大于锯切成型的零部件。因此，弯曲加工对满足人们对制成品造型和质量的要求以及节省资源，都具有重要意义。

弯曲木家具与传统的家具品种相比，最大的特点在于其特有的弯曲弧度。由于制造这种家具时，充分考虑到了人体的曲线起伏，所以可令使用者更加舒适，减轻人体因长时间坐卧而产生的疲劳感。

从目前推向市场的弯曲木家具产品看，胶合弯曲成为一种潮流，由于经过特殊的生产工艺处理，这种家具的木质部件几乎可以弯曲成任意的角度，所以又称"曲木家具"。

单板弯曲胶合是将一叠施过胶的单板按要求配成一定厚度的板坯，然后放在特定模具中加压弯曲、胶合和定型，从而制得曲面型零部件的加工过程。

单板弯曲胶合零部件生产过程，主要包括单板制造、施胶配坯、胶压弯曲胶合成型、切削加工、涂饰和装配等工序。单板弯曲胶合工艺过程如下：

旋切单板→干燥→剪切→分选→修补→组坯（贴面材料）→模压→平衡→刨基准→锯剖→砂光→检验

1 弯曲胶合的原料

弯曲胶合与普通胶合板用的单板在质量要求上有所不同，因为弯曲胶合后的曲木要锯开成一定规格使用，在曲木的端面上不能出现单板有明显的色差或漏节、死节，所以加工的单板在材质上有特殊要求。

常用弯曲胶合原材料要求见表4-7。

表4-7　弯曲胶合用材

原料要求	材料种类						胶黏剂
	胶合弯曲件的芯层材料		胶合弯曲件的面层材料				
	薄　板	旋切单板	刨切薄木	刨切单板	旋切单板	其他材料	
材种要求	选用低档的材种	山毛榉、栎木、水曲柳、柞木、桦木、杨木、榆木、椴木、柳桉等	水曲柳、桦木、榆木、柞木等	水曲柳、桦木、榆木、柞木等	水曲柳、桦木、榆木、柞木等	胶合板、薄型纤维板或其他贴面装饰材料等	脲醛树脂胶；酚醛树脂胶；三聚氰胺树脂胶；水性高分子异氰酸脂
厚度	6mm左右	1~6mm	0.4~1mm	1~6mm	1~6mm	—	
材质	不能有腐朽、漏节、死节	一般不受限制，大的缺陷可以进行修补	优质木材	优质木材	优质木材	—	
含水率	6%~10%	6%~10%	6%~10%	6%~10%	6%~10%	6%~10%	

1.1 单板含水率

原料的含水率为 6%~10%，板间含水率差不得超过±2%。单板含水率过高，会造成树脂固化不完全、产品开胶。含水率对于采用高频压机的生产厂家影响更为明显，除引起上述缺陷外，还会使胶黏剂的固化速度降低，严重时还会使产品鼓泡或被击穿，从而使工厂的废品率急剧上升。故采用高频压机时，单板含水率的控制应更加严格，建议将含水率控制在 4%~8%的范围以内。

1.2 单板厚度的确定

单板分旋切、刨切两种。单板的厚度根据零部件的形状、尺寸，即弯曲半径和方向来确定。通常家具用零部件刨切薄木的厚度为 0.3~1.0mm，旋切单板厚度为 1~3mm；制造建筑构件时，单板厚度可达 5mm。一定厚度的单板可弯曲的最小内圆半径，可按下列经验公式计算（r 为弯曲半径，单位；t 为单板厚度，单位）：含水率为 5%时；$r>1510t^2$；含水率为 10%~15%时，$r>10t^2$。

单板厚度公差：单板要求厚度均匀，偏差一般控制在±0.1mm。

2 弯曲成型胶合设备

曲面成型胶合零部件的形状、尺寸多种多样，制造时必须根据产品要求采用相应的模具、加压装置和加热方式。模具分硬模和软模，而硬模加压弯曲又分整体压模、分段压模。

2.1 硬模加压胶合弯曲

硬模的材料常常由木材材料、金属材料或水泥制成。

木材材料制作的木压模使用较硬的木材或层积材，必要时采用螺栓固定或金属薄板包覆硬模的四周。采用木质材料制作压模的特点是：加工简单、易更换、成本低，适合于小批量的生产企业。木压模也是目前生产中最常用的压模形式，如图 4-31 所示。

金属材料制作的压模是采用铝合金铸造或钢板焊接而成，其特点是成本高、不易更换，适合大批量的生产企业，如图 4-32 所示。

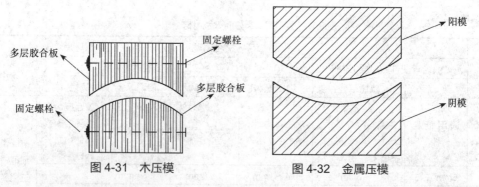

图 4-31　木压模　　　　　　　　　　　图 4-32　金属压模

水泥制作的压模是采用水泥和碎石搅拌铸成，其特点是成本低、使用周期长，但是由于重量大，搬运困难，实际生产中使用较少，如图 4-33 所示。

2.1.1 整体压模与分段压模

（1）整体压模 图4-34所示为整体压模。整体压模的各点压力不均匀，采用较大的压力才能获得较好的胶合弯曲效果，因此属于单向加压方式。其各点的压力如下列公式所示：

$$P = Q / F$$
$$P_\alpha = P \cos \alpha$$

式中： Q——总压力；

　　　 F——模压弯曲部件水平投影面积；

　　　 P——单位压力（水平投影面）；

　　　 P_α——作用于各部位的压力。

当 $\alpha = 0°$ 时， $P_\alpha = P$；当 $\alpha = 90°$ 时， $P_\alpha = 0$。由此可见弯曲胶合件上压力不相等，α 角越大，所受压力越小。当用硬模压制 U 形或半圆形部件时，两侧没有垂直压力，全靠两模的挤压作用，因此得不到满意的胶合强度。

（2）分段压模 图4-35所示的分段压模，采用分段加压可以解决单向加压压力不均的问题，可以获得高质量的胶合弯曲件，因此属于多向加压方式。分段压模适合于压制半圆形部件、U 形部件和环形部件。

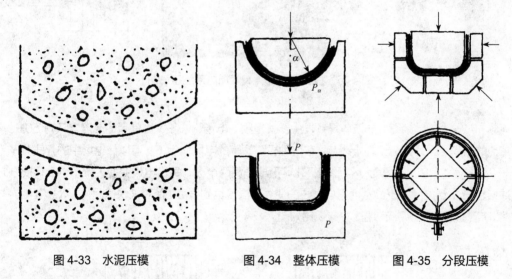

图4-33　水泥压模　　　　图4-34　整体压模　　　　图4-35　分段压模

2.1.2 硬膜加压装置

压机分单向压机和多向压机两种，单向压机又分单层压机和多层压机。单层压机为一般胶合用的立式冷压机，配一副硬模使用。多层压机的上下压板为一副阴阳模，中间的压板可以兼作阴模和阳模成型压板，也可以在平板两面分别装上阴模和阳模，如图4-36所示。

多向压机的加压，可以从上下和左右两侧加压或从更多方向加压，它配用分段组合模具，可制造形状复杂的曲面胶合件。在弯曲工件的全部表面上，施加均匀压力的最好方法是液压法。

硬膜加压弯曲有冷压和热压两种类型。冷压是采用冷压机加上模具，在常温状态下胶压弯曲，通常根据部件的尺寸和厚度确定加压时间，一般情况下加压时间为 8~24h。为了提高劳动生产率，保证弯曲胶合件的质量，在硬模胶压过程中，热压被广泛采用。蒸汽加热应用普遍，操作方便、可靠，一般

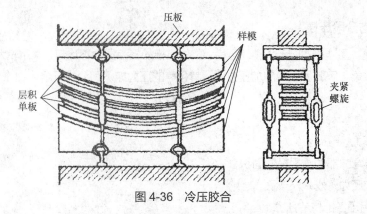

图 4-36　冷压胶合

采用铝合金模，弯曲形状不受限制，成品的尺寸、形状精度较高，适用于大批量生产；高频介质加热方式加热速度快、效率高而且均匀，胶合质量好，通常与木模配合使用，适用于小批量、多品种生产。高频介质加热系统由高频介质加热器、压机和高频发射器等组成，如图 4-37 所示。

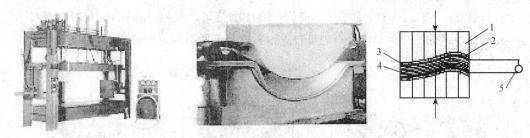

图 4-37　胶合弯曲部件高频加热系统示意图

1. 木模　2. 绝缘层　3. 电极板　4. 胶合弯曲部件　5. 高频发生器

高频加热原理：高频即高周波，高频发生器就是频率电场，一般家庭使用的交流电只有 50Hz，而高频加热的频率达到几兆赫至几十兆赫，在这种极高频率的电场作用下，可以使电场中的介质分子（如水分子、胶分子、PVC 分子等）被迅速极化，形成正负两个极，每次电极变换，分子也会转换方向，互相冲撞、振动、摩擦而生热，从而可以很快的使局部温度达到很高，使胶被快速固化、水被汽化、PVC 被软化。高频加热与常规加热温度分布规律如图 4-38 所示。

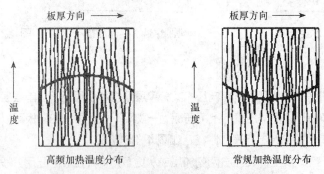

图 4-38　高频加热与常规加热温度分布规律

微波加热由于微波穿透能力强，只要将加工件放在箱体内进行微波辐射，即可加热胶合，不受曲面成型件的形状限制，可加热不等厚成型制品。使用微波频率为 2450MHz，微波加热模具需用绝缘材料制造。

各种加热方式与适用模具见表 4-8。

表 4-8　加热方式与适用模具

加热类别	加热特征	加热方式	适用模具
接触加热	热量从板坯外部传到内部	蒸汽加热	铝合金模、钢模、橡胶带、弹性囊
		低压电加热	木模、金属模
		热油加热	铝合金模、弹性囊
介质加热	热量由内部产生	高频加热	板坯两面有极板
		微波加热	由绝缘材料制造模具

2.2　软模加压胶合弯曲

软模常常由金属薄带、橡胶带、帆布带等材料制成。其工作原理是用柔性材料制成软模，代替一个硬模，另一个模仍采用硬模材料制成。软模可以分为单囊弹性加压压模和多囊弹性加压压膜，见图 4-39。

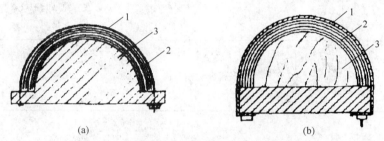

图 4-39　阴模为金属带或帆布带的弯曲胶合

（a）阴模为金属带：1. 金属带　2. 胶合弯曲件　3. 阳模
（b）阴模为帆布带：1. 帆布带　2. 胶合弯曲件　3. 阳模

软模使用的加热介质主要是热油、蒸汽和水等。在加热时，橡胶带、帆布带通入热介质，此时热介质的压力就等于压在部件上的单位压力。

软模加压的特点：

① 加压均匀，不受弯曲件曲率半径的限制，可用于生产复杂的弯曲件；

② 加工精度高，可以保证部件表面的光洁程度；

③ 曲线型部件尺寸过于复杂时，也可以采用多囊弹性加压压膜；

④ 用柔性材料制成软模，其耐磨性较差，易损坏软模材料，因此成本较高。

模具分类见表 4-9。

表 4-9　模具类型

种类	示意图	模具组成	用途
单向加压一副硬模		一个阴模和一个阳模	L 形、Z 形、V 形零部件
多向加压一副硬模		一个阳模和分段组合阴模	V 形、S 形、H 形零部件

种类	示意图	模具组成	用途
多向加压封闭式硬模		一个封闭阴模和分段组合阳模	圆形、椭圆形、方圆形零部件
多向加压封闭式硬模		一个阳模和分段组合封闭阴模	圆形、椭圆形、方圆形零部件
卷绕成型硬模		一个阳模和加压辊	圆形、椭圆形、方圆形零部件
橡胶袋软模		一个阳模和作阴模的橡胶袋	尺寸较大且形状复杂的弯曲零部件
弹性囊软模		一副硬模和弹性囊	形状复杂的零部件

2.3 模具的设计准则

模具的凹模与凸模的配合，可采用相等圆弧段（等曲率），也可以采用同心圆弧段（不等曲率）。按相等圆弧段原则制得的模具，其设计分析如图 4-40 所示。在加压弯曲胶合制品时，凸模与凹模之间的距离即为制品的厚度。但制品两侧的厚度不同于中线位置的厚度，通过计算可知，制品任意一点厚度 $H \leqslant H_0$（制品中线处厚度）。这就是说，如在胶合弯曲配坯时，各处均选用相同厚度的单板组成板坯，在加压弯曲过程中，板坯各处的压缩率是不相等的，越靠近圆弧边缘，压缩率越大。制品内会随密度的不同而产生分布不均的应力，在卸压时如控制不当，将使制品产生严重缺陷。因此，用相等圆弧准则设计时，应根据制品厚度、允许的 $H \sim H_0$ 等因素合理确定各圆弧的长度。

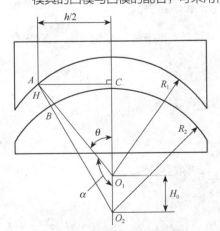

图 4-40　相等圆弧段设计分析

依据同心圆弧段原则制得的模具，其设计分析如图 4-41（a）所示，两同心圆弧的距离即为制品的厚度。这时制品各处的厚度相同，压缩率相等。然而，在实际生产中，很难使两个圆保持绝对同心，因为它受到板坯厚度、压力、温度、树种等多个因素的影响。当 $H = H_0$ 时，凸模、凹模两圆弧同心，制品各处厚度均匀，压缩率相同；当 $H_1 < H_0$ 时，如图 4-41（b）所示，$\alpha = 0°$ 时，$H = H_1$ 为制品（中线）厚度最小处（值）；$\alpha = 90°$ 时，H 为制品厚度最大值处。

当 $H_1 > H_0$ 时，如图 4-41（c）所示，同相等圆弧段的情形，当 $\alpha = 180°$ 时，$H_1 = H$ 为制品厚

度最大处（值）。通过以上分析看出，只有采用准确的同心圆弧段，在制品的厚度等于所用模具间的设计距离时，所得制品厚度才均匀，各处密度、压缩率才相等，应力分布匀称、制品稳定性好，并可降低模压力，减少不必要的木材压缩损失，从而保证制品质量。弯曲胶合形状复杂的部件时，可采用分段加压弯曲压模。同心圆弧段原则为模具曲面设计的基本准则。

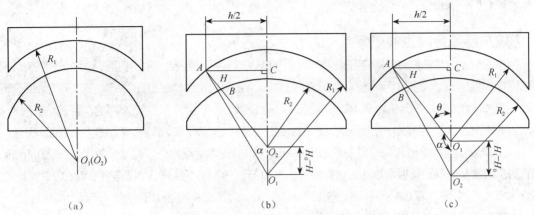

图 4-41　同心圆弧段设计分析

H—制品上任一点处的厚度　R_1、R_2—凹、凸模半径　H_1—制品中线厚度　H_2—制品的设计厚度

3 弯曲胶合工艺

3.1 胶压工艺参数

针对不同的加热方式、树种、胶种，其胶压工艺参数见表 4-10。

表 4-10　曲面成型胶压工艺参数

加压方式	单板材种	胶　种	压力（MPa）	温度（℃）	加热时间
冷压	桦木	冷压脲醛树脂胶	0.8～1.2	25～30	20～24h
蒸汽加热	柳桉	脲醛树脂胶	0.8～1.5	100～115	0.75～1min/mm
	水曲柳	酚醛树脂胶	0.8～1.2	125～145	0.75～1.1min/mm
高频介质加热	马尾松	脲醛树脂胶	1.0	100～115	0.75～1.3min/mm
	意大利杨木		1.0	110～125	0.75～1.3min/mm
电加热	柳桉、桦木	脲醛树脂胶	0.8～1.2	100～120	1min/mm

注：保压时间可根据具体情况来确定。

3.2 高频热压生产工艺

（1）高频热压压力的确定　热压之前首先要确定热压压力，这取决于板坯的厚度、产品的用途、单板的树种。在一定的范围内提高热压压力，会显著提高胶合强度，但过高的压力会使生产难度加大（热压时排气困难），同时也会降低木材的利用率，造成成本提高；相反，如果压力不足，则难以保证胶合时充足的压力使粘接面紧密接触，易造成产品开胶。密度高的材种应采用较高的压力，胶的黏度较大时也应适当提高压力。一般低密度的树种，压力应在 0.6~1.0MPa，而密度高的树种，压力应在 1.0~1.6MPa。

（2）高频加热热压时间的确定　弯曲胶合的生产中，高频热压一般分为两个阶段，第一阶段为高频加热阶段，第二阶段为保压冷却阶段。高频加热一般时间较短，而保压则需较长的时间并取决于板坯含水率、胶黏剂的固化程度、环境温度和单板的电学性能及尺寸。

4 影响产品质量的主要因素

（1）胶黏剂　弯曲胶合通常使用脲醛树脂胶，由于尿素与甲醛反应合成脲醛树脂的过程十分复杂，不同胶的性能和品质有很大差别，因此选择高品质的胶黏剂是保证单板胶合弯曲质量的关键。要求树脂含量不低于55%，原胶黏度为 60~80s（涂-4 杯，30℃）。胶黏剂的聚合度不能小，因为在高频的作用下，分子的剧烈运动会使分子链变短，当短到一定程度时，胶的黏度变得很小，失去了胶黏作用，导致胶合后大面积开胶。

（2）单板　实木单板是构成弯曲木的基本原料，单板要求厚度均匀，偏差一般控制在 ±0.1mm。原料进厂时应及时测定单板含水率，适宜的含水率为 6%~10%；板间含水率差不得超过 ±2%。如发现含水率大于 12%，单板必须剔除。单板含水率过高，会造成树脂固化不完全，产品大面积开胶、鼓泡，尤其是产品尺寸不稳定。

含水率过高或含水率不均匀，对于采用高频压机的生产厂家影响更为明显，除引起上述缺陷外，还会使胶黏剂的固化速度降低，严重时还会使产品被击穿，从而使工厂的废品率急剧上升。

（3）涂胶量　在弯曲木胶合生产中施胶量为 120~130g/m²（单面施胶量），对于质量差、裂隙深的单板可适当增加涂胶量。如发现涂胶量和胶层均匀性变异较大，应及时调整涂胶机，保证准确的涂胶量。涂胶量过高会使生产成本提高，涂胶量过低会导致胶合强度达不到要求。

（4）陈化时间　在弯曲胶合的生产中，陈化时间取决于混合胶液的黏度和固体含量。一定的闭合陈化时间对胶合强度是有利的，但原则上不宜过长，在高温、干燥的季节更应调整陈化时间。

（5）保障弯曲胶合尺寸稳定性的因素

① 在制作弯曲样模时，形状、尺寸必须精确。

② 加压过程中样模应该位置稳定，刚性要好，这样可以消除加工机具因素对弯曲件形状尺寸精度的影响。

③ 单板含水率过高或胶液中水分含量过多、单板含水率不均匀，会导致胶合弯曲件严重翘曲变形。加压胶合弯曲前，必须严格控制单板含水率及胶料水分含量。

④ 控制好陈放时间，陈放时间不足，内部应力未达到均衡，会引起变形甚至改变预期的弯曲角度，降低产品质量。适当延长陈放时间，可提高弯曲件的稳定性。

⑤ 弯曲胶合时，板坯应紧贴样模表面，单板层间应紧密接触，尤其是弯曲深度大、曲率半径小的坯件更应如此。压力不够，就有伸直趋势，导致形成废品。

任务实施

----

1 任务实施前准备工作

（1）班级分组：6~8 人一组。

（2）熟悉高频压机安全操作规程。

2 工艺参数

施胶量：120~130g／m²（单面施胶）。

单位压力：1.2MPa。

加压时间：25min。

热压温度：100~105℃。

3 弯曲胶合操作规程

（1）开机前必须检查高频压机的油路、电路是否正常，高频发生器能否正常工作。

（2）检查阴模、阳模位置是否正确。

（3）在板坯放入模具前应开机闭合模具，检查阳模两侧外边与阴模两侧内边的间隙是否相同。

（4）极板的宽度和长度应与板坯的宽度和长度相同。

（5）板坯放入模具内，板坯两边的高度要相同。

（6）先把极板放入阴模上面，然后放入板坯，在板坯上面放上另一极板，板坯与上下极板必须对齐（也可以把两块极板分别固定在阴模和阳模上）。

（7）按规定加压，达到规定压力，停止加压后方可接通高频发生器（通过电接点压力表也可以控制高频发生器）。

（8）高频压机工作时不要触碰电极，避免触电。

（9）任务实施结束后，进行质量检查。需要检查胶合强度，经陈放后的板材有没有变形，厚度是否在规定的范围内等。分析产生缺陷的原因。

■ 拓展训练

用同样规格、同样数量的桦木单板，按照工艺要求和操作规程进行弯曲胶合。胶压后对产品进行检验。

参 考 文 献

[1] 东北林学院. 胶合板制造学[M]. 北京: 中国林业出版社, 1981.

[2] 顾继友. 人造板生产技术与应用[M]. 北京: 化学工业出版社, 2009.

[3] 华毓坤. 人造板工艺学[M]. 北京: 中国林业出版社, 2007.

[4] 陆仁书. 胶合板制造学[M]. 北京: 中国林业出版社, 1993.

[5] 沈耀文. 单板制造及胶合工艺学[M]. 哈尔滨: 东北林业大学出版社, 1993.

[6] 王恺. 木材工业实用大全—人造板表面装饰卷[M]. 北京: 中国林业出版社, 2002.

[7] 张帝树. 细木工板[M]. 北京: 中国林业出版社, 1984.

[8] 张齐生. 中国竹材工业化利用[M]. 北京: 中国林业出版社, 1995.

[9] 张洋. 人造板胶黏剂与薄木制造及饰面技术[M]. 北京: 中国林业出版社, 2001.

[10] 郑万友. 胶合板生产技术[M]. 北京: 中国林业出版社, 2006.

[11] 中国标准出版社第一编辑室. 木材工业标准汇编[G]. 2版. 北京: 中国标准出版社, 2005.

[12] 周晓燕. 胶合板制造学[M]. 北京: 中国林业出版社, 2012.

[13] 朱典想. 胶合板生产技术[M]. 北京: 中国林业出版社, 1999.